Vollständiges
Rechenbuch

worinn

sowohl gemeine als andere

kaufmännische Rechnungsarten

so wie auch

die möglichst vorkommende Waaren, Gold, Silber und Wechsel-Calculationes nach der kürzesten und neuesten Manier enthalten sind

nebst

Beschreibung der Verhältnisse in Münzen, Gewichten und Wechselarten der vornehmsten Europäischen Handelsplätze

für alle Stände

brauchbar gemacht

von

Johann Heinrich Gerhardt dem Jüngern,

Königl. Preuß. Haupt-Banco-Buchhalter.

Zweyter Theil.

Berlin, 1793.

In Karl Matzdorffs Buchhandlung.

Vorbericht.

Gegenwartiger zweyter Theil meines Rechenbuchs begreift eigentlich die Wechsel- Waaren- Gold- und Silber-Calculationen nebst denen noch zur allgemeinen Rechenkunst gehörigen Abtheilungen, in sich. Zwar wird noch in mehreren Rechenbüchern ausser diesen Materien, die Ausziehung der Quadrat- und Cubic-Wurzel nebst Logarithmen gelehret; da dieses aber von geringern Nutzen, besonders für einen Kaufmann ist, und weitläuftige Demonstrationen erfordert, so sind diese Rechnungsarten von mir weggelassen, und dagegen eine ausführliche Maaß- und Gewichtskunde, nebst Vergleichungen derselben, gegen Berliner, angefügt. Sollte ich ferner zu diesem Geschäft aufgemuntert werden, so werde ich die in diesem Werke weggelassenen mathematischen Rechnungsarten besonders abhandeln.

Noch muß ich bemerken, daß mein in der Vorrede zum ersten Theil bemerkter Plan, einige Abänderungen in Absicht des zweyten Haupttheils dieses Rechenbuchs erleiden werde: indem ich gesonnen bin, die vollständige Lehre vom Buchhalten besonders abzuhandeln. Die Gründe, die mich dazu bestimmen, sind ein zu diesem Behuf erforderliches größeres Druckformat als das bisherige, die Weitläuftigkeit dieses Werkes selbst und die zu erleichternde Anschaffung dieses Buches für den, welcher etwa die zwey ersten Theile des Rechenbuchs entbehren kann, und nur lediglich das Werk über das Buchhalten zu besitzen wünscht. Da diese Abänderung meines Planes übrigens einzig und allein den Nutzen des Käufers berücksichtigt, so hoff ich seine Entschuldigung, ja seinen Dank für diese Abänderung, nicht zu verfehlen.

Wegen der Erscheinung dieses Werks selbst, kann ich noch nicht genau die Zeit bestimmen, werde solches aber in Kurzem dem Publico benachrichtigen.

Der Verfasser.

Von der Gewinn- und Verlustrechnung beim Wechselhandel.

Da zu einem Handel mit Wechsel unterschiedene Arten von Vorfällen entstehen; so sind folgende Abhandlungen zur vollständigen Berechnung desselben nothwendig, als:

1) **Die Gewinn und Verlustrechnung beim Wechselhandel.**

2) Die Untersuchung, aus mehreren, einem Wechsler vorkommenden Fällen, den Besten zu wählen, unter dem Namen **Wechsel-Arbitragen.**

3) Wie ein Commissionair, wenn ihm von dem Committenten gewisse Course zum Trassiren und Remittiren vorgeschrieben sind, und er dazu die Aufträge nicht ausrichten kann, ohne dessen Nachtheil auch nach andern Coursen, die Ordre vollziehet, unter dem Namen, **Wechselcommissiones.**

4) Die Berechnung des **Pari.**

I.

Die Gewinn- und Verlustrechnung beim Wechselhandel

erfordert das Verhältniß der Einnahme zur Ausgabe, oder der Ausgabe zur Einnahme eines Wechselhandels zu erfahren, und kann entweder

1) auf die ganze Summe des Wechselhandels
2) auf dem Wechselcours oder Preis, und
3) pro Cento ausfindig gemacht werden.

Wenn man den Gewinn oder Verlust an der ganzen Summe eines Wechselhandels wissen will, so wird die Berechnung entweder

A) nach der Regel de Tri, und mittelst einer besondern Verzeichnung der Einnahme und Ausgabe unter einander, oder

B) nach der Kettenregel, angestellt.

A)

Nach der Regel de Tri berechnet man dergleichen Aufgaben, wenn Gelder auf mehr als eine Art eingenommen oder ausgegeben werden, oder aber wenn dabei Spesen vorkommen, so nicht auf 100 proportioniret sind, und sich zu einem Aufsatz der Kettenrechnung nicht füglich proportioniren lassen.

z. B. Berlin kauft einen Hamburger Wechselbrief von 2400 Thlr. Hamburger Banco zu 151 Thlr. Courant. Diesen Brief sendet es nach Amsterdam und läßt ihn allda zu $34\frac{1}{2}$ stbr. holl. Bco. verkaufen. Der holl. Commissionair kürzet von den Betrag $\frac{1}{2}$ pCt. Provision und 6 fl. 15 stbr. Courtage und Porto. Berlin ziehet aber den netten Belauf von Amsterdam zu $147\frac{1}{4}$ Thlr. Courant wieder ein, und hat 1 pro Mille Courtage und 15 gr. Briefporto zu verrechnen. Es frägt sich also, wie viel Thlr. Courant dabey gewonnen oder verlohren werden.

Einkauf.

100 Bco. — 151 Thlr. Cour. — ? 2400 Thl. Bco.

Fac. 3624 Thlr. Cour.

Verkauf.

2 Mk. Bo. — $34\frac{1}{2}$ stbr. Bo. — 2400 Thlr. Bco.
20 stbr. — 1 fl. 7200 Mk.
40 2720 180
90

Fac. 6210 fl. Bco = = = Bo. fl. 6210 — . —
$\frac{1}{2}$ — 6210 Provis. $\frac{1}{2}$ pCt. fl. 31. 1 — .
31|05 Court. & Porto = 6. 15 — .
1|00 37. 16. —

sind aus Holland einzuziehen = Bco. fl. 6172. 4. —

250 fl. Bo. — $147\frac{1}{4}$ Thl. C. — 6172 fl. 4 stbr. Bo.
1000 (4 589 55548 5
49376
30860
117. 19. 2
3635|425. 19. 2
10|219
2|620

3|635. 10. 3 Thlr. Cour. 3635. 10. 3.
15|250 Court. 1 pro Mille Th. 3. 15. 3
3|003 Porto = = = — 15 —
4. 6. 3

hat also Berlin wied. erhalten Court. Thl. 3631. 4. —
ab hievon obigen Einkauf = = Thl. 3624. — —
gewonnen = 7. 4. —

3. B. Berlin ordinirt Amsterdam für seine Rechnung 600 L. Sterl. auf Londen zu 36 ßl. vls Banco zu übermachen. Dieses geschiehet, und der Holl. Commissionair berechnet davon $\frac{1}{2}$ Procent Provision und 6 fl. 15 stbr. Briefporto. Berlin kauft hierauf einen Hamburger Brief zu 151 Thlr. Courant und sendet solchen nach Amsterdam, wo er zu

34½ stbr. Holl. Bco. verkauft wird. Endlich trassiret Berlin die 600 Livres Sterl. von London zu 6 Thl. 12 gr. Courant, und verlegt dabey 1 pro Mille Courtage und 1 Thl. 6 gr. Briefporto. Was hat also Berlin bey diesen Geschäft gewonnen oder verlohren?

Remessa oder Ausgabe.

1 L. Sterl. — 36 ßl. vls Bco — ? 60∅ L. Sterl.
3⅓ ßl. vls — 1 fl.
1∅ — 108

Fac. 6480 fl. Bco. fl. 6480. — —

½ — 6480 Provis. à ½ pCt. 32. 8 —
32|40 Porto = = 6. 15 —
800

39. 3 —

Berlin hat also an Amsterd. zu bezahlen
Bo. fl. = 6519. 3 —

34½ stb. — 2 Mk. Bo. — 6519 fl. 3 stbr.
69 — 4 — 130383

69) 521532 | 7558 Mk.
385
403
582
30
180
480 | 6 ßl.
66

300 Mk. — 151 Thl. Cour. — ? 7558 Mk. 6 ßl. Bo.
37790 — 4 = 4
7558 — 2 = 2
37. 18
18. 21

1141314. 15.
3) 3804 | 38. 5
9 | 17

Vor obige 600 L. Sterl. ist bezahlt worden Cour. Thlr. 3804. 9 —

Tratte oder Einnahme.

1 Liv. Sterl. — 6 Thlr. 12 gr. Cour. — 600 L. Strl.

3600
300

Fac. 3900 Thl. C.

3|900
21|600

also

Vor die verkauften 600 L. Sterl. hat Berlin erhalten Cour. Thl. 3900. —

ab davon 1) Courtage Thl. 3. 21. —
2) Porto " 1. 6. —

5. 3

für 600 L. Sterl. hat Berlin empfangen C. Th.	3894.	21
durch die Remesse aber ist ausgegeben	3804.	9
ist also mehr erhalten als ausgegeben C. Thl.	90.	12

z. B. Berlin kaufte 1000 St. Ducaten à 16 pCt. gegen Courant. Diese Ducaten sendete es nach Danzig, allwo sie zu 12 fl. Danziger angenommen werden. Danzig kauft für den Betrag Hamburger Banco = Briefe zu 168 gr. Danziger, wobey es $\frac{1}{2}$ pCt. Provision, 1 pro Mille Courtage und 1 fl. 2 gr. Brief = Porto verleget. Diese nach Berlin remittirte Hamburger Briefe sendet nunmehr Berlin nach Amsterdam, wo sie zu 34$\frac{1}{2}$ stbr. Holl. Bco. verkauft werden, dabey aber der Amsterdammer von den Betrag $\frac{1}{2}$ pCt. Provision und 5 fl. 18 stbr. 8 pf. Courtage & Briefporto abkürzet. Endlich ziehet Berlin diese in Amsterdam stehende Gelder zu 147$\frac{1}{4}$ Thl. Courant wieder ein, und hat dabey 1 pro Mille Courtage und 2 Thlr. 18 gr. Porto verleget. Was ist bey diesen Geschäft gewonnen oder verlohren worden?

Einkauf der Ducaten.

1000 St. Ducat. à $2\frac{3}{4}$ Thlr. Duc.

2000 2 : 2
500 1 : 1
250

2750 Thlr. Duc. à 16 pCt. Agio
16500

440|00

1000 St. Duc. betragen à $2\frac{3}{4}$ Thl.	Duc. Thl.	2750 — —
Agio davon à 16 pCt. in Courant	: : :	440 — —
für 1000 St. Duc. ist also bezahlt	Cour. Th.	3190 — —

Verkauf der Ducaten.

1000 Stk. Duc. à 12 fl. Danz.

12000 fl.	: Danz. fl.	12000 — —
à $\frac{1}{2}$ pCt. Prov.		
60|00		
ab $\frac{1}{2}$ pCt. Provision	:	60 — —
	Danz. fl.	11940 — —

11|940 à 1 pro Mille
28|200

1 pro Mille Courtage	fl.	11. 28
Briefporto : : : :		1. 2
		13 — —

verbleibt Hamb. Briefe zu remittiren Danz. fl. 11927 — —

```
168 gr. Danz. — 8 Mk. Bco. — 11927 fl. Danz.
 56                              30
                             ─────────
                             357810 gr.
                          8) ─────────
                              44726 = 4
                           7) ─────────
                             6389 Mk. 7 à 8 ßl.
                                 Hamb. Bco.

 2 Mk. Bco. — 34½ stbr. — 6389 Mk. 8 ßl. Bo.
20 stbr.   —   1 fl.   4) 1597 =  6
──                        ────    ──
40                        6388     4 = 4
10                       4791      2 = 2
                           798 = 10
                             8 = 12 = 8
                             4 =  6 = 4
                        ──────────────────
                        5510|9 = 8 = 12
                          18|8
                            14|0
```

Fac. 5510 fl. 19 stbr. circa Holl. Bo.

```
                    ⅓ pCt. Provis.
  ──────────────────
   18|36. 19
      7|39
```

11927 fl. Danz. betrugen in	= Bco Mk.	6389 = 8 ßl.
Diese aber betragen in Amsterdam	Bco fl.	5510 = 19 stb.
ab davon ⅓ pCt. Provision	fl. 18. 7. 8	
Courtage & Porto =	5. 18. 8	
		24 = 6 —
verbleiben für Berlin einzuziehen Bco. fl.		5486 = 13 stb.

250 fl. — 147¼ Thlr. Cour. — Bco. fl. 5486. 131.
1000 589

49374 10=2
43888 2=5
27430 1=2
294=12
58=21=7
29=10=9

3231|636=20=4
15|284
3|412

Fac. Cour. Thlr. 3231=15=3

3|231 Thl. 15 gr. 3 pf. à 1 pro Mille
5|559
6|711

ab davon 1 pro Mille Cour. Thl. 3. 5. 6.
Briefporto = = 2. 18. —

5=23=6

für 1000 St. Duc. wieder erhalten Cour.
Thlr. 3225=15=9
hingegen im Einkauf ausgegeben = 3190=—=—
mithin gewonnen Cour. Thl. 35=15=9

3. B. Berlin ist Hamburg 1000 Thlr. Hamburger Banco schuldig, und kann dieselben auf zweyerley Arten bezahlen, als

1) Es kann für die 1000 Thlr. Banco Wechselbriefe zu 140½ Ld'or kaufen und dieselben remittiren, oder

2) Es kann Ld'or à 5 Thlr. Ld'or, welche in Hamburg das Stück zu 10 Mk. 12 ßl. Lüb. Banco angenommen werden, baar senden, bey welcher Sendung aber 1 pCt. für Spesen oder Unkosten zu bezahlen sind.

Es frägt sich nunmehro, ist es für Berlin nutzbarer Hamburger Briefe zu remittiren, oder Louis-d'or in Natura zu senden?

1)

1ØØ Thlr. Bco. — 140½ Thlr. Ld'or — ? 10ØØ Bco.

Fac. 1405 Thlr. Ld'or.

2)

10¾ Mk. Bo. — 5 Thl. Ld'or — 1000 Thl. Bo.
43   20 (4   3000 Mk. (3

43) 60000 | 1395 Thlr.
170
410
230
15
43) 360 | 8 gr.
16

13|95 Thlr. 8 gr.
22|88
10|56

Wenn man also für die 1000 Thlr. Hamburger Banco
1) Wechselbriefe remittiret, so kosten solche Ld'or Thlr. 1405. —
2) Ld'or baar sendet, so kosten solche Ld'or Thlr. 1395. 8.
hiezu 1 pCt. Spesen - 13. 23.

1409. 7

Ld'or Thl. 4. 7

auf 1000 Thlr. Hamburger Bco. besser Wechselbriefe zu remittiren, als Ld'or in Natura zu senden.

3. B. Berlin kaufte einen Englischen Brief von 600 Livres Sterl. zu 6 Thlr. 10 gr. Diesen sendete es

nach Amsterdam, und läßt ihn allda zu 36 ßl. vls Banco caviren, wobey der Commissionair $\frac{1}{2}$ pCt. Provision und 1 fl. 2 stbr. Porto kürzet. Berlin trassiret hierauf den netten Belauf nach Amsterdam zu $147\frac{1}{4}$ Thlr. Courant, und hat dabey 1 pro Mille Courtage und 15 gr. Briefporto bezahlet. Was ist hiebey gewonnen oder verlohren worden?

Einkauf.

1 Liv. Sterl. — 6 Thlr. 10 gr. — 600 Liv. Sterl.

8 = 3   3600
2 = 4   200
50

Fac. 3850 Thlr. Cour.

Verkauf.

1 Liv. Sterl. — 36 ßl. vls Bco. — 60∅ Liv. Sterl.
1∅ ßl. vls — 3 fl.
108

Fac. 6480 fl. Holl. Bco.

6480 fl. à $\frac{1}{2}$ pCt. Provis.   Bo. fl. 6480. — —
32|40 $\frac{1}{2}$ pCt. Provis. fl. 32. 8
8|00   Porto = = 1. 2

33. 10 —

Bco. fl. 6446. 10 stb.

250 fl. Bo. — $147\frac{1}{4}$ Thl. Cour. — 6446 fl. 10 stb. Bo.
1000   589   58014   2
51568
32230
294. 12

3796|988. 12
23|724
8|688

Berlin hat für 600 Liv. Sterl. wieder
eingezogen Cour. Thl. 3796. 23. 9

3|796.23.9
19|127 ab hiervon
1|533 Court. 1 p. Mille Th. 3. 19.—
Porto = = —15—

4. 10.—

hat also Berlin für 600 L. Sterl. empfangen Cour. Thl. 3792. 13. 9
ab davon obigen Einkauf = = 3850.— —
ist also verlohren = Cour. Th. 57. 10. 3

z. B. Berlin kauft 3 Wechselbriefe, als:

1) 1250 fl. Holl. Cour. zu $146\frac{3}{4}$ Thl. Court.
2) 275 Livres Sterl. zu 6 Thl. 10 gr. Court.
3) 2000 fl. Wiener à 4 pro Cent.

Diese Briefe sendet Berlin nach Holland, wo

1) der Amsterdamer zu $\frac{1}{2}$ pr. Ct. Agio in Banco,
2) der Londner zu 36 ßl. vls Banco,
3) der Wiener zu 35 stb. Holl. Banco,

verkauft werden, wobey der Amsterdamer Comissionair $\frac{2}{3}$ pro Cent vor Provision und Porto abziehet.

Endlich trassiret Berlin die ganze Post zu $147\frac{1}{4}$ pro Cent, und es frägt sich daher, was dabey gewonnen oder verlohren sey?

Einkauf.

~~250~~ fl. C. — $146\frac{3}{4}$ Thl. C. — ~~1250~~ fl.

Fac. 733 Tl. 18 gr. C. 5

Der Holl. Courantbrief kostet also Cour Thl. 733 = 18

1 Liv. Strl. — 6 Thl. 10 gr. — 275 L.

8 = 3 1650
2 = 4 91 = 16
22 = 22

Facit 1764 Th. 14

Transport Cour. Thl. 733 = 18
Der Londner Brief kostet also Cour Thlr. 1764 = 14

750 fl. — 104 Thl. C. — 2000 fl. Wien.
3 4160 40
3) 1386 Thr. 16 gr.

Der Wiener Brief kostet also = Cour Thlr. 1386 = 16
mallen ausgegeben = Cour Thlr. 3885 —

Verkauf.

$100\frac{1}{2}$ fl. C. — 100 fl. Bo. — 1250 fl. C.
201
250000 | 1243 fl.
490
880
760
157
3140 | 15 stb. Bo.
1130
125

Aus den Holl. Courantbrief ist also
in Amsterdam gelöset worden Bco. fl. 1243 = 15 stb.

1 Liv. Stl. — 36 ßl. vls — 275 L. Stl.
10 ßl. vls — 3 fl. 2200
108 2970|0

Aus den Londner Brief ist also gelöset worden Bco. fl. 2970 = — =

$1\frac{1}{3}$ fl. — 35 stbr. Hll. Bo. — 2000 fl. Wr.
3 100

20 stbr. — 1 fl.
7000
3) 2333 fl. 6 stb. 10 pf.

Transport Bco. fl. 4213 = 15 —

Aus den Wiener Brief ist also gelöset worden Bco. fl. 2333 = 7 —

Verkauf in Amsterdam Bco. fl. 6547 = 2 —

6547 fl. 2 pf. à $\frac{2}{3}$ pr. C.

2182 = 7 1 = 3
2182 = 7 1 = 1

43|64 = 14
12|94
15|04

ab $\frac{2}{3}$ pr. Cent. für Provis. u. Porto Bco. fl. 43 = 13 —

ist von Amsterdam einzuziehen Bco. fl. 6503 = 9 —

250 fl. — 147$\frac{1}{4}$ Thl. C. — 6503 fl. 9 stb. B.

1000 589 58527 5 = 4
52024 4 = 5
32515
147 = 6
117 = 19

3830|532 = 1
12|769
9|228

Der Berliner hat also von Holland wieder eingezogen C. Thl. 3830 = 13 —

Hingegen ausgegeben = = 3885 = — —

also verlohren Cour Thl. 54 = 11 —

3. B. Berlin kauft a) 2000 fl. Holl. Bco. à 146$\frac{7}{8}$ pr. C.
b) 3000 fl. Hll. Cour. à 146$\frac{1}{2}$ pr. C.
c) 2500 Mk. Hb. Bc. à 151 pro C.

Diese 3 Briefe sendet Berlin nach Paris, allwo
1) das Holl. Banco zu 35 pf. vls Banco,
2) das Holl. Court. zu $\frac{1}{2}$ pr. C. Banco Agio u. 35 pf. vls Banco.

3) der Hamburger Brief zu 340 Livres verkauft werden. Paris kürzet von den Betrag ½ pr. Cent. Provision und 17 Livres 5 Sous Courtage und Porto, worauf es das Netto-Kapital auf London zu 18 pf. Sterl. remittiret. London decourtiret ebenfalls ⅓ pr. C. Provision und 1 Livr. — 10 pf. Sterl. Courtage und Porto. Berlin aber trassiret endlich das in London stehende Geld zu 6 Thl. 16 gr. und hat 4 Thl. 16 gr. Courtage und Porto verleget. Was wird hiebey gewonnen oder verlohren seyn?

Einkauf.

250 fl. Bco. — 146⅞ Thl. C. — 2000 fl. Bco.

Facit 1175 Thl. C. (8

Der Holl. Bancobrief kostet also Cour. Thl. 1175 = —

250 fl. C. — 146½ Thlr. C. — 3000 fl. C.

1000 (4 586 (4

Facit 1758 Thl. C. (3

Der Holl. Courantbrief kostet also Cour. Thl. 1758 = —

300 Mk. — 151 Thl. C. — 2500

755

302

3775

3) 1258 Thl. 8 gr. C. Fac.

Der Hamburg. Bancobrief kostet also C. Thl. 1258 = 8

obige 3 Briefe kosten also Berlin. Cour. Thl. 4191 = 8

Verkauf.

35 pf. vls Bco — 3 Livres — 2000 fl. Bco.

7 48000 400

7) 6857 L. 3 S. 16000 pf. vls.

Der Holl. Bancobrief ist in Paris verkauft für Livres 6857 = 3 S.

? Liv. — 3000 fl. C.
67 201 100½ fl. C. — 100 fl. Bco.
1 fl. — 40 pf. vls Bco. 8
7 35 pf. vls — 3 Livres
469 2
16
4800000
10234 L. 11 S.

Der Holl. Courantbrief ist in Paris verkauft für Liv. 10234 = 11 —

100 Mk. Bo. — 340 L. — 2500 Mk. Bo.
1700
680
8500 Livres.

Der Hamburger Bancobrief ist in Paris verkauft für = Liv. 8500 = — —

Livres 25591 = 14 S.

25591 = 14 à ½ pr. Cent.
127|95 = 17
19|17

ab davon ½ pr. C. Provision L. 127 = 19
Courtage und Porto = 17 = 5

145 = 4 —

in Paris sind also Liv. 25446 = 10 —

3 Liv. — 18 pf. sterl. — 25446 L. 10 S.
240 pf. — 1 L. 4) 636|1 L. 12 ßl.
1140 3|2
40 2|4

Für obige Livres de Fr. sind also in London erhalten worden Liv. Sterl. 636 = 3 = 2

636 L. 3 = 1 à ⅓ pro Cent.

2|12 = 1 —

2|41

4|92

ab davon ⅓ pr. C. Provision L. 2 = 2 = 4
Courtage und Porto = 1 = 10

3 = 3 = 2

bleiben für Berlin aus London zu trassiren = Liv. Strl. 633 = — —

1 Liv. Strl. — 6 Thl. 16 gr. — L. 633 Strl.

12 = 2 3798
4 = 3 316 = 12
105 = 12

Facit 4220 Thl. Cour.

Aus London sind also wieder eingezogen worden Cour. Thl. 4220 = —

ab die Berliner Spesen	=	— =	4 = 16
in allen wieder erhalten	=	Cour. Thl.	4215 = 8
ab hiervon obigen Einkauf		— =	4191 = 8
gewonnen	=	Cour. Thl.	24 = —

3. B. Leipzig kauft 4000 Frankfurter am M. Müntze zu 93 Thl. Ld'or, und sendet diesen Brief nach Frankfurt am Main, um solchen einzuziehen. Dieses geschiehet, und der Frankfurter Comissionair übermachet dafür Englische Briefe, die er zu 140 Bazzen eingekauft hat, kürzet aber zuvor ⅓ pr. C. Provision, 1 pro Mille Courtage und 60 Xr. Porto. Wenn nun Leipzig die Englischen Briefe zu 5 Thl. 21 gr. Ld'or wieder verkauft, und dabey 1 pro Mille Courtage, und 8 gr. 6 pf. Porto verleget;

get; so frägt sichs, was hierbey gewonnen oder verlohren sey.

Einkauf.

1ØØ Thl. Frkf. — 93 Thl. Ld'or — 40ØØ Thl. Frkf.

Facit 3720 Thl. Ld'or.

Verkauf.

eingezogen = Frkf. Thl. 4000 = — —

4000 à ⅓ pr. Cent.

13|33 = 30
30|00

ab, Provision ⅓ pr. C. Thl. 13 = 30 Xr.
Porto = = — = 60 =

14 = — —

Frkf. Thl. 3986 = — —

3|986 à 1 pro Mille
88|740

Courtage 1 pro Mille = 3 = 90 —

Frkf. Thl. 3982 = 10 —

140 Thl. Frkf. — 22½ Liv. Sterl. — 3982 Thl. 10 Xr.

7964 9
7964
1991
2 = 10

89597 = 10
14) 639|9 = 16
19|6

Fac. 640 Liv. Sterl.

1 Liv. Strl. — 5 Thl. 21 gr. Ld'or — 630 Liv. Strl.

12 = 2	3200
6 = 2	320
3 = 2	160
	80
	Fac. 3760 Thl Ld'or.

Leipzig hat also aus denen Englischen Briefen gelöset	Ld'or Thl.	3760 = — = —
3|760		
18|240		
ab, 1 pr. Mille Courtage Thl. 3 = 18 —		
Porto = = — 8 = 6		
		4 = 2 = 6
	Ld'or Thl.	3755 = 21 = 6
ab davon obigen Einkauf	— =	3720 = — = —
mithin gewonnen	Ld'or Thl.	35 = 21 = 6

3. B. Hamburg kauft

1) 1500 Ducat. aus Cadix à $87\frac{1}{2}$ pf. vls Bco.
2) 2800 Crusaden aus Lissabon à $47\frac{1}{4}$ pf. vls Bco.
3) 400 Liv. Sterl. aus London à $33\frac{1}{3}$ ßl. vls Bco.

Diese 3 Briefe sendet es nach Amsterdam, wo

1) der Spanische à $94\frac{1}{2}$ pf. vls Bco.
2) der Portugiesische à $50\frac{1}{2}$ pf. vls Bco.
3) der Englische à 36 ßl. vls Bco.

verkauft werden. Amsterdam kürzet von den Betrag $\frac{1}{3}$ pro Cent Provision, und 11 fl. 5 stb. Courtage und Porto, remittiret aber für den Rest einen Wiener Brief, welchen es zu $35\frac{1}{2}$ stbr. eingekauft hat. Wenn nun Hamburg diesen Wiener Brief zu $144\frac{1}{4}$ Thl. Wiener wieder verkauft, und dabei 15 Mk. 8 ßl. Hamb. Courtage und Porto ausgegeben hat; so frägt sichs, was hiebei gewonnen oder verlohren sey?

Einkauf.

1 Duc. — 87½ pf. vls Bco — 1500 Duc.
32 pf. vls — 1 Mk.

130500
750

131250

4) 32812 = 8

8) 4101 Mk. 9 ßl.

Der Spanische Brief kostet Ham- Bco Mk. 4101 = 9 = —

1 Cruſ.—47¾ pf. vls Bo.—2800 Cruſ.
32 pf. vls — 1 Mk. 700
8

32900
175

33075

8) 4134 Mk. 6 ßl.

Der Lissaboner Brief kostet Bco. Mk. 4134 = 6 = —

1 Liv.—33⅓ ßl. vls—400 Liv. Strl.
2⅔ ßl. — 1 Mk. 50

8 100 5000

Der Londner Brief kostet = 5000 = — —

in allen also ausgegeben Bco. Mk. 13235 = 15 —

Verkauf.

1 Duc. — 94½ pf. vls — 1500 Duc.
40 pf. vls — 1 fl.

94
4700
75

14175

4) 3543 fl. 15 ſtbr.

Für den Spanischen Brief ist in Amsterdam gelösset worden = Bco. fl. 3543 = 15 —

1 Cruſ. — 50½ pf. vls Bo. — 7800 Cruſ.
40 pf. vls — 1 fl. 70

3500
35
3535 fl.

Für den Portugisischen ist empfangen Bco. fl. 3535 — = —

1 L. Stl. — 36ß l. vls Bo. — 400 L. Stl.
3⅓ ßl. vls — 1 fl.
10 108
4320 fl.

Für den Londner ist empfangen Bco. fl. 4320 — = —

Bco. fl. 11398 = 15 —

11398 fl. 15 stb. à ⅓ pr. C.
3) 37|99 = 11
19|91

ab, Provision ⅓ pr. C. fl. 38 = — =
Courtage u. Porto = 11 = 5 —

49 = 5 —

verbleibt für Hamb. in Amsterd. Bco. fl. 11349 = 10 —

35½ stbr. — 1 Thl. Wien. — 11349 fl. 10 stbr.
71 226990
453980
71) 6394 Thl. 9 Xr. Wien.

$\underline{144\frac{1}{4}}$ Thl. Wien. — $\underline{300}$ Mk. Bco. — $\underline{6394}$ Thl. $\underline{9}$ Xr.

577	1200	7672800	10
		120	
		7672920	
	577)	13297 Mk. 15 ßl.	

Hamburg hat also wieder eingezogen =	Bco. Mk.	13297 =	15 ßl.	
hingegen ausgegeben	— =	13235 =	15 —	
	Bco. Mk.	62 =	— —	
ab die Hamburger Spesen	— =	15 =	8 —	
verbleibt reiner Gewinn	Bco. Mk.	46 =	8 —	

z. B. Amsterdam kauft

1) 550 Liv. Sterl. zu 36 ßl. vls Bco.
2) 4000 fl. Wiener zu 35 stbr. Bco.
3) 1500 Ducati aus Cadix à 94 pf. vls Bco.

Diese 3 Briefe sendet es nach Lyon mit der Ordre

1) den Englischen Brief zu $15\frac{1}{2}$ pf. Sterl.
2) den Wiener zu $97\frac{1}{2}$ Sous,
3) den Cadixer zu 142 Sous

zu verkaufen. Dieses geschiehet und Lyon decourtiret von den Betrag $\frac{1}{2}$ pr. Cent Provision und 34 L. 13 Sous Porto. Für den Rest remittiret Lyon

1) 3000 Piaster à 178 Sous auf Livorno, und
2) den Rest in Holl. Bancobriefen à 30 pf. vls Bco. nach Amsterdam.

Wann nun Amsterdam die 3000 Piaster von Livorno zu 93 pf. vls Bco. trassiret, bey den ganzen Geschäft aber 279 fl. 7 stbr. Spesen bezahlt hat; so frägt sich, was wird gewonnen oder verlohren seyn.

Einkauf.

1 Liv. Sterl. — $\underline{36}$ ßl. vls Bco. — 55Ø Liv. Sterl.

$\underline{3\frac{1}{3}}$ ßl. vls — 1 fl.	108	$\underline{440}$
1Ø		5940 fl.

Der Londner Brief kostet also Amsterdam = Bco. fl. 5940 = — =

1½ fl. — 35 stbr. Bco. — 400ø fl. Wien.
3ø(20 stb. 1 fl.
14000
3) 4666 fl. 13 stbr.

Der Wiener Brief kostet also Bco. fl. 4666 = 13 =

1 Duc. — 94 pf. vls Bo. — 150ø Duc.
4ø pf. vls — 1 fl.
14100
4) 3525 fl.

Der Cadixer Brief kostet also — = 3525 = — =

Amsterd. hat in allen ausgegeben Bco. fl. 14131 = 13 =

Verkauf.

15½ pf. Sterl. — 3 Liv. — 550 Liv. Sterl.
31 6 (2 132000
792000
31) 25548 Liv. 8 Sous.

Für den Londner Brief ist in Lyon empfangen worden = Liv. 25548 = 8 —

1 fl. — 97½ Sous — 4øøø fl. Wien.
2ø S. — 1 Livre 200
19400
100
19500 Livres.

Für den Wiener Brief ist empfangen Liv. 19500 = — =

Transport Liv. 45048 = 8 —

? Liv. — 150ø Duc.
1 Duc. — 375 Marav.
272 Mar. — 1 Pesos
1 Pesos — 142 Sous 71
20 Sous — 1 Liv.

375
2625
26625
133125
3993750
272) 14682 Liv. 18 S.

Für den Cadixer Brief ist empfangen = = Liv. 14682 = 18 —

aus allen 3 Briefen ist in Lyon gelößt Liv. 59731 = 6 —

59731 Liv. 6 S. à ½ pr. Cent.

298|65 = 13
13|13

ab, ½ pr. C. Provision Liv. 298 = 13
Spesen in Lyon = 34 = 13

333 = 6 —

verbleibt für Amsterdam in Lyon Liv. 59398 = — —

1 Piast. — 178 Sous — 300ø Piast.
20 Sous — 1 Liv.

89

26700 Livres.

ab die 3000 Piasters, so für Rechnung Amsterdam nach Livorno remittirt Liv. 26700 — —

bleibt zur Amsterdamer Remesse Livres 32698 — —

3 livres — 30 pf. vls Bco. — 32698 livres.
10 4) 8174 fl. 10 stbr.
40 pf. vls — 1 fl.

Für die Lyoner Remesse hat also Amsterdam eingezogen = Bco. fl. 8174 = 10 —

1 Piast. — 93 vls Bco. — 3000 Piast.
40 pf. vls — 1 fl.
27900
4) 6975 fl.

Für die trassirten 3000 Piastre sind vor Livorno eingezogen	Bco. fl.	6975 = — —
Amsterdam hat also in allen wieder erhalten =	Bco. fl.	15149 = 10 —
hingegen hat Amsterdam ausgegeben =	=	14131 = 13 —
	Bco. fl.	1017 = 17 —
ab hiervon die Amsterdamer Spesen	=	279 = 7 —
mithin gewonnen =	Bo. fl.	738 = 10 —

z. B. Amsterdam ordiniret Paris

1) 4000 Pezzid'otto aus Madrid zu 27 Livres 10 Sous und

2) 4000 Piastres aus Livorno à 178 Sous

einzukaufen. Paris thut dieses und berechnet dafür $\frac{1}{2}$ pr. Cent Provision, und 34 Liv. 10 Sous Courtage und Porto. Nach eben der Ordre remittiret Paris den eingekauften Livorner Brief auf London, wo er zu 50$\frac{1}{4}$ pf. Sterl. negociret wird. London berechnet dabey $\frac{1}{2}$ pr. Cent Provision, und 1 Liv. 6$\frac{1}{4}$ fl. Sterl. Courtage und Porto, remittiret aber den netten Belauf nach Amsterdam zu 34 ßl. vls Bco. Den Spanischen Brief sendet hingegen der Pariser nach Amsterdam, wo ihn der Amsterdamer selbst zu 91 pf. vls Bco. verhandelt. Amsterdam remittiret nunmehro auf Paris seine Auslage zu $27\frac{1}{2}$ pf. vls Bco., und hat 29 fl. $7\frac{1}{2}$ stbr. Courtage und Porto verleget. Was ist hierbey gewonnen oder verlohren.

Einkauf.

ø Pesos — $27\frac{1}{2}$ livres — 4øøø Pezzi d'otto

27500 livres. 1000

Der Spanische Brief kostet also in
Paris = = Livres 27500 = — —

1 Piast. — 178 Sous — 4øøø Piast.
2ø Sous — 1 Liv. 200

35600 livres

Der Livorner Brief kostet also in
Paris = = Liv. 35600 = — —

Livres 63100 = — —

63100 à $\frac{1}{2}$ pr. Cent.

315|50
10|00

Hiezu $\frac{1}{2}$ pr. C. Provision L. 315 = 10
Courtage und Porto 34 = 10

350 = — —

Paris hat also für Amsterdam verleget = = Livres 63450 = — —

ø livres — $27\frac{1}{2}$ pf. vls Bco. — ø3450 livres.
4ø pf. vls — 1 fl. 2115ø

14805
4230
1057 = 10

58162 = 10

4) 14540 fl. 12 stb. 8 pf.

Für die Pariser Remesse hat also Amsterdam bezahlen müssen Bco. fl. 14540 = 12 = 8
hiezu Courtage und Porto = = 29 = 7 = 8

Bco. fl. 14570 = — —

Verkauf.

1 Piast. — $50\frac{1}{4}$ pf. Sterl. — 4000 Piast.
240 pf. Strl. — 1 Liv. 100
6

5025
6) 837 Liv. 10 ßl. Sterl.

Für den Livorner Brief ist in London erhalten = Liv. Strl 837 = 10 —

837 = 10 = à $\frac{1}{2}$ pr. C.
4|18 = 15
3|75
9|00

ab davon $\frac{1}{2}$ pr. C. Provision L. 4. 3. 9.
Courtage und Porto = 1. 6. 3.

5 = 10 —

verbleiben für Amsterdam Liv. Sterl. 832 = — —

1 Liv. Sterl. — 34 ßl. vls Bco. — 832 Liv. Sterl.
$3\frac{1}{3}$ ßl. vls — 1 fl. 1664
10 102 8486|4
8|0

Amsterdam hat also für die Londner Remesse erhalten = Bco fl. 8486 = 8

Transport Bco. fl. 8486 = 8

4 ~~20~~ ~~100~~
? fl. Holl. Bo. — 4~~000~~ Pezzi
1 Pezzi — 272 Marav.
15 ~~75~~ ~~375~~ Mar. — 91 pf. vls
4~~0~~ pf. vls — 1 fl. Bco.

1088
9792

99008

3 | 33002 = 13
5) 6600 fl. 11 stb.

Für den Spanischen Brief hat Amsterdam erhalten = — = 6600 = 11

in allen wieder bekommen Bco. fl. 15086 = 19
hingegen ausgegeben = — = 14570 = —

gewonnen — Bco. fl. 516 = 19

z. B. London kauft
1) 4000 Piaster aus Cadix à 37 pf. Sterl.
2) 6500 Crusaden aus Lissabon à 5 ßl. 8 pf. Sterl.
3) 800 Thlr. Hamb. Bco. à 34 ßl. vls Bco.

Von diesen drey Briefen sendet London den Spanischen und Hamburger nach Paris, wo
Ersterer à 176 Sous und
der zweyte à 340 Livres
verkauft werden. Den Lissaboner Brief sendet London nach Amsterd., allwo er zu 50 pf. vls Bo. ebenfalls verkauft wird. In Paris wird ½ pCt. Provision und 23 Livres 4 Sous Courtage & Porto, in Amsterdam ebenfalls ½ pCt. Provision und 9 fl. 7½ stbr. Bco. Courtage und Porto berechnet. Endlich remittiret Paris das für London in Händen habende Geld zu 15 pf. Sterl., und Amsterdam das seinige à 38 ßl. vls Bco. Wenn nun London selbst bey

diesem Geschäft 2 Liv. 8 ßl. 8 pf. Spesen verlegt hat; so frägt es sich, was dabey gewonnen oder verlohren worden.

Einkauf.

1 Pesos — 37 pf. sterl. — 4000 Pesos
240 pf. — 1 Liv. 100
6
3700
6) 616 Liv. 13 ßl. 4 pf.

Der Spanische Brief kostet Londen
Liv. Sterl. 616. 13. 4

2½ Cruſ. — 5⅔ ßl. Strl. — 6500 Cruſ.
5 1 : 3 1300
1 : 1 650
20 ßl. — 1 Liv. 43 : 6 : 8
2 43 : 6 : 8
736 L. 13 ßl. 4 pf.

Der Lissabonner Brief kostet : 736. 13. 4

34 ßl vls — 1 Liv. Sterl. — 800 Th. Hmb. Bo.
6400
34) 188 L. 4 ßl. 8 pf.

Der Hamburger Brief kostet : 188. 4. 8
Liv. Sterl. 1541. 11. 4
hiezu die Londner Spesen : 2. 8. 8
obige 3 Briefe kosten im Einkauf Liv. Sterl. 1544. —. —

Verkauf.

1 Pesos — 176 Sous — 4000 Pesos
20 Sous — 1 Liv. 2000
35200 Liv.

Für den Spanischen Brief ist in Paris
empfangen worden Liv. 35200. —. —

Transp. Liv. 35200.——

100 Mk. — 340 Liv. — 2400 Mk.

8160 Livres.

Für den Hamburger Brief ist in Paris
empfangen worden = 8160.——

Liv. 43360.——

43360 à ½ pCt.

216|80

16|0

ab davon ½ pCt. Provision L. 216. 16.
Courtage und Porto 23. 4.

240.——

verbleibt für London in Paris Livr. 43120.——

3 Liv. — 18 pf. Sterl. — 43120 Liv.

5 1078

240 pf. — 1 Liv. 5390

6 6) 898 L. 6 ßl. 8 pf.

London hat für die Pariser wieder eingezogen Liv. Strl. 898. 6. 8

1 Cruſ. — 50 pf. vls B. — 6500 Cruſ.

40 pf. — 1 fl. 32500

4) 8125 fl.

für den Lissabonner Brief ist in
Amsterd. empfangen worden
Bo. fl. 8125.—.—

8125 — à ½ pCt.

40|62.10

12|50

8|00

Trsp. Liv. Strl. 898. 6. 8.

ab Provis. $\frac{1}{2}$ pCt. = fl. 40.12. 8
Courtage und Porto 9. 7. 8

50.—.—

verbleiben zur Londner Remesse in Amst.

Bco. fl. 8075.—.—

38 ßl. vls — 1 L. Sterl. — 8075 fl. Bo.

24225
2691. 13. 4

26916. 13. 4.

38) 708 L. 6 ßl 8 pf.

London hat also für die Amsterdammer Remesse wieder eingezogen L. 708. 6. 8

in allen wieder erhalten L. 1607. 13. 4
hingegen ausgegeben 1544.—.—

Profit Liv. Sterl. 63. 13. 4

3. B. Amsterdam kauft 7400 Mk. Hamb. Banco à $34\frac{1}{4}$ stbr. Holl. B. und sendet sie nach Paris, wo sie zu 340 Livres verkauft werden. Paris decourtiret $\frac{1}{2}$ pCt. Provision nebst 14 L. 4 Sous Courtage u. Porto, und remittiret die in Händen habende Gelder à 16 pf. Sterl. auf London. London decourtiret auch $\frac{1}{2}$ pCt. Provision nebst 4 ßl. 5 pf. Sterl. Spesen, und remittiret das nette Kapital zu $38\frac{1}{2}$ ßl. vls Bo. wieder auf Amsterdam. Wie viel hat Amsterdam hiebey gewonnen, wenn es selbst 9 fl. 12 stbr. Spesen verlegt hat?

Einkauf.

2 Mk. — $34\frac{1}{4}$ stbr. — 7400 Mk. Bo.
20 stbr. — 1 fl. 185

40

740
555
46. 5

6336 fl. 5 stbr.

Der Hamburger Brief kostet Amsterdam Bco. fl. 6336. 5 stbr.

Verkauf.

1ØØ Mk. — 340 Liv. — 74ØØ Mk.

1360
238
25160 Livres.

für den Hamburger Brief ist in Paris empfangen worden Liv. 25160 — —

25160 Liv. à ½ pCt.
125|80
16|00

ab davon ½ pCt. Provision 125. 16 —
Courtage und Porto 14. 4 —

140 — —

verbleibt zur Remesse nach Londen in Paris Liv. 25020 — —

3 Liv. — 1Ø pf. Sterl. — 2502Ø Liv.
240 pf. — 1 Liv.
2
720 9
9)5004
556 Livr. Sterl.

für die Pariser Remesse ist in Londen empfangen worden Liv. Strl. 556 — —

556 à ½ pCt.
2|78
15|60
7|20

ab davon ½ pCt. Provision L. 2. 15. 7
Londner Spesen — 4. 5

3 — —

verbleibt zur Remesse nach Amsterdam in Londen Liv. Strl. 553 — —

1 Liv. Strl. — $38\frac{1}{2}$ ßl. vls — 553 Liv. Strl.
$3\frac{1}{3}$ ßl. — 1 fl.

10

1659

13272
4977
829. 10

6387|1. 10
3|0

Amsterdam hat also für seinen Hamburger Brief durch die Londner Remesse

wieder eingezogen	fl.	6387. 3 —
ab davon obigen Einkauf		6336. 5 —
	fl.	50. 18 —
ab hiervon die Amsterdammer Spesen		9. 12 —
verbleibt reiner Gewinn	Bco. fl.	41. 6 —

z. B. Hamburg kauft

1) 375 St. Ld'or à 10 Mk. $11\frac{1}{2}$ ßl. Bco.
2) 842 St. Ducat. à 6 Mk. und 3 pr. C. besser denn Bco.

Diese Münzsorten sendet es nach Frkf. am M. wo

1) die Louisd'or zu 5 Thl. 20 Xr.
2) die Duc. zu 2 Thlr. 88 Xr.

angenommen werden. Für das Provenu kauft Frankfurt am Mayn

a) 4500 holl. Bco. zu 142 pCt. und für den Rest
b) einen Hamburger Brief zu 146 pCt.

decourtiret aber deswegen $\frac{1}{2}$ pCt. Provision und 3 Thlr. 26 Xr. Courtage und Porto. Da nun Hamburg diese Briefe von Frankfurt in Natura erhält, und

a) den Holl. zu 34 stbr. Bo. wieder verkauft,
b) den Hamburger aber einziehet, bey diesen Geschäft aber selbst 19 Mk. 12 ßl. Bo. Spesen bezahlt hat; so frägt sich ob dabey gewonnen oder verlohren sey?

Ein-

Einkauf.

1 Stk. Ld'or — 10 Mk. 11½ ßl. Bo. — 375 Stk. Ld'or

	0
8 = 2	187. 8
2 = 4	46. 14
1 = 2	23. 7
½ = 2	11. 11. 6.
	4019 Mk. 8. 6.

die Ld'or haben in Hamburg gekostet Bo.
Mk. 4019. 8. 6

100 Mk. Duc. — 103 Mk. Bo. — 842 St. D.
à 6 Mk.

5052 Mk. D.
15156

5203|56
|336
8|96

die Ducaten haben Hamburg gekostet Bo.
Mk. 5203. 9. —

Hamb. hat also für die Münzsorten ausgegeben Bo. Mk. 9223. 1. 6

Verkauf.

1 St. Ld'or — 5 Thl. 20 Xr. — 375 St. Ld'or

10 = 9	1875
10 = 1	41. 60
	41. 60
	1958 Th. 30 Xr.

für die Ld'or ist in Frankf am Mayn empfangen worden Thlr. 1958. 30 Xr.

Trsp. Thlr. 1958. 30 Xr.

1 St. Duc. — 2 Thl. 88 Xr. — 842 St. Duc.

30 = 3	1684
30 = 1	280. 60
10 = 3	280. 60
10 = 1	93. 50
2 = 5	93. 50
6 = 3 m.	18. 64
	56. 12
	Thlr. 2507. 26 Xr.

für die Ducaten ist in Frankf. am Mayn empfangen worden Thlr. 2507. 26 Xr.

Thlr. 4465. 56 Xr.

4465 Thlr. 56 Xr. à ½ pCt.

22|32 Thlr. 73

29|53

ab hiervon ½ pCt. Provision Thlr. 22. 30 Xr.
Courtage und Porto 3. 26

25. 56 —

verbleiben für Hamburg Thlr. 4440. — —

250 fl. — 142 Thlr. — 4500 fl.

1000 (4 1136 18000 (4

2556 Thl.

ab davon was der Holl. Brief gekostet 2556. — —

Thlr. 1884. — —

146 Thlr. — 300 Mk. — 1884 Thlr.

565200

146) 3871 Mk. 4 ßl.

Hamburg hat also für die Frankfurter Remesse wieder eingezogen Bo. Mk. 3871. 4 —

Trsp. Bo. Mk. 3871. 4—

34 stbr. — 2 Mk. Bo. — 4500 fl. Bo.

180000

34) 5294 Mk. 2 ßl. Bo.

für den Holl. Brief hat Hamburg wieder eingezogen 5294. 2—

also in allen wieder erhalten Bo. Mk. 9165. 6—

ab die Hamb. Spesen 19. 12—

Bo. Mk. 9145. 10—

in Einkauf ausgegeben 9223. 1.6

also Verlust Bo. Mk. 77. 7.6

z. B. Paris kauft
1) 2400 Piaster aus Cadix zu 168 Sous,
2) 348 Liv. Sterl. aus Londen zu 15 pf. Strl.
3) 1500 Thlr. Wiener Cour. zu 104 Sous.

Diese drey Briefe sendet es nach Amsterdam allwo
1) der Spanische Brief zu 94½ pf. vls Bco.
2) der Englische zu 36 ßl. vls Bco.
3) der Wiener zu 35 stbr. Bco.

verkauft werden. Amsterdam decourtiret von den Betrag ½ pCt. Provision und 12 fl. 7 stbr. Courtage und Porto. Paris trassiret aber die in Amsterdam stehende Gelder zu 25¾ pf. vls Bco. und hat 41 Liv. 7 Sous vor Spesen verlegt. Wie viel wäre hierbey gewonnen oder verlohren?

Einkauf.

1 Piast. — 168 Sous — 2400 Piast.

20 Sous — 1 Liv. 120

20160 Livres.

Paris hat also für den Cadixer Brief ausgegeben Liv. 20160——

Trsp. L. 20160 — —

15 pf. strl. — 8 Liv. — 345 Liv. Sterl.

5 69

16560 Liv. de fr.

Paris hat für den Londner Brief ausgegeben L. 16560 — —

1 fl. — 104 Sous — 1500 Thlr. Wiener

20 Sous — 1 Liv. 750

52 2250 fl.

450

1125

11700 Liv.

Paris hat für den Wiener Brief ausgegeben L. 11700 — —

Paris hat für die drey Briefe ausgegeben Livres 48420 — —

Verkauf.

60 30 6

? fl. Holl. Bo. — 2400 Piast.

1 Piast. — 272 Mar.

25 125 375 Mar. — 1 Ducat.

1 Duc. — 94½ pf. vls B. 189 63

40 pf. vls — 1 fl.

2 272

816

1632

17136

102816

5) 20563. 4

5) 4112 fl. 13 stb.

Der Spanische Brief ist in Amsterd. verkauft worden Bo. fl. 4112. 13 —

1 Liv. Sterl. — 36 ß l. vls — 345 Liv. Strl.
$3\frac{1}{3}$ ßl. vls — 1 fl. 2760
10 108 3726|0

Der Englische Brief ist in Amsterdam verkauft worden Bo. fl. 3726. — —

1 Thl. — 35 stb. Bo. 1500 Thl. Wiener
20 stbr. — 1 st.
5250
2) 2625 fl.

Der Wiener Brief ist in Amsterdam verkauft 2625. — —
Bo. fl. 10463. 13 —

10463. 13 à $\frac{1}{2}$ pCt.
52|31. 16
6|36

ab hiervon $\frac{1}{2}$ pCt. Provision fl. 52. 6 —
Courtage und Porto 12. 7 —
64. 13 —

verbleiben für Paris einzuziehen Bo. fl. 10399. — —

$25\frac{3}{4}$ pf. vls Bo. — 3 Liv. — 10399 fl. Bo.
103 415960 pf. vls
4991520
103) 48461 Liv. 7 Sous

Paris hat also wieder eingezogen Liv. 48461. 7 Sous,
ab davon obigen Einkauf = 48420. — —
Livr. 41. 7 Sous
ab die Pariser Spesen = 41. 7. —
nichts gewonnen oder verlohren — — —

z. B. Londen kauft

1) 8000 fl. Holl. Bo. à 36 ßl. vls Bo.
2) 5600 Ecûs de france à 15 pf. Sterl.
3) 2600 Pesos aus Cadix à 37 pf. Strl.

Diese drey Briefe sendet es nach Hamburg allwo

1) der Holl. zu $34\frac{1}{4}$ stbr. Bo.
2) der Französische zu 13 ßl. Lüb. Banco
3) der Spanische zu $87\frac{3}{4}$ pf. vls Banco

verkauft werden. Hamburg rechnet $\frac{1}{3}$ pCt. Provision und 20 Mk. 13 ßl. Bo. Spesen remittiret aber das Provenu in

a) 5400 Duc. Bco. auf Venedig zu 82 pf. vls
b) den Rest auf Lissabon à 47 pf. vls Bo.

Wenn nun Londen

a) den Venediger Brief zu 50 pf. sterl.
b) den Lissabonner zu 5 ßl. 6 pf. sterl.

wieder verkauft, dabey aber 5 Liv. 13 ßl. 8 pf. Sterl. für Spesen verlegt hat; so frägt sich, was hiebey gewonnen oder verlohren sey?

Einkauf.

36 ßl. vls Bo. — 1 Liv. Strl. — 8000 fl.

108

24000
$2666\frac{2}{3}$

$26666\frac{2}{3}$

80000

108) 740 Liv. 15 ßl. Sterl.

Londen hat für den Holl. Brief ausgegeben Liv. Strl. 740. 15 —

1 Ecû — ~~15~~ pf. strl. — ~~5600~~ Ecûs

~~240~~ pf. — 1 L. 70

8 5 350 Liv. Strl.

Londen hat also für den Pariser Brief ausgegeben 350. — —

Trsp. 1090. 15 —

Transp. Liv. Strl. 1090. 15 —

1 Pesos — 37 pf. Strl. — ~~2600~~ Pesos
~~240~~ pf. — 1 Livres 65
6

455
195

2405

6) 400 Liv. 16 ßl. 8 pf.

Londen hat für den Spanischen Brief ausgegeben 400. 16. 8

in allen ausgegeben Liv. Strl. 1491. 11. 8

Verkauf.

~~650~~ ~~130~~ ~~26~~ 13
? Mk. Hamb. Bo. — ~~2600~~ Pesos
1 Pes. — ~~272~~ Marav. 17
5 ~~25~~ ~~75~~ ~~375~~ Mar. — 1 Duc.
1 Duc. — ~~87~~¾ pf. vls ~~351~~
~~2~~ ~~32~~ pf. vls — 1 Mk. 117
~~4~~ 117

819

1989
5967

25857

5) 5171 Mk. 6 ßl.

Für den Spanischen Brief ist in Hamburg erhalten Bo. Mk. 5171. 6 —

1 Ecu — 13 ßl. Lüb. — ~~5600~~ Ecus
~~16~~ ßl. — 1 Mk. ~~700~~
~~2~~ 350
1050

4550 Mk.

Transport

Transp. Bo. Mk. 5171. 6 —

Für den Französischen Brief ist in Hamburg erhalten 4550. — —

34¼ stbr. — 2 Mk. — 8000 fl.
137 160000 stbr.
1280000
137) 9343 Mk. 1 ßl.

Für den Holl. Brief ist in Hamburg erhalten 9343. 1 —

Bo. Mk. 19064. 7 —

19064. 7
63 | 54. 13
| 337
8 | 77

ab hiervon ⅓ Provision Mk. 63. 8 —
Hamb. Spesen = 20. 13 —

84. 5 —

verbleiben für Londen Bo. Mk. 18980. 2 —

1 Duc. — 82 pf. vls B. — 5400 Duc.
82 pf. — 1 Mk. 675
16 41 2700
2 27675
2) 13837 Mk. 8 ßl.

ab die Zahlung für den Venediger Brief 13837. 8 —

Bo. Mk. 5143. 10 —

47 pf. vls — 1 Cruſ. — 5134 Mk. Bo.
10268
15402
164288 pf. vls
47) 3493 Cruſ. 145 Rees

1 Duc. — 50 pf. strl. — 5400 Duc.
240 pf. — 1 Liv.   675
  3
                                    3375
                              3) 1125 Liv. Strl.

Londen hat also den Venediger Brief ein-
gezogen Liv. Strl. 1125. — —

1000 Rees — 66 pf. strl. — 3493 Cruf. 145 R.
240 pf. — 1 Liv.   1397345
  40   11
                                    15370795
                              4) 384|2698.15
                                      5|3975
                                        4|7700

Den Lissabonner Brief hat also Londen

eingezogen für		384.	5.	4
	Liv. Strl.	1509.	5.	4
hingegen im Einkauf ausgegeben	=	1491.	11.	8
	Liv. Strl.	18.	13.	8
ab die Londner Spesen	=	5.	13.	8
also gewonnen	Liv. Strl.	13.	—	—

B)

Nach der Ketten-Rechnung berechnet man alle andere Aufgaben, bey welchen die oben pag. 2. erwähnten Umstände einer vielfachen Einnahme oder Ausgabe, und unproportionirte Spesen nicht vorkommen. Dabey wird denn zur Frage angenommen: **wie viel an der ganzen Summe eines Wechselhandels entweder**

1) **in eben derselben Münzsorte, oder aber**
2) **in einer andern**

gewonnen oder verlohren werde.

Bey Auffetzung dieser und aller andern Aufgaben der Gewinn- und Verlustrechnung des Wechselhandels nach der Kettenregel ist besonders in Acht zu nehmen

a) der doppelte Verstand der Fragezahl, und deren Verbindung mit den eingenommenen oder ausgegebenen Wechselpreisen,

b) der richtige Verstand der Spesen, und die Ordnung in den Aufsatz.

a)

Die Fragen einer jeden Aufgabe der Kettenregel, in so ferne sie Ein- oder Verkauf berechnet, lassen sich auf zweierley Art verstehen. Im Fall der Berechnung eines Einkaufs, muß die Frage immer verstanden werden:

Wie viel gebe ich aus? für das in der Fragezahl Empfangene.

Im Fall der Berechnung eines Verkaufs aber heisset es:

Wie viel erhalte ich wieder? für das in der Fragezahl Hinweggegebene.

Ins besondere aber lassen sich auf diese doppelte Art, die Fragen aller Aufgaben des Gewinnes und Verlustes bey dem Wechselhandel verstehen, weil sich kein Gewinn oder Verlust denken läßt, wenn nicht Einnahme und Ausgabe dabey zugleich vorgehet, das ist: wenn nicht das Eingekaufte wieder verkauft wird.

Die richtig bestimmte Frage dieser Aufgaben bestimmet alsdenn auch den kettenmäßigen Anschluß der Verhältnisse von Einnahme oder Ausgabe, und ordnet die Glieder sämtlicher Einnahme auf die eine, so wie die sämtlichen Glieder der Ausgabe auf die andere Seite.

b)

In Ansehung der Spesen werden solche entweder

überhaupt, oder aber
Pro Cento angegeben.

Die erste Gattung heisset unproportionirte Spesen, und man verstehet darunter Fracht- und Briefporto, so wegen einer Wechselsumme überhaupt bezahlt werden.

Die andere Gattung heisset proportionirte Spesen, worunter man Provision, Courtage, Assecuranz, Interesse, Rabatt oder Disconto, Agio und Gewinn, den man haben will, verstehet, welche immer auf die Summe von 100 gestellet sind.

Die unproportionirten Spesen kann man bey der Kettenregel nicht so anbringen, wie sie angegeben werden. Man kann sie aber durch die Regel de Tri zu proportionirten Spesen machen.

z. B. Bey einem Handel von 2531 Thl. 6 gr. sind 17 Thl. 15 gr. Spesen entstanden, wie viel wird solches pro Cento betragen?

$2531\frac{1}{4}$ Thl. — $17\frac{5}{8}$ Thl. — 100 Thl.

Fac. $\frac{11}{16}$ pro Cent circa

proportionirte Spesen, welche allerdings bey der Kettenregel anzubringen sind.

Die proportionirten Spesen, so pro Cento angegeben werden, sind entweder in oder auf hundert zu verstehen.

z. B. Wenn man für 100 Thl. Waaren- oder Wechselbriefe kaufet, und dabey 1 Thl. für Spesen zu zahlen hat, so muß man für die empfangenen 100 Thl. Werth wieder 100 Thl. und darüber noch 1 Thl. bezahlen, solchergestalt kommen die gekauften 100 Thl. Werth auf 101 Thl. zu stehen.

Wann man aber für 100 Thl. Waaren- oder Wechselbriefe verkauft, und dabey 1 Thl. Spesen zu zahlen hat, so empfängt man zwar für die weggegebene 100 Thlr. Werth, wieder 100 Thl.; da man aber 1 pr. Cent für Spesen zu zahlen hat, so gehet von den empfangenen 100 Thlr, 1 Thl. ab, und man behält nur 99 übrig, welche also im hundert zu verstehen sind.

Ueberhaupt ist wegen des richtigen Aufsatzes der Aufgaben von Gewinn und Verlust des Wechselhandels, nach der Kettenregel folgendes genau zu bemerken.

I) **Bey jeder Remesse werden Wechselbriefe gekauft, durch welche man fremd Geld empfängt, und dafür sein eigenes weggiebt.**

II **Bey jeder Tratte werden Wechselbriefe verkauft, durch welche man fremd Geld weggiebt, und dafür sein eigenes empfängt.**

III) Wann die Fragezahl einer Aufgabe empfangen, so ist auch die ganze Colonne zur Linken empfangen, hingegen die ganze Colonne zur Rechten weggegeben, und die größern Glieder der Spesen gehören in die rechte Colonne, oder unter das Wegeben. Z. B.

Fragezahl. Empfang.

Empfang. Linke Colonne. Rechte Colonne. Weggabe.

Spesen.

IV) Wann die Fragezahl weggegeben, so ist auch die ganze Colonne zur Linken weggegeben, hingegen die rechte Colonne empfangen, und die größern Glieder der Spesen gehören in die linke Colonne, oder unter das Weggegebene. Z. B.

Fragezahl. Weggegeben.

Weggabe. Empfang.

Spesen.

Zur Anwendung der anfangs gedachten Rechnungsarten nach der Kettenregel, dienet folgendes Beyspiel:

Berlin kauft 1000 Stück Duc. zu 3 Thl. 2 gr. Preußl. Courant, und sendet solche nach Danzig, wo sie zu 12 fl. Danziger verkauft werden. Danzig remittiret die dafür erhaltenen Gelder in Holl. Court. Briefen zu 392 gr. Danziger, Berlin aber verkaufet dieselben zu 146 Thl. Court, und hat für Provision und Courtage in Danzig, 1 pr. Cent, desgleichen für Fracht, Briefporto und Courtage in Berlin, ebenfalls 1 pro Cent verlegt. Es frägt sich nunmehro

1) Was ist an der ganzen Summe der 1000 Stück Duc.

   a) in Stück Ducaten,

   b) in Thlr. Preußl. Courant,

2) an den Cours der Ducaten oder des Holl. Courant,

3) Pro Cento

gewonnen oder verlohren.

Nach der ersten Rechnungsart a), wenn die Frage auf die Weggabe gerichtet ist; bestimmet sich der Aufsatz der Aufgabe folgendergestalt:

Wie viel Stück Duc. erlangt man
wieder — für 1000 St. weggegebene Duc.

Für 1 St.	weggegeb.	Duc.	empfängt man	12 fl. Danz.
= 1	=	fl.	=	30 gl. =
= 392	=	gr.	=	1 L. vls C.
= 1	=	Liv. vls	=	6 fl. Holl. C.
= 250	=	fl. Court.	=	146 Thl. C.
= $3\frac{1}{12}$	=	Thl. C.	=	1 St. Duc.
= 100	=	Thl.	=	99 für Spesen des Verkaufs.
= 101	=	Thl.		100 Einkaufsspesen.

Die nach geschehener Berechnung erhaltene Antwort bemerket die Zahl 1023 St. Duc. circa, und zeiget dadurch, daß für 1000 Stück weggegebene Ducaten 1023 St. Duc. wieder erlangt worden, folglich an 1000 St. 23 St. Duc. gewonnen sind.

Ist hingegen nach gedachter Rechnungsart, die Fragezahl auf den Empfang gerichtet, so kommt der Aufsatz der Aufgabe also zu stehen.

Wie viel St. Duc. sind gegeben
worden — für 1000 St. empfangene Duc.

Für 1	empfangenen	Duc.	ist weggegeben		$3\frac{1}{12}$ Thl. C.
= 146	=	Thl.	=	=	250 fl. Holl. C.
= 6	=	fl.	=	=	1 Liv. vls C.
= 1	=	vls C.	=	=	392 gr. Danz.
= 30	=	gr.	=	=	1 fl.
= 12	=	fl.	=	=	1 St. Duc.
= 100	=	Thl.	=	=	101 für Spesen.
= 99	=	Thl.	=	=	100 = =

Die nach geschehener Berechnung hieraus erhaltene Antwort, giebt die Zahl $977\frac{1}{2}$ St. Duc. circa, und zeiget dadurch, daß für empfangene 1000 Stück Duc. nur $977\frac{1}{2}$ St. Duc. weggegeben worden. Da aber diese Antwort keinesweges der Aufgabe gemäß ist, indem bey derselben nicht der Gewinn auf $977\frac{1}{2}$

St. Duc., sondern wie viel auf 1000 Ducaten gewonnen worden ist, zu wissen verlangt wird, so müßte man erst nach der Regel de Tri berechnen, was nach Proportion dieser Antwort der Gewinn auf 1000 St. Duc. sey.

Man ersiehet aber auch hieraus besonders, daß wenn bey dergleichen Aufgaben die Frage auf die Weggabe gerichtet wird, die rechte Antwort auch sogleich erhalten wird, dahingegen wenn sie auf den Empfang stehet, noch besonders ausfindig gemacht werden muß.

Wenn aber nach der ersten Rechnungsart b) die Antwort der gedachten Aufgabe in Thl. Preußl. Courant zu wissen verlangt wird, so müssen unumgänglich zwey Aufsätze, davon der eine den Einkauf, der zweyte aber den Verkauf der Ducaten berechnet, folgendergestalt angesetzt werden. Z. B.

Einkauf der Ducaten.

Wie viel Th. Pr. C. weggeg. für 1000 St. empfang. Duc.
für 1 empf. Duc. ist = = $3\frac{1}{12}$ Thl. Pr. Court.
= 100 = Thl. = = = 101 Thl. gegen Spesen.

Die Antwort hiervon bemerket, daß $3114\frac{7}{8}$ Thl. Pr. Court. für die erhaltene 1000 St. Ducaten bezahlt worden sind.

Verkauf der Ducaten.

Wie viel Th. Pr. C. empf. für weggegeb. 1000 St. Duc.
für 1 Duc. weggegeb. — empfang. 12 fl. Danzig.
= 1 fl. = — = 30 gr. =
= 392 gr. = — = 6 fl. Holl. C.
= 250 = — = 146 Thl. Pr. C.
= 100 = — = 99 für Spesen.

Die erhaltene Antwort bemerket, daß für ausgegebene 1000 St. Duc., $3185\frac{3}{4}$ Thl. Pr. Cour. wieder erhalten worden sind.

Verkauf = = Pr. Cour. Thl. 3185 = 18 gr.
Hiervon den obigen Einkauf abgerechne. 3114 = 4 gr.

Pr. Court. 71 Th. 14 gr.

2)

Nach der zweyten Rechnungsart, wenn der Gewinn oder Verlust auf einen Cours oder Preiß des Wechselhandels zu wissen verlangt wird, berechnet man eigentlich nur den einen Cours oder Preiß, und siehet aus der Antwort, wie er gegen den andern stehet, wobey man denn ebenfalls die Fragezahl besser auf die Weggabe, als auf den Empfang richtet, weil man im ersten Fall sogleich erfährt, was auf den Cours gewonnen ist, im andern Fall aber, was man eigentlich den Handel nach nur weggegeben hat:

z. B. Wenn die Frage auf die Weggabe gerichtet wird, schließet man eigentlich folgendergestalt:
Der Ducaten hat in Berlin 3 Thl. 2 gr. gekostet, wie viel hat man nach dem Handel in der Ausgabe dafür wieder erhalten.

Wie viel Thl. Pr. Cour. hat man
wieder erhalten für weggegebenen 1 Ducaten,

für 1 weggegeb.	Duc. hat man empfang.			12 fl. Danz.	
= 1	=	fl.	= =	30 gr.	=
= 392	=	gr.	= =	6 fl. Holl. Bco.	
= 250	=	fl.	= =	146 Thl. Cour.	
= 101	=	Spesen	= =	100 Thl. Eink.	
= 100	=	=	= =	99 Verk.	

nach geschehener Berechnung wird zur Antwort 3 Thl. 3 gr. 8 pf. circa für einen weggegebenen Ducaten kommen; da nun der Ducaten zu 3 Thl. 2 gr. nur in Berlin gekauft worden, so siehet man hieraus, daß auf jedes St. Ducat. 1 gr. 8 pf. mehr erhalten, als er gekostet, folglich daß so viel gewonnen worden.

Eben

Eben so könnte man den Danziger Cours der Holländischen Briefe berechnen, und dabey zur Grundlage nehmen:

Das Liv. vls hat in Danzig 392 Gr. in Einkauf gekostet, wie ist solches wieder durch den Handel in der Aufgabe ausgegeben worden.

Wie viel gr. Danz. hat man wieder empfangen	—	für 1 Liv. vls C. weggegeb.
1 Liv.	—	6 fl.
250 fl.	—	146 Thl. C.
$8\frac{1}{12}$ Thl.	—	1 St. Duc.
1 Duc.	—	12 fl. Danz.
101	—	100 pro Spesen.
100	—	99 fl. = =
1 fl.	—	30 gr.

Die erhaltene Antwort ist 401 gr. Danz., welche solchergestalt anzeiget, daß für weggegebene 392 gr., 401 gr. Danz. wieder erhalten sind, folglich daß an den Cours von 1 Liv. vls Courant 9 gr. gewonnen ist.

Wollte man aber in Hinsicht des Courses die Frage auf den Einkauf stellen, so würde es eigentlich folgendergestalt zu verstehen seyn.

z. B. Der Ducaten ist in Danzig zu 12 fl. verkauft worden, was hat er daselbst Einkaufs gekostet, oder Holl. Courantbriefe sind in Berlin zu 146 Thl. Preußl. Courant verkauft worden, was haben solche im Einkauf gekostet.

Wie viel fl. Danz. sind weggegeb. für 1 Duc. im Einkauf.		
1 Duc. empfang.	—	$3\frac{1}{12}$ Thl. Pr. C. weggegeb.
146 Thl. Cour.	—	250 fl. Holl. C.
6 fl.	—	392 gr. Danz.
30 gr.	—	1 fl.
100	—	101 Spesen.
99	—	100 =

Antw. $11\frac{2}{3}$ Fl. circa Danz.

Wie viel Th. Pr. C. sind weggeg. für empf. 250 fl. holl. C.

6 fl.	—	1 Liv. vls
1 Liv.	—	392 gr. Danz.
30 gr.	—	1 fl.
12 fl.	—	1 Ducat.
1 Duc.	—	$3\frac{1}{12}$ Thl. C.
100	—	101 Spesen.
99	—	100 =

Antw. $142\frac{2}{3}$ Thl. Preußl. Cour. circa.

3)

Nach der dritten Rechnungsart, wenn man den Gewinn oder Verlust Pro Cento, das ist, auf 100 zu wissen verlanget, so ist der Aufsatz der ersten Rechnungsart a) in allen gleich; man kann indessen diesen Aufsatz auf alle in der Aufgabe enthaltenen Münzsorten anwenden, weil bey allen eine gleiche Antwort erfolgen wird.

Wenn also die Frage auf die Weggabe gerichtet ist, so kommt der Aufsatz der Aufgabe Pro Cento in Ducaten also zu stehen:

Wie viel St. Duc. sind empf. für weggegeb. 100 St. Duc.

1 Duc. weggegeb.		empfang. 12 fl. Danz.
1 fl. =	—	= 30 gr. -
392 gr.	—	6 fl. Holl. C.
250 fl.	—	146 Thl. C.
$3\frac{1}{12}$ Thl.	—	1 St. Duc.
101	—	100 Spesen.
100	—	= 99 =

Antw. $102\frac{3}{10}$ St. Ducat. circa

oder aber, wenn die Frage auf Danziger fl. gerichtet wird.

? Danzig. fl. — 100 fl. Danz.
1 fl. — 30 gr.
392 gr. — 6 fl. Holl. C.
250 fl. Holl. — 146 Thl. Pr. C.
$3\frac{1}{12}$ Thl. C. — 1 St. Duc.
1 Duc. — 12 fl. Danz.
101 — 100 Spesen.
100 — 99 Spesen.

Antw. $102\frac{3}{10}$ fl. Danz. circa

oder aber, wenn die Frage auf Liv. vls Courant gerichtet wird.

? Liv. vls C. — 100 Liv. vls C.
1 Liv. — 6 fl.
250 fl. — 146 Thl. Pr. C.
$3\frac{1}{12}$ Thl. — 1 St. Duc.
1 St. Duc. — 12 fl. Danz.
1 fl. — 30 gr.
392 gr. — 1 Liv. vls C.
101 — 100 Spesen.
100 — 99 Spesen.

Antw. $102\frac{3}{10}$ Liv. vls C. circa

oder aber, wenn die Frage auf Thl. Holl. Courant gerichtet wird.

? Thl. Holl. C. — 100 Thl. Holl. C.
100 Thl. Holl. — 146 Thl. Pr. C.
$3\frac{1}{12}$ Thl. — 1 St. Duc.
1 Duc. — 12 fl. Danz.
1 fl. — 30 gr. Danz.
392 gr. — 1 Liv. vls C.
5 Liv. vls — 12 Thl. Holl. C.
101 — 100 Spesen.
100 — 99 Spesen.

Antw. $102\frac{3}{10}$ Thl. Holl. C. circa

oder aber, wenn die Frage auf Thl. Preußl. Courant gerichtet wird.

? Thl. Pr. C.	—	100 Thl. Pr. C.
$3\frac{1}{12}$ Thl.	—	1 St. Duc.
1 St. Duc.	—	12 fl. Danz.
1 fl.	—	30 gr. Danz.
392 gr.	—	6 fl. Holl. C.
250 fl.	—	146 Thl. Pr. C.
100	—	99 Spesen.
101	—	100 Spesen.

Antw. $102\frac{3}{10}$ Thl. Pr. Court. circa

Zum Beschluß der Anzeige von Berechnung des Gewinn- und Verlustes bey dem Wechselhandel ist noch anzumerken: daß wenn bey der vorhergehenden dritten Rechnungsart (nemlich Gewinn und Verlust Procento ausfindig zu machen,) die Fragezahl auch auf den Empfang gerichtet ist, die richtige Antwort dennoch erhalten werden kann, wenn man nur die aus beyden Colonnen zum Divisore und Dividendo erhaltene Summen verkehrt, an erstere noch Vier Nullen setzet, die Summa aber durch den eigentlichen Dividendum theilet. Z. B.

Wie viel fl. Danz. sind weggegeb. für 100 fl. Danz. empf.

12 fl. empfangen	=	1 St. Duc. weggeg.
1 St. Duc.	—	$3\frac{1}{12}$ Thl. Pr. C.
146 Thl.	—	250 fl. Holl. C.
6 fl.	—	392 gr. Danz.
30 gr.	—	1 fl.
100	—	101 Spesen.
99	—	100 Spesen.
4683096	—	457782500

Nach Berechnung dieses Aufsatzes wird aus der linken Colonne zum Divisor 4683096, aus der rechten aber zum Dividendo die Zahl 457782500 erhalten, die, wenn man leztere durch erstere theilet, die Antwort $97\frac{3}{4}$ fl. Danz. circa giebt.

Da aber diese Antwort nichts mehr ausdrücket, als wie viel die empfangenen 100 St. Duc. nach diesen Hin- und Herwechsel eigentlich gekostet haben, oder wie viel dafür ausgegeben worden, so verfährt man nach vorgedachter Anmerkung, im Fall man den eigentlichen Gewinn auf 100 wissen will, folgendergestalt:

$$\frac{4683096}{457782500} \times \frac{457782500}{46830960000}$$

Antw. $102\frac{3}{10}$ fl.

z. B. Hamburg trassiret 500 Livres Sterling à 33 ßl. vls Hamb. Banco auf London, remittiret aber den Betrag zu $34\frac{1}{2}$ stbr. Holl. Banco nach Amsterdam, und von da zu 35 ßl. vls Holl. Banco nach London. Wenn nun für Spesen hierbey 1 pro Cent überhaupt berechnet wird, so frägt sich

1) Was ist an diesen 500 Liv. Sterl.
   a) in Liv. Sterl.
   b) in Mark Banco,
2) an den Cours von 1 Liv. Sterl.
3) pro Cento

gewonnen oder verlohren worden.

1) a)

Wie viel Liv. Sterl. empf. für 500 Liv. Sterl. weggegeb.

1 Liv. Sterl. weggeg.	—	33 ßl. vls Bco. empf.
$2\frac{2}{3}$ ßl. vls	—	1 Mk. Hamb. Bco.
2 Mk.	—	$34\frac{1}{2}$ stbr. Bco.
6 stbr.	—	1 ßl. vls Bco.
35 ßl. vls	—	1 Liv. Sterl.
101	—	100 Spesen.

Antw. $503\frac{5}{24}$

1) b)

Remesse.

? Mk. Hamb. Bo. weggeg. für 500 Liv. Sterl. empf.
1 Liv. Sterl. empfang. — 35 ßl. holl. B. weggeg.
1 ßl. vls — 6 stbr Bco.
$34\frac{1}{2}$ stb. — 2 Mk. Bco.
100 — 101 Spesen.

Antw. 6147 Mk. 13 ßl. Hamb. Bco.

Tratte.

? Mk. Hamb. Bo. Empf. für 500 Liv. Sterl. weggegeb.
1 Liv. Sterl. weggegeb. — 33 ßl. vls Hmb. B. Empf.
$2\frac{2}{3}$ ßl. — 1 Mk.

Antw. 6187 Mk. 8 ßl. Hamb. Bco.

Tratte — Bco. Mk. 6187. 8 —
Remesse — — — 6147. 13 —
Gewinn = Bco. Mk. 39. 11 —

2)

Wie viel ßl. vls Bco. weggegeb. für 1 Liv. Sterl. empf.
1 Liv. Sterl. empfang. — 35 ßl. vls weggegeb.
1 ßl. vls — 6 stbr. Holl. Bco.
$34\frac{1}{2}$ stbr. — 2 Mk. Bco.
1 Mk. — $2\frac{2}{3}$ ßl. vls
100 — 101 Spesen.

Antwort $32\frac{3}{4}$ ßl. vls Hamb. Bco. circa

3)

Wie viel Liv. Sterl. Empf. für 100 Liv. Strl. weggegeb.
1 Liv. Sterl. weggeg. — 33 ßl. vls empfang.
$2\frac{2}{3}$ ßl. — 1 Mk. Bco.
2 Mk. — $34\frac{1}{2}$ stbr. Bco.
6 stbr. — 1 ßl. vls
35 ßl. vls — 1 Liv. Sterl.
101 — 100 Spesen.

Antw. $100\frac{1}{2}$ Liv. Sterl. circa

z. B. Hamburg giebt Amsterdam auf 800 St. Dukaten zu 5 fl. 6 stbr. Holl. Courant zu kaufen, und solche nach Breslau zu senden. Amsterdam vollziehet die Commission, da der Banco Agio $\frac{3}{4}$ pr. C. stehet, und trassiret den Betrag à 35 stbr. Holl. Banco auf Hamburg. Breslau verkaufet die Dukaten zu 94 Silbergroschen, und Hamburg ziehet die Gulden zu 152 pr. Cent von da wieder ein, muß aber in Breslau $\frac{1}{2}$ pr. Cent, und in Amsterdam und Hamburg zusammen $1\frac{1}{2}$ pr. Cent Spesen bezahlen. Was ist demnach

1) an der Summa der 800 Ducaten
   a) in St. Ducaten
   b) in Mk. Banco
2) an den Cours von 1 Ducaten
3) pro Cento

gewonnen oder verlohren worden.

1) a)

Wie viel St. Duc. empfang.	für	800 St. Duc. weggeg.
1 St Duc. weggeg.	—	94 silb. gr. empfang.
30 gr.	—	1 Thl. Bresl.
152 Thl.	—	300 Mk. Bco.
2 Mk.	—	35 stbr. Bco.
100	—	$100\frac{3}{4}$ stbr. C.
106 stbr.	—	1 St. Duc.
100	—	$99\frac{1}{2}$ Spesen
$101\frac{1}{2}$	—	100 Spesen.

Antw. $806\frac{11}{16}$ Stück Ducaten circa.

1) b)

Remesse.

Wie viel Mk. Hamb. Bco. weggeg.	für	800 Du[illegible] Empf.
1 Duc.	—	106 stb. C[illegible]rt.
$100\frac{3}{4}$ stbr. C.	—	100 stb. Bco.
35 stbr. Bco.	—	2 Mk. Bco.
100 Mk. Bco.	—	$101\frac{1}{2}$ Mk. Spesen

Antw. 4881 Mk. 13 ßl. Hbr. Bco. circa

Tratte.

? Mk. Hamb. Bco.	—	800 Duc.
1 Duc.	—	94 silbgr.
30 gr.	—	1 Thl. Court.
152 Thl.	—	300 Mk. Bco.
100	—	$99\frac{1}{2}$ Spesen.

Antw. 4922 Mk. 10 ßl. Hamb. Bco. circa

Tratte	4922 Mk.	10 ßl.
Remesse	4881 =	13 =
gewonnen	40 Mk.	13 ßl.

2)

? stbr. Holl. Court.	—	1 Duc.
1 Duc.	—	94 silbgr.
30 gr.	—	1 Thl.
152 Thl.	—	300 Mk. Bco.
2 Mk.	—	35 stbr. Bco.
100 stb. Bco.	—	$100\frac{3}{4}$ stb. C.
100	—	$99\frac{1}{2}$ Spesen.
$101\frac{1}{2}$	—	100 Spesen.

Antw. $106\frac{7}{8}$ stbr. Holl. Cour. circa

3)

? St. Duc.	—	100 St. Duc.
1 Duc.	—	94 silbgr.
30 gr.	—	1 Thl.
152 Thl.	—	300 Mk. Bco.
2 Mk.	—	35 stbr. Bco.
100 stbr. Bco.	—	$100\frac{3}{4}$ stbr. C.
106 stbr. C.	—	1 St. Duc.
100	—	$99\frac{1}{2}$ Spesen
$101\frac{1}{2}$	—	100 Spesen

Antw. $100\frac{5}{6}$ pro Cent circa

z. B. Berlin ordiniret Amsterdam 1000 Stk. Ducaten zu 5 fl. 5 stbr. Holl. Courant zu kaufen, und solche nach Leipzig zu senden. Amsterdam trassiret hierauf für Rechnung Berlin den Betrag zu 35 stb. Holl. Banco auf Hamburg als der Banco-Agio in Holland $\frac{3}{4}$ pro Cent stand. Leipzig verkaufet die Ducaten zu $2\frac{3}{4}$ Thlr. mit $7\frac{1}{2}$ pro Cent Avance gegen Conventions-Geld, und nimmt neue $\frac{2}{3}$tel Stük mit 10 pro Cent Verlust gegen Conventionsgeld an. Wenn nun diese $\frac{2}{3}$tel nach Hamburg gesendet, und daselbst zu 30 pro Cent in Banco angenommen werden, übrigens aber 1 pro Cent in Amsterdam, und 1 pro Cent in Leipzig für Spesen berechnet werden, so frägt sich

1) Was ist an der Summa der 1000 Ducaten
   a) in Ducaten
   b) in Mk. Banco
2) an den Cours von 1 Stk. Ducaten
3) pro Cento

gewonnen oder verlohren worden?

1) a)

Stk. Duc.	—	1000 Stk. Duc.
1 Duc.	—	$2\frac{3}{4}$ Thlr. Duc.
100 Thl. Duc.	—	$107\frac{1}{2}$ Thlr. Conv. G.
110 Thlr.	—	100 Thlr. $\frac{2}{3}$tel
130 Thlr.	—	300 Mk. Bo.
2 Mk.	—	35 stbr. Bo.
100 stb.	—	$100\frac{3}{4}$ stb. C.
105 stb. C.	—	1 Stk. Duc.
101	—	100 Spesen
100	—	99 Spesen

Antw. $1020\frac{3}{4}$ St. Ducat. circa.

1) b).

Einkauf.

? Mk. Hamb. Bo.	—	1000 St. Duc.
1 Duc.	—	105 stb. Cour.
$100\frac{3}{4}$ stb. C.	—	100 stb. Bo.
35 stbr.	—	2 Mk. Bo.
100	—	101 Spesen

Antw. 6014 Mk. 14 ßl. Bo. circa.

Verkauf.

? Mk. Hamb. B.	—	1000 St. Duc.
1 Duc.	—	$2\frac{3}{4}$ Thlr. Duc.
100 Thlr. Duc.	—	$107\frac{1}{2}$ Thlr. Conv. G.
110 Thlr.	—	100 Thlr. $\frac{2}{3}$tel
130 Thlr.	—	300 Mk. Bo.
100 Mk.	—	99 Spesen

Antw. 6140 Mk. Hamb. Bo. circa.

Verkauf Bo. Mk.	6140.	— —
Einkauf	6014.	14 —
Gewinn Bo. Mk.	125.	2 ßl.

2)

? stbr. Cour.	—	1 Ducat.
1 Duc.	—	$2\frac{3}{4}$ Thlr. Duc.
100 Thlr. Duc.	—	$107\frac{1}{2}$ Thl. Conv. G.
110 Thlr.	—	100 Thlr. $\frac{2}{3}$tel
130 Thlr.	—	300 Mk. Bo.
2 Mk.	—	35 stbr. Bo.
100 stb.	—	$100\frac{3}{4}$ stb. Cour.
101	—	100 Spesen
100	—	99 Spesen

Antw. $107\frac{3}{16}$ stbr. holl. Cour. circa.

3)

? St. Duc.	—	100 St. Duc.
1 Duc.	—	$2\frac{3}{4}$ Thlr. Duc.
100 Thlr.	—	$107\frac{1}{2}$ Thlr. Conv. G.
110 Thlr.	—	100 Thlr. $\frac{2}{3}$tel
130 Thlr.	—	300 Mk. Bo.
2 Mk.	—	35 stbr. Bo.
100 stbr.	—	$100\frac{3}{4}$ stb. Cour.
105 stb.	—	1 Duc.
101	—	100 Spesen
100	—	99 Spesen

Antw. $102\frac{1}{12}$ pCt. circa.

Diese wenige Beyspiele werden wohl hinlänglich gewesen seyn, die vorkommende Aufgaben bey der Berechnung des Gewinn und Verlustes beym Wechselhandel zu berechnen; sollten sich ja noch Fälle finden, welche nicht in diesen Beyspielen anzutreffen wären, so wird ein nachdenkender Rechner auch solche nach der oben gegebenen Regel auflösen können.

II.

Wechsel-Arbitragen

sind Entscheidungen, wornach unter verschiedenen Vorschlägen eines Wechselhandels, derjenige gewählet wird, bey welchem man nach angestellter Rechnung entweder

das mehreste zu empfangen, oder

das wenigste zu zahlen hat.

Man arbitrirt oder entscheidet aber auf viererley Weise, denn man berechnet entweder

1) nur obenhin, welcher unter zwey oder mehreren Vorschlägen der nützlichste sey, ohne darauf

zu sehen, wie viel der eigentliche Nutzen betrage, oder

2) wie viel derselbe Nutzen auf die ganze Wechselsumme, in einer gewissen Münzsorte betrage, oder

3) wie viel die Vorschläge auf den Wechsel-Cours oder

4) wie viel solche pro Cento, sich von einander unterscheiden.

z. B. Berlin hat in Amsterdam 2500 fl. Holl. Courant zu bezahlen, und kann solche entweder

a) zu $146\frac{1}{4}$ Thlr. Preuß. Cour. durch Wechsel remittiren, oder

b) Ld'or mit $8\frac{3}{4}$ pCt. gegen Preuß. Courant einwechseln, und solche nach Amsterdam senden, wo sie 9 fl. $7\frac{1}{2}$ stbr. Courant gelten, wobey aber 1 pCt. für Spesen aufgehen würden.

Es frägt sich nun

1) Welcher von diesen beyden Vorschlägen überhaupt, für Berlin der beste sey?

2) Um wie viel der eine gegen den andern in Preuß. Courant auf die 2500 fl. Holl. Courant nutzbarer sey?

3) Um wie viel diese beyde Vorschläge auf dem Wechsel-Cours, und

4) pro Cento, von einander differiren?

I.

Nach der ersten Entscheidungsart kann man die Rechnung auf eine beliebige Summe anstellen, weil daß, was bey 1 nützlich oder schädlich, auch bey 100 und 1000 schädlich oder nützlich ist. Ueberdem, und da bey dieser Entscheidungsart die Nützlichkeit der Vorschläge nur überhaupt gesucht wird, so kommen dabey die Spesen, welche man gemeiniglich in den Fall besonders beurtheilet, nicht mit in Berechnung.

Diesemnach könnte man bey obiger Aufgabe nur den Vorschlag b) ohne Spesen auf 100 Thlr. Holl. Courant berechnen, weil bereits bekannt ist, daß nach den Vorschlag a) 100 Thlr. Holl. Courant 146 Thlr. Preuß. Cour. kosten würden. Z. B.

? Thlr. Preuß. C.	—	100 Thl. Holl. Cour.
1 Thlr. C.	—	50 stbr.
187½ stb.	—	5 Thlr. Ld'or
100 Thlr. Ld'or	—	108¾ Thlr. Cour.

Antw. 145 Thlr. Preuß. Cour. circa.

Weil nun solchergestalt 100 Thlr. Holl. Courant nach den Vorschlag b) nur 145 Thlr. Preuß. Courant kommen, da sie gegentheils nach a) 146¾ Thlr. Preuß. Courant kosten würden, so ersiehet man überhaupt daraus, daß für Berlin Ld'or in Natura zu senden besser ist, als Wechsel zu remittiren, zumalen wenn auch in den Fall Spesen gerechnet werden, die Zahlung doch nicht auf 146¾ zu stehen kommen kann.

Wollte man auch indessen nach dieser ersten Entscheidungsart die Frage auf die ganze schuldige Summe richten, und die Spesen mit in Rechnung bringen, so wären

a) für 2500 fl. zu 146¾ ausgegeben 1467½ Thlr. Preuß. Cour. nach b) aber und dessen Aufsatz

? Thlr Preuß. Cour.	—	2500 fl. Holl. Cour.
1 fl.	—	20 stb.
187¼ stb.	—	5 Thlr. Ld'or
100 Thlr. Ld'or	—	108¾ Thlr. Cour.
100 Thlr.	—	101 Spesen

aber nur circa 1464½ Thlr. Preuß. Cour. und folglich ist daraus ebenfalls abzunehmen, daß man nach den Vorschlag b) bezahlen müsse.

II.

Die zweite Entscheidungsart dieser Aufgabe gründet sich auf letztgedachte Berechnung der ersten

Entscheidungsart, denn wenn in derselben ausfindig gemacht worden ist, was 2500 fl. Holl. Courant nach beiden Vorschlägen mit Spesen kosten würden, so darf man bey dieser nur durch die Subtraction bestimmen, um wie viel der Vorschlag b) gegen den Vorschlag a) auf die ganze Wechselsumme nutzbar sey.

Wenn also 2500 fl. Holl. Courant	
a) durch Uebermachung der Wechselkosten würden	1467 Thl. 12 gr. Pr. C.
betragen haben, so würden hingegen gedachte 2500 fl. Cour.	
b) durch Einsendung der Ld'or nur	1464 Thl. 12 gr. = =
zu stehen kommen, folglich würde b) gegen a) nutzbarer seyn	3 Thl. Preuß. Cour.

III.

Die dritte Entscheidungsart derselben Aufgabe gründet sich wieder auf die erste Berechnung, der ersten Entscheidungsart. Da indessen allhier die Spesen mit in Rechnung kommen müssen, wenn man wissen will, um wie viel der eine Cours gegen den andern differire, so stehet der Aufsatz folgendergestalt:

? Thlr. Pr. C. weggegeb.	—	250 Holl. C. Empf.
1 fl.	—	20 stbr.
$187\frac{1}{2}$ stb.	—	5 Thlr. Ld'or
100 Thlr. Ld'or	—	$108\frac{3}{4}$ Thlr. Cour.
100 Thlr.	—	101 Spesen

Antw. 146 Thlr. 10 gr. Courant circa wäre der für Berlin zu bezahlende Cours nach den Vorschlag b), wenn aber Berlin nach den Cours a) $146\frac{3}{4}$ Thlr. bezahlen soll, so würde der Cours b) um 8 gr. gegen a) zum Vortheil Berlins differiren.

IV.

Die vierte Entscheidungsart derselben Aufgabe, kann aus den Aufsätzen der vorhergehenden hergestellt werden, wenn man nemlich aus den gefundenen Antworten der ersten, zweiten und dritten durch einen bloßen Regel de Tri Satz berechnet, was der Nutzen oder Differenz auf 100 betrage.

z. B. nach der ersten Entscheidungsart

$1464\frac{1}{2} - 1467\frac{1}{2} - 100?$

Antw. $100\frac{5}{24}$.

nach der zweyten Entscheidungsart

auf $1464\frac{1}{2}$ Thl. es um 3 Thl. nützlicher, wie viel auf 100?

Antw. $\frac{5}{24}$.

nach der dritten Entscheidungsart

auf $146\frac{5}{12}$ Thl. ist es um $\frac{1}{3}$ Thl. nützlicher, wie viel auf 100?

Antw. $\frac{5}{24}$.

In so ferne eine Aufgabe nur ans zwey Vorschlägen bestehet, deren Unterschied oder Nutzen pro Cento zu wissen verlangt wird, so lassen sich diese zwey Vorschläge in einen einzigen Aufsatze der Kettenrechnung, ohne Beyhülfe der Regel de Tri berechnen, wenn man

1) Die Fragezahl 100 auf die Weggabe, oder solchergestalt richtet, daß es heisset, wie viel erlangt man für hinwegzugebende 100 in eben der Münzsorte, als die Frage lautet.

2) Die Glieder nach der Gewinn = und Verlustrechnung angemerkten Ordnung von Empfang und Weggabe an die Fragezahl so lange anschliesset, bis das letzte Glied in der Colonne rechter Hand mit der Münzsorte der Frage von gleichen Namen ist, dabey aber ganz besonders anmerket, welcher Vorschlag nach der Aufgabe recht, und welcher verkehrt zu stehen kommt.

3) Finden sich bey den Vorschlag so recht aufgesetzt ist, Spesen, so müssen die größern Glieder derselben, auch recht, oder nach den Verstand der Frage, in die Ausgabe kommen. Sind aber gegentheils bey den Vorschlag, so verkehrt in Auffatze stehet, Spesen. so werden die größern Glieder derselben auch umgekehrt, oder in Einnahme gebracht.

4) Der Auffatz wird sodann bis zur Division der beyden Producte zur rechten und linken berechnet, und wenn sich dabey zeiget, daß bey der Division

5) Drey Zahlen kommen, so ist es ein Zeichen, daß der Vorschlag so in dem Auffatze recht stehet, um so viel pro Cent besser als der andere sey, welcher verkehrt stehet, die Division selbst zeiget den wirklichen Ueberschuß, wenn nicht eben wieder 100 kommt, in welchem Fall beyde Vorschläge einander gleich wären.

6) Können aber nur 2 Zahlen kommen, so lässet dieses bemerken, daß der Vorschlag so verkehrt stehet, besser als der recht angebracht ist. Um wie viel er aber pro Cento besser sey, zeiget sich, wenn man nach der Gewinn- und Verlustrechnung gedachten Art, die beyden zum Divisor und Dividendo erhaltenen Producte, mit einander verwechselt, und an das aus der linken Colonne erhaltene 4 Nullen setzet, in diese Zahl aber, durch das aus der rechten Colonne erhaltene Product eintheilet.

z. B. obengedachte Aufgabe,

? Thl. Pr. C. empf. für 100 Thl. Pr. C. weggegeb.
587 146¾ Thl. Cour. — 100 Thl. Holl. C.
1 Thl. — 50 stb. 10 2
3 15 75 375 187½ stb. — 5 Thl. Ld'or
100 Thl. — 108¾ Thl. C. 435 145
100 — 101 Spesen

2

580

580

587 / 38580 × 58580 / 5870000

Antw. $\frac{5}{24}$ pCt.

Nach diesen Auffatze stehet die Remesse durch Wechsel, recht, hingegen die Ld'or Remesse verkehrt, weil man nicht 187½ stbr. Courant für 1 Ld'or weggiebt, sondern vielmehr empfängt, und da die Spesen bey den Vorschlage sind, so verkehrt stehet, so sind sie auch verkehrt, und als empfangen angesetzt. Wenn man endlich mit dem zur Linken erhaltenen Producte in dem das zur Rechten erhaltene dividiren wollte, so würden nur 2 Zahlen kommen, da aber die Producte verwechselt, ersterm 4 Nullen angehängt, und alsdenn dividirt worden, so giebt die Antwort, daß der Vorschlag so verkehrt in Auffatze stehet um $\frac{5}{24}$ besser, als der recht stehende sey.

? Thl. Pr. C. Empf. für	100 Thl. Pr. C. weggegeb.	
435	$108\frac{1}{4}$ Thl. C.	— 4 70 100 Thl. Ld'or.	
87	5 Thl. Ld'or	— $187\frac{1}{2}$ stbr. C.	375
	50 stbr.	— 1 Thl. Holl. C.	
	100 Thlr.	— $146\frac{3}{4}$ Thl. Pr. C.	587
	101 Thlr.	— 100 Thlr. Spesen	

7	587
87	2935
87	880500
8787	Antw. $\frac{5}{24}$ pro Cent circa.

Nach diesem Aufsatze stehet der Vorschlag b) oder die Remesse durch Ld'or recht, weil man wirkich für 1 wegzugebenden Ld'or $187\frac{1}{2}$ stbr. Holl. Cour. erhält: Hingegen der Vorschlag a) oder die Remesse durch Wechsel verkehrt, weil man dabey nicht $146\frac{3}{4}$ Thlr. Pr. Cour. für 100 Thlr. Holl. Cour. empfängt, sondern weggiebt, wenn nun auch die Spesen bey den recht stehenden Vorschlag befindlich sind, so sind solche auch recht in die Ausgabe gesetzt worden. Die Division aber, durch welche sogleich 3 Zahlen hervorgebracht sind, zeiget, daß der recht im Aufsatze stehende Vorschlag b) um $\frac{5}{24}$ pCt. besser, als der verkehrt stehende Vorschlag a) zu halten sey.

? Thl. Ld'or Empf.	— 100 Thl. Ld'or weggegeb.
100 Thlr.	— $108\frac{3}{4}$ Thlr. Cour.
$146\frac{3}{4}$ Thlr.	— 100 Thlr. Holl. C.
1 Thlr.	— 50 stb.
$187\frac{1}{2}$ stb.	— 5 Thlr. Ld'or
100	— 101 Spesen
587	58580
58580	5870000

Antw. $100\frac{5}{24}$. od. $\frac{5}{24}$ pro Cent.

? Thlr. Ld'or Empf.	—	100 Thlr. Ld'or weggegeb.
5 Thlr. Ld'or	—	$187\frac{1}{2}$ stbr. Cour.
50 stb.	—	1 Thl. Cour.
100 Thl.	—	$146\frac{3}{4}$ Thl. Pr. C.
$108\frac{3}{4}$ Thl.	—	100 Thl. Ld'or
101	—	100 Spesen

Antw. $2\frac{5}{4}$ pro Cent.

? stb. Holl. C. empf.	—	100 stb. C. weggegeb.
$187\frac{1}{2}$ stb.	—	5 Thl. Ld'or
100 Thlr.	—	$108\frac{3}{4}$ Thl. Pr. Cour.
$146\frac{3}{4}$ Thlr.	—	100 Thlr. Holl. C.
1 Thlr.	—	50 stbr.
100	—	101 Spesen

Antw. $2\frac{5}{4}$ pro Cent.

? stb. Holl. C. empf.	—	100 stb. C. weggegeb.
50 stb.	—	1 Thl.
100 Thl.	—	$146\frac{3}{4}$ Thl. C.
$108\frac{3}{4}$ Thl.	—	100 Thl. Ld'or
5 Thl.	—	$187\frac{1}{2}$ stb.
101	—	100 Spesen

Antw. $2\frac{5}{4}$ pro Cent.

? Thlr. Holl. C.	—	100 Thl. Holl. C.
1 Thl.	—	50 stb.
$187\frac{1}{2}$ stb.	—	5 Thl. Ld'or
100 Thl.	—	$108\frac{3}{4}$ Thl. C.
$146\frac{3}{4}$ Thl.	—	100 Thl. Holl. C.
100	—	101 Spesen

Antw. $2\frac{5}{4}$ pro Cent.

? Thl. Holl. Cour.	—	100 Thl. Holl. C.
100 Thlr.	—	$146\frac{3}{4}$ Thlr. Pr. C.
$108\frac{3}{4}$ Thl.	—	100 Thl. Ld'or
5 Thlr.	—	$187\frac{1}{2}$ stb. C.
50 stb.	—	1 Thl. Holl. C.
101	—	100 Spesen

Antw. $\frac{5}{24}$ pro Cent.

Gesetzt aber, man wollte die vorgedachte Aufgabe umgekehrt, folgendergestalt proponiren:

Berlin hat in Amsterdam 1000 Thlr. oder 2500 fl. Holl. Courant zu fordern, und kann dieselben entweder

a) zu $146\frac{3}{4}$ pro Cent durch Wechsel trassiren, oder

b) sich Ld'or aus Amsterdam à 9 fl. $7\frac{1}{2}$ stbr. Holl. Courant senden lassen, die zu $8\frac{3}{4}$ pCt. gegen Preuß. Courant verwechselt werden können, wobey aber 1 pCt. Spesen zu bezahlen seyn würden.

Es frägt sich nun, welcher von diesen beyden Vorschlägen am nutzbarsten sey und zwar

1) überhaupt,

2) auf die ganze Wechselsumme in Preuß. Cour.

3) auf den Wechselcours.

4) Pro Cento.

Nota. Bey diesem Vortrag der Aufgabe ist für Berlin ohnstreitig am nutzbarsten, je mehr es für die zu fordern habenden 1000 Thlr. Holl. Cour. einziehen kann, dahingegen nach ersterm Vortrage es für Berlin am zuträglichsten war, je weniger es für die in Amsterdam zu zahlenden 1000 Thlr. Holl. Courant ausgeben durfte.

? Thl. Pr. C. Empf.	—	100 Thl. Holl. C. weggegeb.
1 Thl.	—	50 stb.
$187\frac{1}{2}$ stb.	—	5 Thl. Ld'or
100 Thl.	—	$108\frac{3}{4}$ Thl. Pr. C.

Antw. 145 Thl. Pr. Cour. circa.

Da man für 100 Thlr. Holl. Cour. nach den Vorschlag a) $146\frac{3}{4}$ Thl. Pr. Cour. erhalten kann, nach b) hingegen nur 145 Thl. Pr. Cour. erhalten würde, so siehet man hieraus, daß für Berlin besser sey, seine Forderung zu trassiren, als Ld'or kommen zu lassen.

? Thl. Pr. C. empf.	—	1000 Thlr. Holl. C. weggegeb.
1 Thl.	—	50 stbr.
$187\frac{1}{2}$ stb.	—	5 Thl. Ld'or
100	—	$108\frac{3}{4}$ Thl. C.
101	—	100 Spesen

Antw. $1435\frac{5}{8}$ Thl. Pr. Cour.

Da man nur für 1000 Thlr. Holl. Courant nach den Vorschlag b) $1435\frac{5}{8}$ Thl. Pr. C. erhalten kann, nach den Vorschlag a) hingegen $1467\frac{1}{2}$ Thl. Pr. C. wieder erhält, so kann man hieraus sehen, daß der Vorschlag a) für Berlin um $31\frac{7}{8}$ Thl. C. besser ist, als der Vorschlag b)

? Thl. Preuß. C.	—	100 Thlr. Holl. Cour.
1 Thl.	—	50 stb.
$187\frac{1}{2}$ stb.	—	5 Thl. Ld'or
100 Thl. Ld'or	—	$108\frac{3}{4}$ Thl. Cour.
101	—	100 Spesen

Antw. $143\frac{7}{8}$ Thl. Preuß. Cour.

Weil nun solchergestalt nach den Vorschlag b) nur $143\frac{7}{8}$ Thl. Courant, nach den Vorschlag a) aber

$146\frac{3}{4}$ Thlr. erhält, so ersiehet man daraus, daß für Berlin Ld'or kommen zu lassen, viel schädlicher sey als der Vorschlag a)

$1435\frac{5}{8}$ Thlr. — $1467\frac{1}{2}$ — ? 100

Antw. $102\frac{5}{24}$ pCt. circa.

? Thl. Pr. Cour.	—	100 Thl. Pr. C.
$146\frac{3}{4}$ Thl.	—	100 Thl. Holl. C.
1 Thl.	—	50 stbr.
$187\frac{1}{2}$ stb.	—	5 Thlr. Ld'or
100 Thl.	—	$108\frac{3}{4}$ Thl. Pr. C.
101	—	100 Spesen

Antw. $2\frac{5}{24}$ pCt. circa.

? Thl. Pr. C.	—	100 Thl. Pr. C.
$108\frac{3}{4}$ Thl.	—	100 Thl. Ld'or
5 Thl.	—	$187\frac{1}{2}$ stbr. C.
50 stb.	—	1 Thl.
100 Thl.	—	$146\frac{3}{4}$ Thl. C.
100	—	101 Spesen

Antw. $2\frac{5}{24}$ pCt.

? Thl. Ld'or	—	100 Thl. Ld'or
100 Thl.	—	$108\frac{3}{4}$ Thl. Pr. C.
$146\frac{3}{4}$ Thl.	—	100 Thl. Holl. C.
1 Thl.	—	50 stb.
$187\frac{1}{2}$ stb.	—	5 Thl. Ld'or
101	—	100 Spesen

Antw. $2\frac{5}{24}$ pCt.

? Thl. Ld'or	—	100 Thl. Ld'or
5 Thl.	—	$187\frac{1}{2}$ stb. C.
50 stb.	—	1 Thl. Cour.
100 Thl. C.	—	$146\frac{3}{4}$ Thl. C.
$108\frac{3}{4}$ Thl.	—	100 Thl. Ld'or
100	—	101 Thl. Spesen

Antw. $2\frac{5}{24}$ pCt.

? stbr. Cour. — 100 stbr. Holl. C.
$187\frac{1}{2}$ stb. — 5 Thl. Ld'or
100 Thl. — $108\frac{3}{4}$ Thl. C.
$146\frac{3}{4}$ Thl. — 100 Thl. Holl. C.
1 Thl. — 50 stbr. C.
101 — 100 Spesen

Antw. $2\frac{5}{24}$ pCt.

? stb. C. — 100 stb. Holl. C.
50 stb. — 1 Thl. C.
100 Thl. — $146\frac{3}{4}$ Thl. C.
$108\frac{3}{4}$ Thl. — 100 Thl. Ld'or
5 Thl. — $187\frac{1}{2}$ stbr. C.
100 — 101 Spesen

Antw. $2\frac{5}{24}$ pCt.

? Thl. Holl. C. — 100 Thl. Holl. Cour.
1 Thl. — 50 stb. C.
$187\frac{1}{2}$ stb. — 5 Thl. Ld'or
100 Thl. — $108\frac{3}{4}$ Thl. C.
$146\frac{3}{4}$ Thl. — 100 Thl. Holl. Cour.
101 — 100 Spesen

Antw. $2\frac{5}{24}$ pCt.

? Thlr. Holl. C. — 100 Thl. Holl. C.
100 Thl. — $146\frac{3}{4}$ Thl. C.
$108\frac{3}{4}$ Thl. — 100 Thl. Ld'or,
5 Thl. — $187\frac{1}{2}$ stb.
50 stb. — 1 Thl.
100 — 101 Spesen

Antw. $2\frac{5}{24}$ pCt.

Uebrigens werden zu den Wechsel = Arbitragen auch solche Untersuchungen gerechnet, welche das rendiren der Course genannt werden, und von den oben gezeigten Beyspielen darinn abweichen, weil nur blos auf denjenigen Wechsel=Coursen calculirt wird, welche man Vortheils halber gebrauchen könnte, ohne Rüksicht auf die eigentliche Wechsel=Summe zu nehmen, welche man negotiiren will.

z. B. Berlin hätte eine Summe Holl. Gulden oder Thaler in Amsterdam zu stehen, und wollte calculiren, welcher Wechselcours eines Handelsorts ihm am convenabelsten wäre, selbige einzuziehen: das heißt, ob

es sich entweder Breslauer Briefe
Ducaten
Ld'or
Hamburger Briefe
Englische Briefe
Frankfurt am Mayn
Pariser u. s. w.

senden liesse. So würde die Berechnung hierüber in nachstehenden Aufsätzen erhalten werden, als

Wie rendiret Berlin mit Amsterdam
oder
was betragen 100 Thlr. Holl. Banco oder Courant in Thlr. Preuß. Courant?

1) durch den Berliner Banco = Cours nach Holland in Banco

z. B. der Berliner Banco=Cours auf Amsterdam wäre $44\frac{1}{4}$ stbr. Holl. Banco und Berl. Banco $31\frac{1}{4}$ pro Cent besser denn Pr. Courant

? Thl. Pr. C.	—	100 Thlr. holl. Bo.
1 Thlr.	—	50 stbr. Bo.
$44\frac{1}{4}$ stb.	—	1 Liv. Berl. Bo.
100	—	$131\frac{1}{4}$ Thlr. Pr. C.

Antw. $148\frac{7}{24}$ pCt. circa.

2) Durch den Berliner Banco = Cours nach Holland in Banco, und durch den Holl. Banco = Agio.

z. B. Der Berliner Banco = Cours auf Amsterdam wäre $44\frac{1}{4}$ stbr. Holl. Banco, und der Banco = Agio in Holl. $\frac{3}{4}$ pro Cent, Berliner Banco aber $31\frac{1}{4}$ pr. C. besser als Pr. Court.

? Thl. Pr. Court.	—	100 Thl. Holl. Court.
$100\frac{3}{4}$ Thl. Holl. C.	—	100 Thl. Holl. Bco.
1 Thl.	—	50 stbr.
$44\frac{1}{4}$ stbr.	—	1 Liv. Bco.
100 L.	—	$131\frac{1}{4}$ Thl. Pr. Court.

Antw. $147\frac{1}{5}$ Thl. Pr. Cour. circa

oder

z. B. Der Berl. Banco = Cours wäre auf Amsterdam $44\frac{5}{8}$ stbr. Holl. Courant, der Banco = Agio in Holl. $\frac{3}{4}$ pr. Cent, und Berl. Banco $31\frac{1}{4}$ besser denn Preußl. Courant:

? Thl. Preußl. Cour.	—	100 Thl. Holl. Bco.
100 Thl. Bco.	—	$100\frac{3}{4}$ Thl. C.
1 Thl.	—	50 stbr. C.
$44\frac{5}{8}$ stbr.	—	1 Liv. Bco.
100 L.	—	$131\frac{1}{4}$ Thl. Court.

Antw. $148\frac{1}{6}$ Thl. Pr. Court. circa

3) Durch den Berliner und Amsterdamer Preis oder Cours des Ducatens.

z. B. Ducaten gelten in Amsterdam 5 fl. 7 stbr. Holl. Courant, und in Berlin wären solche $15\frac{1}{4}$ pro Cent besser denn Courant.

? Thl. Pr. Court.	—	100 Thl. Holl. Court.
1 Thl.	—	50 stbr.
107 stbr.	—	$2\frac{3}{4}$ Thlr. Duc.
100 Thl. Duc.	—	$115\frac{1}{4}$ Thl. Court.

Antw. $148\frac{1}{10}$ Thl. Pr. Cour. circa

4) Durch den Berliner oder Amsterdamer Preis oder Cours des Ducatens, und durch den Holl. Banco=Agio.

z. B. Ducaten gelten in Amsterdam 5 fl. 7 stbr. Holl. Court. in Berlin aber sind solche $15\frac{1}{4}$ pr. Cent besser denn Pr. Courant, der Banco=Agio in Holland aber $\frac{7}{8}$ pro Cent.

? Thl. Pr. Court.	—	100 Thl. Holl. Bco.
100 Thl.	—	$100\frac{7}{8}$ Thl. Holl. Cour.
1 Thl.	—	50 stbr.
107 stbr.	—	$2\frac{3}{4}$ Thl. Duc.
100 Thl. Duc.	—	$115\frac{1}{4}$ Thl. Court.

Antw. $149\frac{12}{48}$ Thl. Pr. Court. circa

5) Durch den Berliner und Amsterdamer Preis oder Cours der Ld'or.

z. B. Ld'or gelten in Amsterdam 9 fl. 6 stb. Holl. Courant, in Berlin aber sind solche 10 pro Cent besser als Pr. Courant.

? Thl. Pr. Court.	—	100 Thl. Holl. Court.
1 Thl.	—	50 stbr.
186 stbr.	—	5 Thl. Ld'or.
100 Thl. Ld'or	—	110 Thl. Court.

Antw. $147\frac{17}{20}$ Thl. Pr. Cour. circa

6) Durch den Berliner und Amsterdamer Preis oder Cours der Ld'or, und durch den Holl. Banco=Agio.

z. B. Ld'or gelten in Amsterdam 9 fl. 6 stb. Holl. Court. in Berlin aber sind solche 10 pr. C. besser als Pr. Courant, der Banco=Agio in Holland aber $\frac{7}{8}$ pr. Cent.

? Thl. Preuß. Cour.	—	100 Thl. Holl. Bco.
100 Thl. Bco.	—	$100\frac{7}{8}$ Thl. C.
1 Thl.	—	50 stb.
186 stb.	—	5 Thl. Ld'or.
100 Thl. Ld'or	—	110 Thl. Pr. C.

Antw. $149\frac{7}{48}$ Thl. Pr. Court. circa

7) Ueber Hamburg durch den Hamburger und Amsterdamer Stüver=Cours.

z. B. Der Berliner Cours nach Hamburg wäre 153 Thl. C. und der Cours zwischen Hamburg und Holland $34\frac{1}{2}$ stb. Bco.

? Thl. Pr. Court.	—	100 Thl. Holl. Bco.
1 Thl.	—	50 stbr.
$34\frac{1}{2}$ stbr.	—	2 Mk. Bco.
300 Mk.	—	153 Thl. Pr. Court.

Antw. $147\frac{33}{40}$ Thl. Pr. Court. circa

8) Ueber Hamburg, durch den Hamburger und Amsterdamer pro Cent Cours.

z. B. Der Berliner Cours auf Hamburg wäre 153 Thl. C. und der Cours zwischen Hamburg und Amsterdam 4 pr. Cent.

? Thl. Pr. Court.	—	100 Thl. Holl. Court.
104 Thl. Holl. C.	—	100 Thl. Hamb. Bco.
100 Thl.	—	153 Thl. Pr. C.

Antw. $147\frac{7}{80}$ Thl. Pr. Court. circa

9) Durch den Berliner und Hamburger Preis der Ducaten, wenn sie besser als Hamburg. Banco und durch den Hamburger Stüver=Cours.

z. B. Ducaten à 6 Mk. in Hamburg wären $3\frac{1}{4}$ pr. Cent besser denn Hamburger Banco. Der Cours zwischen Hamburg und Amsterdam

34½ stbr. Holl. Banco, und Ducaten in Berlin 15 pro Cent besser als Pr. Court.

? Thl. Pr. Court.	—	100 Thl. Holl. Bco.
1 Thl.	—	50 stbr.
34½ stbr.	—	2 Mk. Bco.
103¼ Mk.	—	100 Mk. Duk.
6 Mk. Duc.	—	2¾ Thl. Duc.
100 Thl. Duc.	—	115 Thl. Pr. Cour.

Antw. 147 $\frac{31}{32}$ Thl. Pr. Court. circa

10) Durch den Berliner und Hamburger Preis der Ld'or und durch den Hamburger Stbr. Cours.

z. B. Ld'or gelten in Hamburg 10 Mk. 12 ßl. Lüb. Banco, in Berlin aber wären solche 10 pr. Cent besser als Pr. Cour. und der Cours von Hamburg auf Holland 34½ stbr. Banco.

? Thl. Pr. Cour.	—	100 Thl. Holl. Bco.
1 Thl.	—	50 stbr.
34½ stb.	—	2 Mk. Bco.
10¾ Mk.	—	5 Thl. Ld'or
100 Thl. Ld'or	—	110 Thl. Pr. C.

Antw. 148 $\frac{7}{24}$ Thl. Pr. Court. circa

11) Ueber London.

z. B. Der Berliner Cours wäre nach London 6½ Thlr. Pr. Court, von Holland auf London 36⅓ ßl. vls Bco.

? Thl. Pr. Cour.	—	100 Thl. Holl. Bco.
1 Thl.	—	8⅓ ßl. vls Bco.
36⅓ ßl.	—	1 Liv. Sterl.
1 Liv.	—	6½ Thl. Pr. C.

Antw. 149 $\frac{1}{12}$ Thl. Pr. Court. circa

12) Ueber Paris.

z. B. Der Berliner Cours nach Paris wäre 40 Thl. Pr. Courant, und der Amsterdamer dahin 27 pf. vls Bco.

? Thl, Pr. Cour.	—	100 Thl. Holl. Bco.
1 Thl.	—	100 pf. vls Bco.
27 pf. vls	—	1 Ecû.
100 Ecû	—	40 Thl Pr. C.

Antwort $148\frac{3}{20}$ Thl. Pr. C. circa

Wie rendirt Berlin mit Antwerpen

das ist

Was betragen 100 Thl. Brabantisch Permis oder Wechselgeld in Thl. Preuß. Courant.

1) Ueber Amsterdam.

z. B. Der Berliner Cours nach Amsterdam wäre $146\frac{1}{2}$ Thl. Court. und der Amsterdamer Cours nach Antwerpen 5 pro Cent.

? Thl. Pr. Court.	—	100 Thl. Wechselg.
$2\frac{1}{2}$ Thl.	—	1 L. Wechselg.
105 L. W. G.	—	100 L Holl. Bco.
1 L.	—	$2\frac{2}{5}$ Thl.
100 Thl.	—	$146\frac{1}{2}$ Thl. Holl.

Antw. $133\frac{15}{16}$ Thl. Pr. C. circa

2) Ueber Hamburg.

z. B. Der Berliner Cours auf Hamburg wäre 153 pr. Cent, und der Cours von Hamburg auf Antwerpen $36\frac{1}{2}$ stbr. W. G.

? Thl. Pr. C.	—	100 Thl. W. G.
1 Thl.	—	48 stbr.
$36\frac{1}{2}$ stbr.	—	2 Mk Hamb Bco.
300 Mk. B.	—	153 Thl. Pr. C.

Antw. $134\frac{2}{17}$ Thl. Pr. C. circa

3) Ueber London.

z. B. Der Berliner Cours auf London wäre $6\frac{1}{2}$ Thl. Pr. Courant, und von London auf Antwerpen $38\frac{1}{2}$ ßl. Perm. Geld.

? Thl. Pr. Court.	—	100 Thl. W. G.
1 Thl.	—	8 ßl.
$38\frac{1}{2}$ ßl.	—	1 Liv. Sterl.
1 Liv. Sterl.	—	$6\frac{1}{2}$ Thl. Pr. C.

Ant. $135\frac{1}{16}$ Thl. Pr. Cour. circa

4) Ueber Paris.

z. B. Der Berliner Cours auf Paris wäre 40 Thl. Pr. C. und von Paris auf Antwerpen $28\frac{3}{4}$ pf. Perm. Geld.

? Thl. Pr. Court.	—	100 Thl. Wechselg.
1 Thl.	—	96 pf.
$28\frac{3}{4}$ pf.	—	1 Ecû
100 Ecû	—	40 Thlr. Pr. C.

Antw. $133\frac{9}{16}$ Thl. Pr. C. circa

Wie rendirt Berlin mit Frankfurt am Main?
oder
Was betragen 100 Thlr. Convent. Courant in Thlr. Preußl. Courant.

1) Ueber Amsterdam.

z. B. Der Berl. Cours auf Holland wäre 147 Thl. Pr. Courant, und von Holland auf Frankfurt am Main 142 Thl. Conv C.

? Thl. Pr. Court.	—	100 Thl. Conv. Court.
142 Thl.	—	100 Thl. Holl. Bco.
100 Thl.	—	147 Thl. Pr. C.

Antw. $103\frac{25}{48}$ Thl. Pr. C. circa

oder

z. B. Der Berliner Cours auf Holland wäre 146$\frac{1}{4}$ Thl. Pr. C. und von Holland auf Frkf. am M. 141$\frac{1}{4}$ Thl. Conv. C.

? Thl. Pr. Court.	—	100 Thl. Conv. C.
141$\frac{1}{4}$ Thl.	—	100 Thl. Holl. C.
100 Thl.	—	146$\frac{1}{4}$ Thl. Pr. C.

Antw. 103$\frac{13}{24}$ Thl. Pr. C. circa

oder

z. B. Der Berliner Cours auf Holland wäre 147 Thl. Pr. C. und von Frankf. a. M. auf Holland 141$\frac{1}{4}$ Thl. Conv. C. der Banco=Agio in Holland aber $\frac{7}{8}$ pro Cent.

? Thl. Pr. Cour.	—	100 Thl. Conv. C.
141$\frac{1}{4}$ Thl.	—	100 Thl. Holl. C.
100$\frac{7}{8}$ Thl. C.	—	100 Thl. Holl. Bco.
100 Thl.	—	147 Thl. Pr. C.

Antw. 103$\frac{1}{6}$ Thl. Pr. Cour. circa

2) Ueber Hamburg.

z. B. Der Berliner Cours auf Hamburg wäre 153 Thl. Pr. Courant, und von Frankf. am M. auf Hamburg 146$\frac{3}{4}$ Thl. Conv. C.

? Thl. Pr. Court.	—	100 Thl. Conv. C.
146$\frac{3}{4}$ Thl.	—	100 Thl. Hamb. Bco.
100 Thl. Bco.	—	153 Thl. C.

Antw. 104$\frac{1}{4}$ Thl. Pr. Court. circa

oder

z. B. Louisd'or gelten in Hamburg 10 Mk. 12 ßl. Hamb. Bco. und der Cours von Frankf. am M. auf Hamburg 146$\frac{3}{4}$ Thl. Conv. C. Ld'or aber 10 pr. C. besser als Pr. Court.

? Thl. Pr. Court.	—	100 Thl. Conv. C.
$146\frac{3}{4}$ Thl.	—	300 Mk Bco.
$10\frac{3}{4}$ Mk.	—	5 Thl. Ld'or.
100 Thl.	—	110 Thl. C.

Antw. $104\frac{7}{13}$ Thl. Pr. Court. circa

3) Ueber England.

z. B. Der Berliner Cours auf England wäre $6\frac{1}{2}$ Thl. Pr. Cour. und von Frankfurt am M. auf England 140 Batzen.

? Thl. Pr. Court.	—	100 Thl. Conv. C.
1 Thl.	—	$22\frac{1}{2}$ Batzen.
140 B.	—	1 Liv. Sterl.
1 Liv.	—	$6\frac{1}{2}$ Thl. Pr. C.

Antw. $104\frac{1}{12}$ Thl. Pr. Court. circa

4) Ueber Paris.

z. B. Der Berliner Cours auf Paris wäre 43 Thl. Courant, und der Frankf. am M. auf Paris $41\frac{1}{2}$ Thl. Conv. C.

? Thl. Pr. Court.	—	100 Thl. Conv. C.
$41\frac{1}{2}$ Thl.	—	100 Ecû
100 Ecû	—	43 Thl. Pr. C.

Antw. $103\frac{37}{60}$ Thl. Pr. Court. circa

5) Ueber Wien.

z. B. Der Berliner Cours auf Wien wäre 4 pro Cent, und von Frankfurt am Main auf Wien 1 pro Cent.

? Thl. Pr. Court.	—	100 Thl. Conv. C.
101 Thl.	—	100 Thl. Wien.
100 Thl.	—	104 Thl. Pr. C.

Antw. $102\frac{31}{32}$ Thl. Pr. C. circa

Wie

Wie rendirt Berlin mit Hamburg

oder

Was betragen 100 Thl. Hamburger Banco oder Courant in Thl. Preuß. Courant.

1) Ueber Holland.

z. B. Der Berliner Cours auf Holland wäre $146\frac{3}{4}$ Thl. Pr. C. und von Holland auf Hamburg $34\frac{1}{2}$ stbr. Holl. Banco.

? Thl. Pr. Court.	—	100 Thl. Hamb. Bco.
1 Thl.	—	3 Mk.
2 Mk.	—	$34\frac{1}{2}$ stbr. Bco.
50 stbr.	—	1 Thl. Bco.
100 Thl.	—	$146\frac{3}{4}$ Thl. Pr. C.

Antw. $151\frac{53}{60}$ Thl. Pr. Court. circa

oder

z. B. Der Berliner Cours auf Holland wäre $44\frac{1}{4}$ stbr. Holl. Bco. und von Holland auf Hamburg $34\frac{1}{2}$ stbr. Holl. Bco.

? Thl. Pr. Court.	—	100 Thl. Hamb. Bco.
1 Thl.	—	3 Mk.
2 Mk.	—	$34\frac{1}{2}$ stbr. Bco.
$44\frac{1}{4}$ stbr.	—	1 Liv. Bco.
16 Liv.	—	21 Thl. Pr. C.

Antw. $152\frac{19}{30}$ Thl. Pr. Court. circa.

oder

z. B. Der Berliner Cours auf Holland wäre $146\frac{3}{4}$ Thl. Pr. C. und der Amsterdamer auf Hamburg $4\frac{1}{2}$ pro Cent.

? Thl. Pr. Court.	—	100 Thl. Hamb. Bco.
100 Thl.	—	$104\frac{1}{2}$ Thl. Holl. C.
100 Thl.	—	$146\frac{3}{4}$ Thl. Pr. C.

Antw. $153\frac{17}{48}$ Thl. Pr. Court. circa

oder

z. B. Der Berliner Cours auf Holland wäre 147 Pr. C., der Banco-Agio in Holland $\frac{7}{8}$ pr. Cent, und der Cours zwischen Hamburg und Holland $4\frac{1}{2}$ pro Cent.

? Thl. Pr. Court. — 100 Thl. Hamb. Bco.
100 Thl. — $104\frac{1}{2}$ Thl. Holl. C.
$100\frac{7}{8}$ Thl. C. — 100 Thl. Bco.
100 Thl. Bco. — 147 Thl. Pr. C.

Antw. $152\frac{9}{32}$ Thl. Pr. C. circa

2) Ueber Frankfurt am Mayn.

z. B. Der Berliner Cours auf Frankf. am M. wäre $4\frac{1}{4}$ pr. Cent, und der Frankf. am Mayn auf Hamburg $146\frac{1}{2}$ Thl. Conv. C.

? Thl. Pr. Court. — 100 Thl. Hamb. Bco.
100 Thl. — $146\frac{1}{2}$ Thl. C. C.
100 Thl. — $104\frac{1}{4}$ Thl. Pr. C.

Antw. $152\frac{35}{48}$ Thl. Pr. C. circa

3) Ueber Leipzig.

z. B. Der Berliner Cours auf Leipzig wäre 5 pro Cent, und der Leipziger auf Hamburg $145\frac{1}{2}$ pCt.

? Thl. Pr. Court. — 100 Thl. Hamb. Bco.
100 Thl. — $145\frac{1}{2}$ Thl. Leipz.
100 Thl. — 105 Thl. Pr. C.

Antw. $152\frac{31}{40}$ Thl. Pr. C. circa

4) Ueber London.

z. B. Der Berliner Cours auf London wäre $6\frac{1}{2}$ Th. Pr. C. und der Cours von Hamburg auf London $33\frac{3}{4}$ ßl. vls Bco.

? Thl. Pr. Court. — 100 Thl. Hamb. Bco.
1 Thl. — 8 ßl. vls
$33\frac{3}{4}$ ßl. vls — 1 Liv. Sterl.
1 Liv. — $6\frac{1}{2}$ Thl. Pr. C.

Antw. $154\frac{3}{40}$ Thl. Pr. C. circa

5) Ueber Paris.

z. B. Der Berliner Cours auf Paris wäre 40 Thl. Pr. C. und der Hamburger auf Paris $12\frac{1}{2}$ ßl. Lüb. Bco.

? Thl. Pr. C. — 100 Thl. Hamb. Bco.
1 Thl. — 48 ßl. Lüb.
$12\frac{1}{2}$ ßl. — 1 Ecû
100 Ecû — 40 Thl.

Antw. $153\frac{3}{5}$ Thl. Pr. Court. circa

oder

z. B. Der Berliner Cours auf Paris wäre 40 Thl. Pr. C. und der Pariser auf Hamburg $380\frac{3}{4}$ Liv.

? Thl. Pr. C. — 100 Thl. Hamb. Bco.
1 Thl. — 3 Mk.
100 Mk. — $380\frac{3}{4}$ Liv.
300 Liv. — 40 Thl. Pr. C.

Antw. $152\frac{3}{10}$ Thl. Pr. C. circa

6) Ueber Wien.

z. B. Der Berliner Cours auf Wien wäre $4\frac{1}{2}$ pro Cent, und der Wiener auf Hamburg 146 Thl. Wiener.

? Thl. Pr. C. — 100 Thl. Hamb. Bco.
100 Thl. — 146 Thl. Wiener
100 Thl. — $104\frac{1}{2}$ Thl. Pr. C.

Antw. $152\frac{5}{8}$ Thl. Pr. C. circa

Wie rendiret Berlin mit London,

oder

Was beträgt 1 Livre Sterling in Thl. Pr. Courant.

1) Ueber Amsterdam.

z. B. Der Cours von Berlin auf Holland wäre $146\frac{3}{4}$ pr. Cent, und der Amsterdamer auf London 36 ßl. vls Bco.

? Thl. Pr. Court. — 1 Liv. Sterl.
1 Liv. — 36 ßl. vls Bo.
$8\frac{1}{3}$ ßl. — 1 Thl. Bo.
100 — $146\frac{3}{4}$ Thl. Pr. C.

Antw. $6\frac{1}{3}$ Thl. Preußl. Cour. circa

oder

z. B. Der Cours von Berlin auf Holland wäre 146 pr. Cent, und der Amsterdamer auf London 36 ßl. vls Bco, der Banco-Agio in Holland aber $\frac{3}{4}$ pro Cent.

? Thl. Pr. Court. — 1 Liv. Sterl.
1 Liv. — 36 ßl vls Bco.
$8\frac{1}{3}$ ßl. — 1 Thl. Bco.
100 — $100\frac{3}{4}$ Thl. C.
100 — 146 Thl. Pr C.

Antw. $6\frac{17}{48}$ Thl. Pr. C. circa

2) Ueber Hamburg.

z. B. Der Cours von Berlin auf Hamburg wäre 153 pr. Cent, und der Hamburger auf London $33\frac{1}{2}$ ßl. vls Bco.

? Thl. Pr. Cour. — 1 Liv. Sterl.
1 Liv. — $33\frac{1}{2}$ ßl. vls Bco.
8 ßl. — 1 Thl. Bco.
100 Thl. — 153 Thl Pr. C.

Antw. $6\frac{7}{12}$ Thl. Pr. C. circa

3) Ueber Paris.

z. B. Der Cours von Berlin auf Paris wäre 42 pr. Cent, und der Pariser auf London $15\frac{7}{8}$ pf. Sterling.

? Thlr. Preuß. C. — 1 Liv. Sterl.
1 Liv. — 240 pf. Sterl.
$15\frac{7}{8}$ pf. — 1 Ecû
100 Ecûs — 42 Thl. Pr. C.

Antw. $6\frac{7}{20}$ Thl. Pr. C. circa

Wie rendiret Berlin mit Paris
oder
Was betragen 100 Ecûs de france in Thl. Pr. Court.

1) Ueber Holland.

z. B. Der Berliner Cours auf Holland wäre 147 Thl. Pr. Cour. und der Amsterdamer auf Paris 28 pf. vls Bco.

? Thl. Pr. Cour.	—	100 Ecûs
1 Ecû	—	28 pf. vls
100 pf.	—	1 Thl. Bco.
100 Thl.	—	147 Thl. Pr. C.

Antw $41\frac{5}{32}$ Thl. Pr. Court. circa

2) Ueber Hamburg.

z. B. Der Berliner Cours auf Hamburg wäre 153 pr. Cent, und der Hamburger auf Paris 13 ßl. Lüb. Bco.

? Thl. Pr. Cour.	—	100 Ecûs
1 Ecû	—	13 ßl. Lüb. Bco.
48 ßl.	—	1 Thl. Bco.
100 Thl.	—	153 Thl. Pr. C.

Antw. $41\frac{7}{16}$ Thl. Pr. C. circa

oder

z. B. Der Berliner Cours auf Hamburg wäre 153 pr. C. und der Pariser auf Hamburg 367 Livres.

? Thl. Pr. Court.	—	100 Ecûs
1 Ecû	—	3 Liv.
367 Liv.	—	100 Mk. Bco.
300 Mk.	—	153 Thl. Pr. C.

Antw. $41\frac{11}{16}$ Thl. Pr. C. circa

3) Ueber London.

z. B. Der Berliner Cours auf London wäre $6\frac{1}{2}$ Thl. Pr. C. und der Londner auf Paris $15\frac{1}{2}$ pf. Sterl.

? Thl. Pr. Court.	—	100 Ecûs
1 Ecû	—	$15\frac{1}{2}$ pf. Sterl.
240 pf.	—	1 Livre
1 Liv.	—	$6\frac{1}{2}$ Thl. Pr. C.

Antw. $41\frac{47}{48}$ Thl. Pr. C. circa

4) Ueber Frankfurt am Mayn.

z. B. Der Berliner Cours auf Frankfurt wäre 2 pro Cent, und der Frankfurter auf Paris 41 Thl. Conv. C.

? Thl. Pr. Court.	—	100 Ecûs
100 Ecûs	—	41 Thl. Frankf.
100 Thl.	—	102 Thl. Pr. C.

Antw. $41\frac{49}{66}$ Thl. Pr. C. circa

Wie rendirt Berlin mit Venedig?

oder

Was betragen 100 Ducati Vened. Bco in Thl. Pr. C.

1) Ueber Holland.

z. B. Der Cours von Berlin auf Holland wäre 147 pr. Cent, und von Amsterdam auf Venedig 92 pf. vls Bco.

? Thl. Pr. Court.	—	100 Duc. Bco.
1 Duc.	—	92 pf. vls
100 pf.	—	1 Thl.
100 Thl.	—	147 Thl. Pr. C.

Antw. $135\frac{1}{4}$ Thl. Pr. C. circa

2) Ueber Genua und Holland.

z. B. Der Berliner Cours auf Holland wäre 147 pr. Cent, und der Holländsche auf Genua 87 pf. vls Bco. so wie auch der Genueser auf Venedig 96 Soldi Bco.

? Thl. Pr. Cour.	—	100 Duc. Bco.
1 Duc.	—	124 Soldi
96 Soldi	—	$4\frac{1}{4}$ Lire Bco.
$5\frac{3}{4}$ Lire	—	87 pf. vls Bco.
100 pf.	—	1 Thlr.
100 Thl.	—	147 Thl. Pr. C.

Antw. $136\frac{11}{24}$ Thl. Pr. C. circa

3) Ueber Hamburg.

z. B. Der Cours von Berlin auf Hambnrg wäre 153 pro Cent, und von Hamburg auf Venedig 86 pf. vls Bco.

? Thl. Pr. Court.	—	100 Duc. Bco.
1 Duc.	—	86 pf. vls Bco.
96 pf.	—	1 Thl.
100	—	153 Thl. Pr. C.

Antw. $137\frac{1}{16}$ Thl. Pr. C. circa

4) Ueber London.

z. B. Der Cours von Berlin auf London wäre $6\frac{1}{2}$ Thl. Pr. Court, und von London auf Venedig 50 pf. Sterl.

? Thl. Pr. Court.	—	100 Duc. Bco.
1 Duc.	—	50 pf. Sterl.
240 pf.	—	1 Liv.
1 Liv.	—	$6\frac{1}{2}$ Thl. Pr. C.

Antw. $135\frac{5}{12}$ Thl. Pr. C. circa

Wie rendirt Berlin mit Wien?

oder

Was betragen 100 Thl. Wiener Courant in Thl. Pr. Courant?

1) Ueber Amsterdam.

z. B. Der Cours von Berlin auf Amsterdam wäre 147 pr. C. und der Wiener auf Holl. 144 pr. C.

? Thl. Pr. Court.	—	100 Thl. Wien.
144 Thl.	—	100 Thl. Holl. Bco.
100 Thl.	—	147 Thl. Pr. C.

Antw. $102\frac{1}{12}$ Thl. Pr. C. circa

2) Ueber Hamburg.

z. B. Der Cours von Berlin auf Hamburg wäre 153 pr. Cent, und der Wiener auf Hamburg 149 Thl. Wiener.

? Thl. Pr. Court.	—	100 Thl. Wien.
149 Thl.	—	100 Thl. Bco.
100 Thl.	—	153 Thl. Pr. C.

Antw. $102\frac{41}{60}$ Thl. Pr. C. circa

3) Ueber London.

z. B. Der Berliner Cours auf London wäre $6\frac{1}{2}$ Thl. Pr. Courant, und der Wiener auf London $9\frac{1}{2}$ fl. Wien.

? Thl. Pr. Court.	—	100 Thl. Wien
1 Thl.	—	$1\frac{1}{2}$ fl.
$9\frac{1}{2}$ fl.	—	1 Liv. Sterl.
1 Liv.	—	$6\frac{1}{2}$ Thl. Pr. C.

Antw. $102\frac{5}{8}$ Thl. Pr. C. circa

4) Ueber Paris.

z. B. Der Berliner Cours auf Paris wäre 41 pr. Cent, und der Wiener Cours auf Paris 12 Xr.

? Thl. Pr. Cour.	—	100 Thl. Wien.
1 Thl.	—	90 Xr.
12 Xr.	—	1 Liv.
300 Liv.	—	41 Thl. Pr. C.

Antw. $102\frac{1}{2}$ Thl. Pr. C. circa

Um das Rendiren auch auf andere Handelsplätze zu finden, werden wohl die vorhin gezeigten Beyspiele hinlänglich gewesen seyn, und es wäre daher überflüßig und zu weitläuftig, noch mehrere Course zu berechnen, indem zu Berechnung des Rendirens auf alle Handelsplätze ein grosses Werk erforderlich seyn würde. Daher sollen nur noch einige nützliche Tabellen zur Anwendung vorkommender Berechnungsarten folgen.

z. B. Wenn Ld'or oder Frd'or in Hamburg 10 Mk. Bco. gelten, wie würde hiernach in Berlin der Cours in Ld'or zu stehen kommen.

10 Mk. Bco. — 5 Thl. Ld'or — 300 Mk. Bco.
(5
150 Thl. Ld'or.

Da nun der Preis der Ld'or in Hamburg bald hoch, bald niedrig ist; so würde nachstehende Tabelle zu Auffindung des Betrags des Berliner Courses, sehr bequem seyn.

Tabelle,

wie die Ld'or oder Frd'or in Hamburg nach ihren jedesmaligen Preis dem Berliner Cours hervorbringen würden.

Ld'or à					
9 Mk. Bo.		rendirt der Berl. Cours	166 Thl.	16 gr.	Ld'or.
9 Mk.	1 ßl.	= = =	165 =	12 =	7 pf.
9 =	2 =	= = =	164 =	9 =	6 =
9 =	3 =	= = =	163 =	6 =	— =
9 =	4 =	= = =	162 =	4 =	— =
9 =	5 =	= = =	161 =	1 =	10 =
9 =	6 =	= = =	160 =	— =	— =
9 =	7 =	= = =	159 =	— =	— =
9 =	8 =	= = =	157 =	21 =	6 =
9 =	9 =	= = =	156 =	21 =	8 =

Ld'or à					Ld'or.		
9 Mk.	10 ßl. B.	rendirt	der Berl.	Crs	155 Th.	20 gr.	3 pf.
9	11	=	=	=	154	20	3
9	12	=	=	=	153	20	4
9	13	=	=	=	152	20	9
9	14	=	=	=	151	21	—
9	15	=	=	=	150	22	5
10	—	=	=	=	150	—	—
10	1	=	=	=	149	1	7
10	1½	=	=	=	148	14	7
10	2	=	=	=	148	3	6
10	2½	=	=	=	147	16	6
10	3	=	=	=	147	5	8
10	3½	=	=	=	146	19	—
10	4	=	=	=	146	8	4
10	4½	=	=	=	145	21	6
10	5	=	=	=	145	10	—
10	5½	=	=	=	145	—	6
10	6	=	=	=	144	14	—
10	6½	=	=	=	144	3	6
10	7	=	=	=	143	17	—
10	7½	=	=	=	143	6	9
10	8	=	=	=	142	20	7
10	8½	=	=	=	142	10	4
10	9	=	=	=	142	—	—
10	9½	=	=	=	141	14	3
10	10	=	=	=	141	4	—
10	10½	=	=	=	140	18	4
10	11	=	=	=	140	8	6
10	11½	=	=	=	139	22	9
10	12	=	=	=	139	12	9
10	12½	=	=	=	139	3	1
10	13	=	=	=	138	17	6
10	13½	=	=	=	138	7	9
10	14	=	=	=	137	22	4
10	14½	=	=	=	137	12	9
10	15	=	=	=	137	3	4

Ld'or à							Ld'or.	
10 Mk.	15½ ßl. B.	rendirt	der	Berl. Crs	136 Th.	18 gr.	— pf.
11 =	= =	=	=	=	136 =	8 =	9 =
11 =	½ =	=	=	=	135 =	23 =	6 =
11 =	1 =	=	=	=	135 =	14 =	8 =
11 =	1½ =	=	=	=	135 =	5 =	— =
11 =	2 =	=	=	=	134 =	20 =	— =
11 =	2½ =	=	=	=	134 =	10 =	9 =
11 =	3 =	=	=	=	134 =	1 =	10 =
11 =	3½ =	=	=	=	133 =	17 =	— =
11 =	4 =	=	=	=	133 =	8 =	— =
11 =	4½ =	=	=	=	132 =	23 =	— =
11 =	5 =	=	=	=	132 =	14 =	3 =
11 =	5½ =	=	=	=	132 =	5 =	6 =
11 =	6 =	=	=	=	131 =	20 =	10 =
11 =	6½ =	=	=	=	131 =	12 =	— =
11 =	7 =	=	=	=	131 =	3 =	7 =
11 =	7½ =	=	=	=	130 =	19 =	— =
11 =	8 =	=	=	=	130 =	10 =	7 =
11 =	8½ =	=	=	=	130 =	2 =	— =
11 =	9 =	=	=	=	129 =	17 =	6 =
11 =	9½ =	=	=	=	129 =	9 =	— =
11 =	10 =	=	=	=	129 =	— =	9 =
11 =	10½ =	=	=	=	128 =	16 =	4 =
11 =	11 =	=	=	=	128 =	8 =	6 =
11 =	11½ =	=	=	=	128 =	— =	— =
11 =	12 =	=	=	=	127 =	15 =	10 =
11 =	12½ =	=	=	=	127 =	7 =	9 =
11 =	13 =	=	=	=	127 =	— =	— =
11 =	13½ =	=	=	=	126 =	15 =	7 =
11 =	14 =	=	=	=	126 =	7 =	7 =
11 =	14½ =	=	=	=	125 =	23 =	7 =
11 =	15 =	=	=	=	125 =	15 =	3 =
11 =	15½ =	=	=	=	125 =	7 =	9 =
12 =	— =	=	=	=	125 =	— =	— =

z. B. Wenn Ld'or in Holland 9 fl. Holl. Courant gelten, wie würde der Berliner Cours in Ld'or zu stehen kommen?

9 fl. Cour. — 5 Thl. Ld'or — 250 fl. Cour.

(5
1250
9) 138 8/9 pr. C. circa in Ld'or.

Zur bequemen Auffindung des Berliner Courses kann nachstehende Tabelle dazu nützlich seyn, indem die Ld'or in Holland der Veränderung sehr unterworfen sind.

Tabelle.

Wenn der Ld'or in Holland gilt			Ld'or.		
9 fl. Hll. C. so stünde der Berl. Cours			138 Th.	21 gr.	— pf.
9 fl. 1 stbr.	=	=	138 =	2 =	— =
9 = 1¼	=	=	137 =	22 =	4 =
9 = 1½	=	=	137 =	17 =	— =
9 = 1¾	=	=	137 =	13 =	2 =
9 = 2	=	=	137 =	8 =	8 =
9 = 2¼	=	=	137 =	4 =	2 =
9 = 2½	=	=	137 =	— =	— =
9 = 2¾	=	=	136 =	19 =	2 =
9 = 3	=	=	136 =	14 =	9 =
9 = 3¼	=	=	136 =	10 =	4 =
9 = 3½	=	=	136 =	6 =	— =
9 = 3¾	=	=	136 =	1 =	2 =
9 = 4	=	=	135 =	20 =	9 =
9 = 4¼	=	=	135 =	16 =	4 =
9 = 4½	=	=	135 =	12 =	— =
9 = 4¾	=	=	135 =	7 =	7 =
9 = 5	=	=	135 =	5 =	— =
9 = 5¼	=	=	134 =	22 =	9 =
9 = 5½	=	=	134 =	18 =	6 =
9 = 5¾	=	=	134 =	14 =	3 =
9 = 6	=	=	134 =	10 =	— =

Wenn der Ld'or in Holland gilt Ld'or.

fl.	stb.			Th.	gr.	pf.
9 fl.	6¼ stb.	so stünde der	Berl. Cours	134 Th.	5 gr.	6 pf.
9 =	6½	=	=	134 =	1 =	3 =
9 =	6¾	=	=	133 =	21 =	— =
9 =	7	=	=	133 =	16 =	9 =
9 =	7¼	=	=	133 =	12 =	4 =
9 =	7½	=	=	133 =	8 =	— =
9 =	7¾	=	=	133 =	3 =	9 =
9 =	8	=	=	132 =	23 =	3 =
9 =	8¼	=	=	132 =	19 =	2 =
9 =	8½	=	=	132 =	15 =	— =
9 =	8¾	=	=	132 =	10 =	9 =
9 =	9	=	=	132 =	6 =	9 =
9 =	9¼	=	=	132 =	2 =	4 =
9 =	9½	=	=	131 =	22 =	— =
9 =	9¾	=	=	131 =	18 =	— =
9 =	10	=	=	131 =	14 =	— =
9 =	10¼	=	=	131 =	9 =	9 =
9 =	10½	=	=	131 =	5 =	7 =
9 =	10¾	=	=	131 =	1 =	6 =
9 =	11	=	=	130 =	21 =	6 =
9 =	11¼	=	=	130 =	17 =	3 =
9 =	11½	=	=	130 =	13 =	2 =
9 =	11¾	=	=	130 =	9 =	2 =
9 =	12	=	=	130 =	5 =	— =
9 =	12¼	=	=	130 =	— =	9 =
9 =	12½	=	=	129 =	20 =	9 =
9 =	12¾	=	=	129 =	16 =	9 =
9 =	13	=	=	129 =	12 =	9 =
9 =	13¼	=	=	129 =	8 =	9 =
9 =	13½	=	=	129 =	4 =	9 =
9 =	13¾	=	=	129 =	— =	9 =
9 =	14	=	=	128 =	20 =	9 =
9 =	14¼	=	=	128 =	16 =	9 =
9 =	14½	=	=	128 =	12 =	9 =
9 =	14¾	=	=	128 =	8 =	9 =
9 =	15	=	=	128 =	5 =	— =

Wenn der Ld'or in Holland gilt		Ld'or.		
9 fl. 15¼ stb.	so stünde der Berl. Cours	128 Th.	1 gr.	— pf.
9 = 15½	= =	127 =	21 =	— =
9 = 15¾	= =	127 =	17 =	2 =
9 = 16	= =	127 =	13 =	2 =

z. B. Der Holländische Cours in Königsberg stünde 280 gr. Preuß. C. pro 1 Liv. vls, wie würde hiernach der Berliner Cours rendiren?

? Thl. Pr. Cour. — 250 fl. Holl. Court.
6 fl. — 280 gr. Pr.
90 gr. — 1 Thl. Pr. C.

Antw. 129⅝ pro Cent circa

Um ohne Berechnung bey Veränderung des Königsberger Courses auf Holland, den Cours auf Berlin zu finden, kann auch folgende Tabelle ihren Nutzen haben.

Tabelle.

Wenn der Cours in Königsberg stünde,	so würde der Berliner rendiren.			Wenn der Cours in Königsberg stünde,	so würde der Berliner rendiren.		
gr. 280	129	15	—	gr. 286	132	9	—
280½	129	20	8	286½	132	15	6
281	130	2	—	287	132	21	—
281½	130	7	—	287½	133	2	6
282	130	13	8	288	133	8	—
282½	130	18	—	288½	133	13	7
283	131	—	—	289	133	19	2
283½	131	6	—	289½	134	—	9
284	131	11	—	290	134	6	—
284½	131	17	—	290½	134	11	9
285	131	22	4	291	134	17	—
285½	132	4	—	291½	134	23	—

Wenn der Cours in Königsberg stünde,	so würde der Berliner rendiren.		
gr. 292	135	4	—
292½	135	10	—
293	135	15	6
293½	135	21	2
294	136	2	6
294½	136	8	3
295	136	13	6
295½	136	19	6
296	137	1	—
296½	137	6	4
297	137	12	—
297½	137	17	7
298	137	23	—
298½	138	4	9
299	138	10	2
299½	138	15	9
300	138	21	4
300½	139	3	—
301	139	8	6
301½	139	14	—
302	139	19	6
302½	140	1	2
303	140	6	8
303½	140	12	2
304	140	17	9
304½	140	23	4
305	141	5	—
305½	141	10	6
306	141	16	—
306½	141	21	7
307	142	3	—
307½	142	8	9
gr. 308	142	14	3
308½	142	19	9
309	143	1	4
309½	143	6	9
310	143	12	6
310½	143	18	—
311	143	23	6
311½	144	5	2
312	144	10	8
312½	144	16	2
313	144	21	9
313½	145	2	6
314	145	8	10
314½	145	14	6
315	145	20	—
315½	146	1	7
316	146	7	—
316½	146	12	7
317	146	18	4
317½	146	23	7
318	147	5	4
318½	147	10	10
319	147	16	6
319½	147	22	—
320	148	3	9
320½	148	9	2
321	148	14	8
321½	148	20	3
322	149	1	9
322½	149	7	6
323	149	13	—
323½	149	18	4

Wenn der Cours in Königsberg stünde,	so würde der Berliner rendiren.			Wenn der Cours in Königsberg stünde,	so würde der Berliner rendiren.		
gr. 324	150	—	—	gr. 332½	153	22	6
324½	150	5	6	333	154	4	—
325	150	11	—	333½	154	9	8
325½	150	16	9	334	154	15	—
326	150	22	2	334½	154	20	8
326½	151	3	9	335	155	2	4
327	151	9	4	335½	155	7	4
327½	151	15	—	336	155	13	4
328	151	20	4	336½	155	19	—
328½	152	2	—	337	156	—	6
329	152	7	6	337½	156	6	—
329½	152	13	2	338	156	11	6
330	152	18	8	338½	156	17	2
330½	153	—	4	339	156	22	8
331	153	6	—	339½	157	4	2
331½	153	11	3	340	157	9	9
332	153	17	—				

z. B. Der Hamburger Cours in Königsberg wäre 115 gr. Pr., und man wollte wissen, wie hiernach der Cours in Berlin rendirte, so wäre der Aufsatz folgendermaßen:

? Thl. Pr. Court. — 100 Thl. Hamb. Bco.
1 Thl. — 115 gr.
90 gr. — 1 Thl.

Antw. $127\frac{3}{4}$ pro Cent circa

oder:

Man darf nur den Königsberger Cours mit 10 multipliciren, und mit 9 dividiren. als:

$$\begin{array}{r} 115 \text{ gr.} \\ \hline 1150 \end{array} (10$$

$$9)\overline{127\tfrac{7}{9}} \text{ à } \tfrac{3}{4} \text{ pro Cent.}$$

Nach-

Nachstehende Tabelle wird also bey Veränderung des Königsberger Courses, den Berliner nachweisen.

Tabelle.

Wenn der Cours in Königsberg stünde,	so würde der Berliner rendiren.			Wenn der Cours in Königsberg stünde,	so würde der Berliner rendiren.		
115	127	18	8	122	135	13	4
$115\frac{1}{3}$	128	3	.7	$122\frac{1}{3}$	135	22	6
$115\frac{1}{2}$	128	8	—	$122\frac{1}{2}$	136	2	8
$115\frac{2}{3}$	128	12	6	$122\frac{2}{3}$	136	7	—
116	128	21	4	123	136	16	—
$116\frac{1}{3}$	129	6	4	$123\frac{1}{3}$	137	2	8
$116\frac{1}{2}$	129	10	8	$123\frac{1}{2}$	137	5	4
$116\frac{2}{3}$	129	15	2	$123\frac{2}{3}$	137	10	—
117	130	—	—	124	137	18	8
$117\frac{1}{3}$	130	9	—	$124\frac{1}{3}$	138	3	6
$117\frac{1}{2}$	130	13	4	$124\frac{1}{2}$	138	8	—
$117\frac{2}{3}$	130	18	—	$124\frac{2}{3}$	138	12	6
118	131	2	8	125	138	21	4
$118\frac{1}{3}$	131	11	6	$125\frac{1}{3}$	139	6	—
$118\frac{1}{2}$	131	16	—	$125\frac{1}{2}$	139	10	8
$118\frac{2}{3}$	131	20	6	$125\frac{2}{3}$	139	15	—
119	132	5	4	126	140	—	—
$119\frac{1}{3}$	132	14	6	$126\frac{1}{3}$	140	9	—
$119\frac{1}{2}$	132	18	8	$126\frac{1}{2}$	140	13	4
$119\frac{2}{3}$	132	23	—	$126\frac{2}{3}$	140	17	6
120	133	8	—	127	141	2	8
$120\frac{1}{3}$	133	17	—	$127\frac{1}{3}$	141	11	4
$120\frac{1}{2}$	133	21	4	$127\frac{1}{2}$	141	16	—
$120\frac{2}{3}$	134	1	—	$127\frac{2}{3}$	141	20	6
121	134	10	8	128	142	5	4
$121\frac{1}{3}$	134	19	6	$128\frac{1}{3}$	142	14	4
$121\frac{1}{2}$	135	—	—	$128\frac{1}{2}$	142	18	8
$121\frac{2}{3}$	135	4	6	$128\frac{2}{3}$	142	23	—

Wenn der Cours in Königsberg stünde,	so würde der Berliner rendiren.			Wenn der Cours in Königsberg stünde,	so würde der Berliner rendiren.		
129	143	8	—	137½	152	18	8
129⅓	143	16	10	137⅔	152	23	—
129½	143	21	4	138	153	8	—
129⅔	144	1	9	138⅓	153	17	—
130	144	10	8	138½	153	21	4
130⅓	144	19	6	138⅔	154	1	6
130½	145	—	—	139	154	10	8
130⅔	145	4	5	139⅓	154	19	7
131	145	13	4	139½	155	—	—
131⅓	145	22	—	139⅔	155	4	6
131½	146	2	8	140	155	13	4
131⅔	146	7	1	140⅓	155	22	2
132	146	16	—	140½	156	2	9
132⅓	147	—	10	140⅔	156	7	—
132½	147	5	4	141	156	16	—
132⅔	147	9	9	141⅓	157	—	9
133	147	18	8	141½	157	5	4
133⅓	148	3	9	141⅔	157	9	9
133½	148	8	—	142	157	18	9
133⅔	148	12	5	142⅓	158	3	7
134	148	21	4	142½	158	8	—
134⅓	149	6	2	142⅔	158	12	4
134½	149	10	8	143	158	21	6
134⅔	149	15	1	143⅓	159	6	4
135	150	—	—	143½	159	10	9
135⅓	150	8	10	143⅔	159	15	2
135½	150	13	4	144	160	—	—
135⅔	150	17	8	144⅓	160	9	—
136	151	2	8	144½	160	13	6
136⅓	151	11	6	144⅔	160	17	10
136½	151	16	—	145	161	2	9
136⅔	151	20	5	145⅓	161	11	7
137	152	5	4	145½	161	16	—
137⅓	152	14	3	145⅔	161	20	6

Es hätten noch viele Berechnungen zu den Wechselarbitragen gehörig, hierbey eingerückt werden können, allein um dieses Buch nicht zu weitläuftig und groß zu machen, wird wohl ein jeder vorkommende und in dieser Abtheilung nicht enthaltene Rechnungen, nach denen darinnen gezeigten Beyspielen berechnen können.

Von der Wechsel Commissions-Rechnung.

Unter Wechsel Commissiones werden Aufträge verstanden, vermittelst welcher man nach vorgeschriebenen Coursen in einem Handelsplatz remittiren, und in einem andern trassiren soll.

Bey dergleichen Aufträgen findet man oft-mals, daß, vor Empfang der Ordre entweder

I) **nur ein Cours** oder auch wohl

II) **beyde Course**

es sey nun zur Remesse oder zur Tratte **können geändert haben,** dabey denn folgende **Beurtheilung** wahrzunehmen ist.

Ist jemand an den Ort, welcher giebt

die beständige Valuta des Courses			die unbeständige Valuta des Courses		
Remittent	so steigt ihm der Cours zum	Nutzen	Remittent	so steigt ihm der Cours zum	Schaden
Trassent		Schaden	Trassent		Nutzen
Remittent	so fällt ihn der Cours zum	Schaden	Remittent	so fällt ihn der Cours zum	Nutzen
Trassent		Nutzen	Trassent		Schaden

I.

Wenn sich vor Empfang der Ordre nur ein Cours geändert hat, so ist zu unterscheiden, ob die Ordre in einen solchen Platz kommt, und

a) den zu beyden ordinirten Coursen die beständige, oder auch die unbeständige Valuta oder

b) der in den einen ordinirten Course die beständige, in den andern ordinirten Course aber, die unbeständige Valuta hat.

a)

In dem ersten Fall, wenn nur ein Cours geändert ist, und die Ordre kommt in einen Platz der zu beyden ordinirten Coursen die beständige, oder die unbeständige Valuta hat, bringet man die ordinirten, und den einen gefundenen Cours in einen Regel de Tri Aufsatz, folgendermassen:

1.	2.	3.	4.
Wie sich der ordinirte Cours an dessen Stelle man einen andern findet, verhält	Zu dem Course den man statt 1 findet	So verhält sich auch der ungeänderte Cours aus der Ordre	zum Facit.

und nach der gewöhnlichen Berechnung giebt die Antwort an

wie groß der ungeänderte Cours aus der Ordre genommen werden müsse, wenn die Ordre nach den Willen des Committenten vollzogen werden soll.

z. B. 1) Berlin erhält den Auftrag auf Hamburg zu 154 Thlr. Cour. zu trassiren, und auf Amsterdam zu 148¾ Thlr. Courant zu remittiren. Als aber die Ordre ankam, stand der Cours nach Amsterdam 149 Thlr. Wie müste Berlin also trassiren?

Nach dieser Aufgabe hat Berlin sowohl zur Tratte nach Hamburg, als zur Remesse nach Amsterdam die unbeständige Valuta, daher ist es für seinem Committenten desto nützlicher: je mehr es durch die Tratte für ihn erhalten; und desto schädlicher: je mehr es durch die Remesse für ihn ausgeben soll. Da sich nun allhier der Cours der Remesse zum Nachtheil des Committenten um $\frac{1}{4}$ Thlr. verändert hat, so muß der Commissionair durch den Tratten-Cours diesen Nachtheil wieder einzuhohlen suchen, deshalben wird nach obiger Vorschrift berechnet

statt 148$\frac{3}{4}$ findet man 149 wie viel statt 154?

Antw. 154$\frac{1}{4}$ circa.

Diese Antwort zeiget also, daß man auf Hamburg zu 154$\frac{1}{4}$ pCt. trassiren müste, wenn man zu 142 nach Amsterdam remittiren wollte.

oder z. B. 2) Es wird Berlin aufgetragen auf Hamburg zu 41$\frac{1}{16}$ ßl. Lüb. Bco. zu trassiren und auf Amsterdam zu 44$\frac{1}{8}$ stbr. Holl. Bo. zu remittiren. Bey Empfang der Ordre stehet aber der Cours auf Hamburg 41$\frac{1}{8}$ ßl. Wie hoch müßte also Berlin remittiren?

Bey dieser Aufgabe hat Berlin sowohl zur Tratte auf Hamburg, als zur Remesse nach Amsterdam die beständige Valuta. Es ist daher für seinen Committenten um so vortheilhafter je weniger es ßl. Lüb. auf die Tratte auf Hamburg weggeben darf, desto schädlicher aber würde es seyn, je weniger stbr. Bco. es durch die Remesse für ihn wieder erhielte. Da Berlin nun allhier 41$\frac{1}{8}$ und also $\frac{1}{8}$ ßl. Lüb. Bo. mehr weggeben soll, so muß man untersuchen, wie viel dagegen durch die Remesse stbr. Bo. wieder erhalten werden müsten, wenn die Ordre des Committenten befolget wird.

statt $41\frac{1}{16}$ findet man $41\frac{1}{8}$ wie viel statt $44\frac{1}{8}$

Antw. $44\frac{1}{4}$ stb. Bo. circa.

und diese Antwort zeiget wiederum, daß Berlin zu $44\frac{1}{4}$ stbr. Bo. remittiren müsse, wenn es zu $41\frac{1}{2}$ ßl. Lüb. Bo. trassiren will.

b)

Im andern Fall, wenn sich nur ein Cours geändert, und die Ordre kommt in einen solchen Platz, der in den einen ordinirten Course die Reste, in den andern ordinirten Course die beständige Valuta hat, wird der eine gefundene, und die ordinirten Course in einem Regel de Tri Aufsatz folgendermassen gebracht:

1.	2.	3.	4.
Wie sich der Cours dem man statt des ordinirten findet, verhält	Zu dem Cours der ordinirt worden ist	Also verhält sich auch der andere ordinirte Cours	zur Antwort.

und nach gewöhnlicher Berechnung giebt die Antwort wieder: wie hoch der ungeänderte Cours aus der Ordre nach der Meynung des Committenten genommen werden müsse.

z. B. Hamburg soll auf Paris zu $12\frac{3}{4}$ ßl. Lüb. Bo. remittiren, und auf Wien zu $146\frac{3}{4}$ trassiren. Hamburg findet aber den Cours auf Paris 13 ßl. Lüb. Bo. Wie müste es solchemnach trassiren?

Hiernach hat Hamburg nach Paris die unbeständige, nach Wien aber die beständige Valuta. Je weniger fl. Lüb. Bo. es also für die Remesse für Frankreich ausgeben darf, je vortheilhafter ist es seinen Committenten; und je mehr Wiener Thaler es durch die Tratte daselbst auszahlen lassen soll, je schädlicher ist solches demselben. Da nun allhier für die Remesse statt $12\frac{3}{4}$, 13 bezahlt werden sollen, so muß der Commissionair untersuchen, wie viel er durch die Tratte weniger als $146\frac{3}{4}$ auszahlen kann, damit die Ordre des Committenten befolget wird; demnach wird nach obiger Vorschrift gesetzt; .

13 findet man statt $12\frac{3}{4}$ wie viel statt $146\frac{3}{4}$

Antw. $143\frac{193}{208}$ Thlr.

Man müste also zu $143\frac{193}{208}$ Thlr. auf Wien trassiren, wenn es der ordinirten Remesse auf Frankreich nicht schädlich seyn sollte.

Anmerkung.

Man kann sich aber auch die Arbeit bey Ausrechnung dergleichen Aufgaben merklich erleichtern; wenn man in das 2te Glied oder mittelsten Satz, nur den Differenz oder Unterschied zwischen den Coursen die ordinirt worden, und die man findet, setzet. Solchergestalt kommt zwar im Facit nur ebenfalls die Differenz, man addiret aber den dritten Satz dazu, im Fall der andere Satz größer denn der 1ste, und subtrahiret die Differenz vom dritten Satz, falls der andere Satz kleiner denn der erste, und diesemnach können die vorhergedachten drey Aufgaben auch also berechnet werden.

1) $148\frac{3}{4}$ differiret $\frac{1}{4}$ was differiret auf 154?

Antw. $\frac{1}{4}$ circa.

zu 3t. Satz 154 —

Antw. $154\frac{1}{4}$ circa wie oben.

2) $41\frac{1}{16}$ differiret $\frac{1}{16}$ was differiret $44\frac{3}{8}$

Antw. $\frac{1}{8}$ circa.

zu 3t. Satz $44\frac{1}{8}$

Antw. $44\frac{1}{4}$ circa wie oben.

3) 13 differiret $\frac{1}{4}$ was differiret $146\frac{3}{4}$

ab Antw. $2\frac{171}{208}$ von

$146\frac{3}{4}$

Antw. $143\frac{193}{208}$ wie oben.

II.

Wenn sich für erhaltenen Auftrage beyde ordinirte Course geändert haben, so haben sich solche für dem, so die Ordre gegeben entweder

A) Einer zum Nutzen, und der andere zum Schaden, oder

B) Beyde zum Nutzen, oder beyde zum Schaden geändert.

a)

Im ersten Fall, wenn sich ein ordinirter Cours zum Nutzen, der andere aber zum Schaden geändert hat, muß man untersuchen, ob der Nutzen auf den einen Cours nicht größer, oder eben so groß ist, als der Schaden an dem andern Course, denn auf solche Weise würde der Schaden wieder beykommen, und die Commission auch ohne Nachtheil des Committenten zu vollziehen seyn, und dieses zu erläutern, dienet folgende Beurtheilung:

1) Wenn man bey großen Summen im Handel gleichviel gewinnet, so ist nach Verhältniß, derjenige Gewinn ohnstreitig der größte, welcher aus der kleinsten Summa entstehet.

z. B. Wenn man an 100, 10 gewinnet, ſo iſt es vortheilhafter als wenn man an 200, 10 gewinnet.

2) Wenn man bey großen Summen im Handel gleichviel verlieret, ſo iſt derjenige Verluſt nach Verhältniß ohnſtreitig der leidlichſte, der aus der größten Summe entſtehet.

z. B. Wenn man an 100, 10 verlieret, iſt es ſchädlicher als wenn man an 200, 10 verlieret, und wenn man an 100, 10 verlieret, iſt es beſſer, als wenn man an 50, 10 verlieret.

3) Wenn man folglich z. B. an 100, 10 gewinnet, und bey einem andern Handel wieder an 100, 10 verlieret, ſo iſt hiebey weder Gewinn noch Verluſt.

4) Wenn man aber z. B. an 100, 10 verlieret, und bey einem andern Handel wieder an 200, 10 gewinnet, ſo iſt dabey Schaden, und wenn man an 100, 10 gewinnet, iſt beſſer, als wenn man bey einen andern Handel an 200, 10 verlieret.

Die zu Berechnung ſolcher Aufgaben erforderlichen Regeln ſind folgende:

1) Man ſchreibet von jeden Courſe den kleinſten vor ſich, und notirt daneben, um wie viel von ſeinen größern Cours zum Nutzen oder Schaden des Committenten differiret.

2) Man größert jeden Cours und ſeine Differenz mit einer beliebigen Zahl, damit alles ganze Zahlen werden.

3) Man multipliciret die Zahlen der Courſe mit ihrer Differenzzahl über das Kreuz.

4) Der Buchſtabe N (Nutzen) oder S (Schaden) ſo bey der kleinſten Zahl ſtehet, giebt ſodann zu

erkennen, ob bey den gefundenen Coursen Nutzen oder Schaden sey, nemlich wenn das S bey der kleinern Zahl stehet, so ist Schaden, dahingegen wenn das N bey derselben, auch Nutzen vorhanden, und die Commission nach den Coursen vollzogen werden kann.

z. B 4 Berlin erhält den Auftrag auf Hamburg zu $153\frac{3}{4}$ Thlr. Cour. zu trassiren, und nach Amsterdam zu $148\frac{3}{4}$ Thlr. Cour. zu remittiren Bey Ankunft der Ordre stehet der Cours auf Hamburg $153\frac{1}{2}$ Thlr. Cour. und auf Amsterdam $148\frac{1}{2}$ Thlr. C. Es frägt sich nun also, ob Berlin die Commission ohne Nachtheil des Committenten vollziehen kann.

Je weniger Berlin vor die Amsterdammer Remessa als 149 auszahlen soll, je nützlicher ist es demselben; je weniger aber Berlin für die Hamburger Tratte als $153\frac{3}{4}$ wieder empfangen soll, je schädlicher ist es demselben. Da nun bey dieser Aufgabe statt $153\frac{3}{4}$ nur $153\frac{1}{2}$ Thlr. erhalten werden kann, so siehet man, daß sich dieser Cours allerdings zum Schaden des Committenten geändert hat, hingegen aber, da statt $148\frac{3}{4}$ nur $148\frac{1}{2}$ Thlr. bezahlt werden soll, daß dieser Cours zum Nutzen des Committenten sey.

$153\frac{3}{4}$ diff. $\frac{1}{4}$ S.
$148\frac{3}{4}$ diff. $\frac{1}{4}$ N. weil bey dieser Aufgabe beyde Differenze einander gleich sind, der eine aber zu dem Nutzen aus einer kleinern Zahl entstehet als der andere zum Schaden, so siehet man ohne weitere Berechnung hieraus, daß der Nutzen größer als der Schaden sey.

Wenn man nun diese Aufgabe nach vorgedachten Regeln ausarbeiten wollte, so stehet sie folgendergestalt:

$153\frac{3}{4}$ differ. $\frac{1}{4}$ S. 615 — 1 × 615
$148\frac{3}{4}$ differ. $\frac{1}{4}$ N. 595 — 1 595

Da nun auch hier das N bey der kleinern Zahl stehet, so zeiget solches, daß die Commission nach den gefundenen Coursen ohne Nachtheil des Committenten vollzogen werden kann.

z. B. Berlin soll auf Amsterdam zu $44\frac{1}{8}$ stbr. Bco. remittiren und auf Hamburg zu $41\frac{1}{2}$ ßl. Lüb. Bo. trassiren. Bey Empfang der Ordre stehet der Cours auf Amsterdam $44\frac{3}{8}$ stb. Bo., und auf Hamburg $41\frac{3}{4}$ ßl. Lüb. Bo. Kann also Berlin die Commission vollziehen?

Hier soll Berlin durch die Remesse auf Amsterdam statt $44\frac{1}{8}$, $44\frac{3}{8}$ stb. erhalten, es hat sich also der Cours um $\frac{1}{4}$ zu des Committenten Vortheil geändert, hingegen aber soll es durch die Tratte auf Hamburg statt $41\frac{1}{2}$, $41\frac{3}{4}$ weggeben, und solchemnach hat sich dieser Cours zu des Committenten Schaden um $\frac{1}{4}$ geändert.

$44\frac{1}{8}$ diff. $\frac{1}{4}$ N. — 353 — 2 × 353.
$41\frac{1}{2}$ diff. $\frac{1}{4}$ S. — 166 — 1 332.

Da nun allhier das S bey der kleinern Zahl stehet, so ist auch folglich bey dieser Aufgabe Schaden.

B)

Im andern Fall, wenn sich vor erhaltener Ordre sämmtliche ordinirte Course entweder alle zum Schaden oder alle zum Nutzen geändert haben, so siehet man ohne weitere Berechnung sogleich ob die Commission für den Committenten vollzogen werden könne.

Da es indessen öfters geschiehet, daß nach verschiedenen Plätzen zum besten Nutzen eines Committenten remittiret oder trassiiret werden soll; man findet aber die Course entweder alle besser,

oder alle schlechter als solche vorgeschrieben worden, so frägt sich: Wie sich hieraus derjenige Platz finden läßt, dessen Cours zu des Committenten Nutzen am besten ist.

Zu Berechnung solcher Aufgaben, dienen folgende Regeln

1) Man setzet die kleinern Course von jeden Platz nebst den mit N oder S, Nutzen oder Schaden bezeichneten Differenzen unter einander.

2) Wären die Differenze einander gleich und die Course stehen alle zum Nutzen, so ist derjenige Platz der nützlichste, welcher die kleinste Zahl der unter einander notirten Course hat. Stehen die Course aber zum Schaden, ist derjenige Platz der leidlichste, welcher von denen unter einander geschriebenen Coursen die größte Zahl hat.

3) Sind die Differenze ungleich, werden solche durch die Multiplication ins Kreuz einander gleich gemacht, und nach vorgedachter Anweisung beurtheilet.

z. B. 6) Berlin erhält Ordre entweder nach Amsterdam zu $148\frac{3}{4}$ Thlr. Cour., oder nach Hamburg zu $153\frac{3}{4}$ Thlr. Cour. zu remittiren, im Fall es aber zu diesem Coursen nicht unterkommen könnte, sollte es von diesen Plätzen denjenigen erwählen, welcher am nützlichsten für den Committenten sey. Bey Empfang der Ordre findet Berlin die Course auf Amsterdam 149 und auf Hamburg 154, welcher wird für den Committenten am nutzbarsten seyn.

Amsterdam 149 diff. $\frac{1}{4}$ N.
Hamburg 154 diff. $\frac{1}{4}$ N.

Da hier beyde Differenze einander zum Nutzen gleich sind, der kleinste Cours aber die Amsterdamer Remesse anzeiget, so siehet man ohne weitere Berechnung, nach obiger Regel 2 hieraus, daß die Remesse auf Amsterdam, der Hamburger vorgezogen werden müsse.

z. B. 7) Es wird Berlin aufgetragen entweder zu 44$\frac{1}{8}$ stb. Bo. auf Amsterdam, oder zu 50$\frac{1}{4}$ Sous auf Paris zu trassiren, wenn sich aber die Course unter der Zeit dergestalt geändert hätten, daß der Cours auf Amsterdam 44$\frac{1}{4}$ und auf Paris 50$\frac{3}{8}$ Sous stehet, auf welchen Platz soll Berlin zum Nutzen des Committenten trassiren?

Amsterdam 44$\frac{1}{8}$ differ. $\frac{1}{8}$ S.
Paris 50$\frac{1}{4}$ differ. $\frac{1}{8}$ S.

Da beyde Differenze allhier zum Schaden gleich sind, die größte Zahl aber bey Paris befindlich, so siehet man hieraus, daß der Ordre des Committenten am gemässesten sey, auf Paris zu trassiren.

z. B. 8) Augsburg erhält Ordre entweder nach Amsterdam zu 111$\frac{3}{4}$ Thlr. Giro oder nach Hamburg zu 113$\frac{3}{4}$ Thlr. Giro, oder nach Venedig zu 101 Thlr. Giro oder nach Paris zu 113 fl. Courant zu remittiren. Es stehen aber die Course nach Amsterdam 112$\frac{3}{4}$ Thlr., nach Hamburg 114, nach Venedig 101$\frac{3}{4}$, und nach Paris 113$\frac{3}{4}$. Welcher Weg ist der leidlichste für den Committenten.

Amsterdam	111$\frac{3}{4}$	diff.	1 S.	447	×	4.	1341
Hamburg	113$\frac{3}{4}$	diff	$\frac{3}{4}$ S.	453		3.	1812.
Venedig	101	=	$\frac{3}{4}$ S.				
Paris	113	=	$\frac{3}{4}$ S.				

Da hier alle Wege schädlich sind, so ist doch der leidlichste Hamburg, welcher die größte Zahl hat, und da überhaupt ein Schaden leidlicher wird, wenn er aus einer großen, als aus einer kleinen Summa entstehet, hier aber die Vorschläge Venedig und Paris mit Hamburg gleiche Differenze, und doch kleinere Zahlen als Hamburg haben, so ist ohne weitere Berechnung zu bemerken, daß man auf diesen beyden Plätzen nicht remittiren kann, und wollte man diese Aufgabe nach der gewöhnlichen Art berechnen, so stünden die Sätze

$111\frac{3}{4}$ — $112\frac{3}{4}$ — ? 100
$113\frac{1}{4}$ — 114 — ? 100
101 — $101\frac{3}{4}$ — ? 100
113 — $113\frac{3}{4}$ — ? 100.

Vom Pari.

Unter Pari wird von einigen Kaufleuten derjenige Werth verstanden, wie ein Cours von einem Platz auf dem andern rendiret. Allein **Pari heißt, was eine Münze, fingirte oder geprägte, nach ihrem Schroot und Korn in einer andern, mit Rüksicht auf Schroot und Korn, von dieser werth ist.**

Daher sind zwey Thaler von einerley Gewicht und gleichen Gehalt einander gleich. Selten aber wird Jemand einen Thaler vom bessern Gehalt ohne Aufgeld vertauschen, wenn nicht besondere Ursachen vorhanden sind.

Um also das Pari zwischen zwey verschiedenen Münzen zu wissen, muß man wissen, wie viel Stücke einer jeden auf die rauhe und feine Mark, Gold oder Silber gehen, oder wie viel feines Gold und Silber in einem einzelnen, oder in einer Anzahl solcher Stücke steckt, daß man, wo das Gewicht selbst unterschieden ist, z. B. Amsterdammer und Cöllnisch das

Verhältniß kenne, und aus diesen Datis läßt sich das Pari finden.

z. B. Ein Thaler zu 24 gr. Conventionsgeld, nach dem 20 fl. Fuß hält 364 As fein Silber, und ein Holländischer Courant-Gulden 198 As. Wenn man also wissen wollte, wie viel 250 fl. Holl. Courant in Conventionsgelde werth sind, so setze man also:

364 Holl. As — 198 Holl. As — 250 fl.

Antw. 136 Thlr. circa.

Auch aus einigen gleichhaltigen Münzen kann man den Cours nach dem Pari finden.

z. B. Der Banco-Thaler in Holland wäre dem Hamburger Banco-Thaler gleich. Indem jener 50 Stüber, dieser aber 48 ßl. hat. Wie ist also das Pari zwischen Amsterdam und Hamburg, da die beständige Valuta 2 Mk. Bo. ist.

48 ßl. — 50 stbr. — 32 ßl.

Antw. $33\frac{1}{3}$ stbr. das Pari.

z. B. Der Holl. Banco-Thaler wird 52 pf. Sterl. gleich geachtet, wie ist also das Pari zwischen Amsterdam und Londen.

52 pf. strl. — 1 Thlr. Bo. — 1 L. Strl.
13 — $8\frac{1}{3}$ ßl. vls — 240 pf.
60
480
20
500

$38\frac{6}{13}$ ßl. vls.

z. B. Der Hamburger Banco-Thaler, dem Holländischen gleich, wäre 52 pf. sterl. werth. Wie ist nun das Pari zwischen Hamburg und Londen.

$\frac{87}{13}$ pf. strl. — 1 Thlr. Bco. — 1 L. strl.

8 ßl. vls — 240 pf.

60

480

$36\frac{12}{13}$ ßl. vls.

Von Waaren-Berechnungen.

Unter Waaren-Berechnungen verstehet man solche Untersuchungen, welche nachweisen, wie eine Waare mit allen Spesen zu stehen kommt. Gemeiniglich werden die eingesandten Rechnungen von Waaren, Facturen genannt, und diese bestehen entweder im Einkauf einer einzigen Waare, oder in mehreren Artikeln.

Die Berechnung der Facturen eines Artikels ist sehr leicht, dagegen diejenigen, so mehrere Artikel enthalten, sind in der Berechnung schwüriger. Zu dem Ende werden in der Folge beyde Arten von Facturen weitläuftig erläutert, und die Mannigfaltigkeit derselben gezeigt werden.

Ehe man zu solchen Calculationen übergeht, ist vorzüglich nöthig zu wissen, was die Kaufleute Brutto, Thara und Netto nennen, weil solches in denen Facturen zu häufig vorkommt. Brutto heißt, die Waare nebst demjenigen worinn die Waare befindlich, Thara bedeutet das Gefäß, worinn die Waare verhüllt ist, Netto aber nennt man die Waare nach Abzug der Thara, also die reine verbliebene Waare.

z. B. Jemand kauft 406 ℔ Brutto einer Waare, das Thara wäre 42 ℔, wie viel ist das Netto der Waare?

406

406 ℔ Brutto
42 ℔ Thara
verbleiben 364 ℔ Netto.

Jedoch wird in einigen Handelsstädten bey verschiedenen Waaren die Thara nach pro Centen bestimmt, wobey die Berechnung folgendermassen stehet.

z. B. Es werden 500 ℔ Brutto Waare gekauft, und die Thara à 10 pro Cent abgezogen, wie viel verbleibt Netto?

500 ℔ Brutto
ab 10 pCt. Thara 50 ℔
verbleibt 450 ℔ Netto.

Ausser diesem gedachten Thara wird auch noch in verschiedenen Handelsörtern, nebst der Thara, noch 1 oder mehrere pro Cente für genanntes Gutgewicht, von dem Gewicht abgezogen, und gemeiniglich deswegen, wenn die Waare nicht auf der Stadtwage, sondern in des Verkäufers Hause gewogen worden, und selbst geschiehet dieses dennoch, wenn die Waare auch auf der Stadtwage gewogen ist. Die Berechnung stehet folgendergestalt:

z. B. Es kaufte Jemand 6 Fässer Waaren, davon das 1ste 245 ℔ Bto. und 21 ℔ Thara wieget

=	2te 208	=	=	19	=	=	
=	3te 260	=	=	23	=	=	
=	4te 255	=	=	22	=	=	
=	5te 246	=	=	22	=	=	und
=	6te 240	=	=	21	=	=	

ausser diesem Thara wird auch noch 1 pro Cent für Gut Gewicht gekürzt, wie viel verbleibt also Netto?

	245	℔	Brutto	21	℔	Thara
	208	=	=	19	=	=
	260	=	=	23	=	=
	255	=	=	22	=	=
	246	=	=	22	=	=
	240	=	=	21	=	=
	1454	℔	Brutto	128		
ab	128	℔	Thara			
	1326	℔				
davon noch 1 pCt. Gut Gewicht	13	℔				
verbleibt	1313	℔	Netto.			

Zuweilen werden auch noch ausser der Thara und dem Gutgewicht, gewisse Procente für **Refactie** gerechnet. Dieser Refactie bedienet man sich bey einer sehr unreinen, oder sonst im Wasser etwas beschädigten Waare.

Diese vorangeschickten Bemerkungen über das Wiegen beym Waarenhandel, und worüber viele Rechenbücher eine besondere Rechnungs=Abtheilung vorzeigen, werden wohl hinreichend seyn, die vorkommenden Fälle zu berechnen.

Das Calculiren der Waarenpreiße kann auf zweyerley Art geschehen.

1) Wenn man aus einem Preißcourant von Waaren denjenigen Preiß der Waare, so man verschreiben will, nimmt, und dazu die dabey vorkommenden Spesen setzt, so erhält man dadurch den ohngefähren Werth.

2) Durch ausländische Facturen, welche theils einen oder mehrere Artikel zugleich enthalten.

Beyde Fälle sollen allhier gezeigt werden.

1)

Wenn man den Preiß einer Waare aus einen Preiß-Courant calculiren will, und dazu die Spesen setzt, so kann solches durch die Kettenregel geschehen, jedoch müssen die Spesen pro Centweise angegeben werden.

z. B. Das Pfund Caffee gilt in Amsterdam 12 stbr. Courant, nebst 5 pro Cent Rabatt und 5 pro Cent Spesen. Der Cours von Berlin auf Amsterdam ist 150 Thl. Pr. Court. Hamburger Spesen $2\frac{1}{2}$ pro Cent. Berlin hat 5 pro Cent Unkosten, und Amsterdamer Gewicht ist 5 pro Cent schwerer, als Berliner: was würde 1 Pfund in Berlin kosten?

? gr. Pr. Cour.	—	1 Pfund Berliner
105 Pf.	—	100 Pf. Amsterd.
1 Pf.	—	12 stbr. C.
100	—	95 stbr. Rabatt
100	—	105 stb. Amst. Spesen
20 stb.	—	1 fl.
250 fl.	—	150 Thl. Pr. C.
100	—	$102\frac{1}{2}$ Thl. Hamb. Spesen
100	—	105 Thl. Berl. Spesen
1	—	24 gr.

Antwort $10\frac{1}{4}$ gr. circa das Pfund in Berlin.

z. B. Das Pfund Indigo gilt in Bourdeaux 15 Livr. nebst 5 pro Cent Spesen; der Cours von Bourdeaux auf Hamburg $12\frac{1}{2}$ ßl. Hamburg rechnet $2\frac{1}{2}$ pro Cent Spesen: der Cours von Hamburg auf Berlin 153 Thl. Pr. C. Berlin hat 5 pro Cent Spesen: was kostet 1 Pfund in Berlin, wenn Berliner Gewicht 5 pro Cent leichter ist.

? Thl. Pr. Cour.	—	1 Pfund Berliner
105 Pf.	—	100 Pf. Bourdeauxer
1 Pf.	—	15 Livres
100 L.	—	105 L. Bourd. Spesen
3 L.	—	$12\frac{1}{2}$ ßl. Lüb.
16 ßl.	—	1 Mk.
100 Mk.	—	$102\frac{1}{2}$ Mk. Hamb. Spes.
300 Mk.	—	153 Thl. Pr. C.
100 Thl.	—	105 Thl. Berl. Spesen

Antw. 2 Thl 3 gr. circa das Pfund in Berlin.

z. B. Der Centner von 112 Pfund Caroliner Reiß gilt in London 15 ßl. Sterl. mit 2 pro Cent Spesen. Der Cours zwischen London und Hamburg $33\frac{1}{2}$ ßl. vls Banco. Hamburg rechnet 5 pro Cent Spesen. Der Cours zwischen Hamburg und Berlin ist 153 Thl. Courant. Berlin hat 10 pro Cent Spesen; was gilt der Centner in Berlin, wenn das Londner Gewicht 10 pro Cent leichter ist?

? Thl. Pr. Court.	—	110 Pfund Berliner
100 Pf.	—	110 Pf. Londner
112 Pf.	—	15 ßl. Sterl.
20 ßl.	—	1 Livre
100 L.	—	102 L. Londner Spesen
1 L.	—	$33\frac{1}{2}$ ßl. vls
8 ßl.	—	3 Mk.
100 Mk.	—	105 Mk. Hamb. Spesen
300 Mk.	—	153 Thl. Pr. C.
100 Thl.	—	110 Thl. Berl. Spesen

Antw. 6 Thl. 2 gr. circa der Centner in Berlin.

z. B. In Mallaga gilt die Kiste Citronen $6\frac{1}{2}$ Pesos de platta, nebst 5 pro Cent Spesen. Der Cours zwischen Mallaga und Amsterdam ist 95 pf. vls Bo. von Amsterdam auf Hamburg aber 35 stbr. Bco.

Hamburg hat 10 pro Cent Spesen. Der Cours zwischen Hamburg und Berlin ist 153 Thl. Pr. C. Berlin hat 2 Thl. 8 gr. pro Kiste Unkosten; wie hoch kommt die Kiste zu stehen?

? Thl. Pr. Court.	—	1 Kiste
1 Kiste	—	$6\frac{1}{2}$ Pesos de platta
100	—	105 Pes. Mall. Spesen
375	—	272 Duc di Cambio
1	—	95 pf. vls Bco.
2	—	1 stbr.
35	—	2 Mk.
100	—	110 Mk. Hamb. Spes.
300 Mk.	—	153 Thl. Pr. C.

Antw. 7 Thl. 13 gr. circa
Berliner Unkosten 2 Thl. 8 gr.

also 9 Thl. 21 gr. Pr. C. kostet die Kiste in Berlin.

z. B. In Bourdeaux kostet das Pfund Martinique-Caffee 25 Sous mit 5 pro Cent Spesen. Der Cours zwischen Bourdeaux und Amsterdam ist 30 pf. vls Bco. Amsterdam rechnet 5 pro Cent Unkosten. Der Cours zwischen Amsterdam und Berlin stehet 150 Thl. Pr. Cour. Berlin hat 10 pro Cent Spesen; was gilt 1 Pfund in Berlin, wenn Berliner Gewicht 5 pro Cent leichter ist.

? gr. Pr. Court.	—	1 Pf. Berliner
105 Pf.	—	100 Pf. Bourdeauxer
1 Pf.	—	25 Sous
60 Sous	—	1 Ecû
100	—	105 Bourd. Spesen
1 Ecû	—	30 pf. vls Bco.
40 pf.	—	1 fl. Bco.
250 fl.	—	150 Thl. Pr. C.
100	—	110 Berl. Spesen
1 Thl.	—	24 gr.

Antw. 5 gr. circa kostet das Pf. in Berlin.

z. B. 100 Pfund Feigen gelten in Faro 1200 Rees nebst $13\frac{1}{2}$ pro Cent Spesen; der Cours von Faro auf Holland ist 46 pf. vls Banco, und der Cours von Berlin auf Amsterdam $152\frac{1}{2}$ Thl. Pr. Court. Berlin hat 16 pro Cent Unkosten; was kostet der Centner in Berlin, wenn 100 Faroer Pfund, 87 Pfund in Berlin betragen?

? Thl. Pr. Court.	—	110 Pf. Berliner
87 Pf.	—	100 Pf. Faroer
100 Pf.	—	1200 Rees
100 R.	—	$113\frac{1}{2}$ Rees Spesen.
400 R.	—	46 pf. vls Bco.
40 pf.	—	1 fl.
250 fl.	—	$152\frac{1}{2}$ Thl. Pr. C.
100 Thl.	—	116 Thl. Berl. Spes.

Antw. $3\frac{1}{2}$ Thl. Pr. C. circa kostet der Ctr. in Berlin.

z. B. 100 Pfund Krapp gelten in Rotterdam 40 fl. Court. nebst 5 pr. Cent Unkosten. Der Cours von Rotterdam auf Amsterdam 5 pr. C. in Bco, und von Amsterdam auf Berlin 152 Thl. Pr. C. Hamburg rechnet 5 pr. C. Spesen, und Berlin 10 pro Cent; was gilt der Centner in Berlin, wenn 100 Pf. Rotterdamer 105 Pf. in Berlin sind?

? Thl. Pr. Court.	—	110 Pf. Berl.
105 Pf.	—	100 Pf. Rott.
100 Pf.	—	40 fl. C.
105 fl.	—	100 fl. Bco.
100 fl.	—	105 fl. Rott. Spes.
250 fl.	—	152 Thl. Pr. C.
100 Thl.	—	105 Thl. Hamb. Spes.
100 Thl.	—	110 Thl. Berl. Spes.

Antw. $29\frac{5}{12}$ Thl. Pr. C. circa kostet der Ctr. in Berlin.

z. B. In Triest gelten 100 Pfund Corinthen $12\frac{1}{2}$ fl. mit 10 pro Cent Spesen. Der Cours von Triest auf Venedig ist 5 Lire Correnti Piccoli. Der Cours von Venedig auf Hamburg 90 pf. vls. Hamburg rechnet 5 pr. Cent Spesen; der Cours von Berlin auf Hamburg 150 Thl. C. Berlin hat 14 pr. C. Spesen; was gilt der Centner in Berlin, wenn 100 Pfund Triester 114 Pf. Berliner sind?

? Thl. Pr. Court.	—	110 Pf. Berl.
114 Pf.	—	100 Pf. Triester
100 Pf.	—	$12\frac{1}{2}$ fl.
100 fl.	—	110 fl. Spesen
1 fl.	—	5 Lire Picc.
48 Lire	—	5 Duc. di Cambio.
1 Duc.	—	90 pf. vls
32 pf.	—	1 Mk.
100 Mk.	—	105 Mk. Spes.
300 Mk.	—	150 Thl. Pr. C.
100 Thl.	—	114 Thl. Berl. Spes.

Antw. 11 Thl. 15 gr. circa kostet der Ctr. in Berlin.

z. B. Das Pfund Pfeffer gilt in London 15 pf. Sterl. mit $6\frac{1}{2}$ pr. Cent Disconto und 4 pr. Cent Spesen. Der Cours von London auf Hamburg ist 36 ßl. vls. Hamburg hat 5 pr. Cent Spesen; der Cours von Berlin auf Hamburg $152\frac{1}{2}$ Thl. Pr. C. Berlin rechnet 5 pr. Cent Spesen; was gilt 1 Pfund in Berlin, wenn Londner Gewicht 1 pr. Cent leichter, als Berliner Gewicht ist?

? gr. Pr. Court.	—	1 Pfund Berl.
100 Pf.	—	101 Pf. Londn.
1 Pf.	—	15 pf. Sterl.
100 pf.	—	$93\frac{1}{2}$ pf. Disc.
100 pf.	—	104 pf. Spesen
240 pf.	—	1 L. Sterl.
1 L.	—	36 ßl. vls Bco.
$2\frac{2}{3}$ ßl.	—	1 Mk.
100 Mk.	—	105 Mk. Spes.
300 Mk.	—	$152\frac{1}{2}$ Thl. Pr. C.
100 Thl.	—	105 Thl. Berl. Spes.
1 Thl.	—	24 gr.

Antw. 11 gr. 1 pf. kostet 1 Pfund in Berlin.

z. B. Wenn die Salme Gallipoli Oel in Neapolis 25 Ducaten nebst 4 pro Cent Spesen gilt. Der Cours aber von Neapel auf Amsterdam 75 pf. vls Bo. stehet, von Amsterdam auf Hamburg aber 35 stbr. Bco. ist. Hamburg hat 5 pro Cent Spesen. Der Cours von Hamburg auf Berlin 153 Thl. Pr. C. Berlin hat 10 pro Cent Unkosten; was gilt 1 Centner in Berlin, wenn die Salme 315 Pfund Berliner enthält?

? Thl. Pr. Court.	—	110 Pfund Berliner
315 Pf.	—	1 Salme
1 Salme	—	25 Duc.
100	—	104 Duc. Neap. Spesen
1 Duc.	—	75 pf. vls Bco.
2 pf.	—	1 stbr.
35 stbr.	—	2 Mk. Hamb.
100	—	105 Hamb. Spesen
300 Mk.	—	153 Thl. Pr. C.
100	—	110 Thl. Berl. Spesen

Antw. 11 Thl. 11 gr. circa kostet der Ctr. in Berlin.

z. B. In Rotterdam gelten 100 Pfund Feigen 8 fl. Courant mit 1 pro Cent Rabatt und 5 pro Cent Spesen. Der Cours von Rotterdam auf Amsterdam 5 pro Cent, und von Amsterdam auf Berlin 150 Thl. Pr. C. Wenn nun Hamburg 5 pro C. und Berlin 8 pro Cent Spesen rechnet, Berliner Gewicht aber 5 pro Cent leichter ist; was gilt 1 Pfund in Berlin?

? gr. Pr. Court.	—	1 Pf. Berliner
105 Pf.	—	100 Pf. Rotterd.
100 Pf.	—	8 fl. Holl. C.
100 fl.	—	99 fl. Rabatt
100 fl.	—	105 fl. Rotterd. Spesen
105 fl. C.	—	100 fl. Banco
250 fl.	—	150 Thl. Pr. C.
100	—	105 Thl. Hamb. Spesen
100	—	108 Thl. Berl. Spesen
1 Thl.	—	24 gr.

Antw. 1 gr. 3 pf. circa kostet das Pf. in Berlin.

z. B. In Venedig gelten 1000 Pfund Anies 55 Ducati Piccioli, welches 29 pro Cent schlechter als Courant, und Courant 20 pro Cent schlechter als Banco ist, nebst 5 pro Cent Spesen. Der Cours von Venedig auf Hamburg ist 87 pf. vls Bco. Hamburg rechnet 5 pro Cent Unkosten. Der Cours von Berlin auf Hamburg ist 153 Thl. Pr. C. Berlin hat 10 pro Cent Spesen; was gilt der Centner in Berlin; wenn Berliner Gewicht 55 pro Cent schwerer, denn Venediger ist?

? Thl. Pr. Court.	—	110 Pf. Berliner
100 Pf.	—	155 Pf. Venediger
1000 Pf.	—	55 Ducat. Picoli
129 Ducat.	—	100 Ducat. Court.
120 Duc. C.	—	100 Duc. Bco.
100 Duc.	—	105 Duc. Vened. Spesen
1 Duc.	—	87 pf. vls Bco.
32 pf.	—	1 Mk.
100	—	105 Mk. Hamb. Spes.
300 Mk.	—	153 Thl. Pr. C.
100 Thl.	—	110 Thl. Berl. Spesen

Antw. 10 Thl. 4 gr. circa kostet der Ctr. in Berlin.

z. B. In Danzig gilt die Last von 60 Scheffel Roggen 250 fl. Danziger, nebst 10 pro Cent Spesen. Der Cours von Danzig auf Holland ist 395 gr. von Berlin auf Holland aber 150 Thl. Pr. Court. Berlin und Stettin rechnet 15 pro Cent Spesen; was gilt der Winspel von 24 Scheffel in Berlin, wenn 61 Scheffel Berliner, 65 Scheffel in Danzig betragen?

? Thl. Pr. Court.	—	24 Scheffel Berl.
61 Scheffel	—	65 Scheffel Danzig.
60 Scheffel	—	250 fl.
100 fl.	—	110 fl. Danz. Spes.
1 fl.	—	30 gr.
395 gr.	—	6 fl. C.
250 fl.	—	150 Thl. Pr. C.
100 Thl.	—	115 Thlr. Berliner und Stettin. Spesen.

Antw. $61\frac{1}{2}$ Thl. circa kostet der Winspel in Berlin.

z. B. In Gothenburg gilt das Pfund Thee Boe 32 Oer Silber Münze mit $3\frac{1}{2}$ pr. Cent Rabatt und 4 pro Cent Unkosten; der Cours von Gothenburg auf Hamburg ist 44 Mk. Kupfer Münze. Hamburg rechnet 5 pro Cent Spesen; der Cours von Hamburg auf Berlin ist 152½ Thl. Pr. C. Berlin rechnet 5 pro Cent Unkosten. Was gilt das Pfund in Berlin, wenn Gothenburger 4 pro Cent leichter als Berliner ist?

? gr. Pr. Court.	—	1 Pf. Berlin.
100 Pf.	—	104 Pf. Gothenb.
1 Pf.	—	32 Der Silb. M.
100	—	96⅛ Der Rab.
100	—	104 Der Unkost.
8 Der	—	3 Mk. Kupf. M.
44 Mk.	—	3 Mk. Hamb. Bco.
100 Mk.	—	105 Mk. Spes.
300 Mk.	—	152½ Thl. Pr. C.
100 Thl.	—	105 Thl. Berl. Unkost.
1 Thl.	—	24 gr.

Antw. 11 gr. 8 pf. circa kostet das Pfund in Berlin.

3. B. In Cork gilt der Centner von 112 Pfund Butter 36 ßl. nebst 6 pro Cent Spesen. Der Cours von Cork auf London 6 pro Cent d'amno, von London auf Hamburg 36 ßl. vls, Hamburg hat 5 pro Cent Spesen; der Cours von Berlin auf Hamburg ist 150 Thl. Pr. C. Berlin rechnet 10 pr. Cent Spesen, was gilt der Centner in Berlin, wenn 112 Pf. Corker, 110 Pf. in Berlin sind.

? Thl. Pr. Court.	—	110 Pf. Berlin.
110 Pf.	—	112 Pf. Corker
112 Pf.	—	36 ßl.
100 ßl.	—	106 ßl. Spesen
20 ßl.	—	1 L. Sterl. Corker
106 L.	—	100 L. Sterl. Londner
1 L.	—	36 ßl. vls
100 ßl.	—	105 ßl. Spesen
2⅔ ßl.	—	1 Mk.
300 Mk.	—	150 Thl. Pr. C.
100 Thl.	—	110 Thl. Berl. Spesen

Antw. 14 Thl. circa kostet der Centner in Berlin.

z. B. In Mallaga gilt die Pipe Oel 80 Pesos de plata, nebst 4 pro Cent Unkosten. Der Cours von Mallaga auf Amsterdam ist 99 pf. vls Bco, von Amsterdam auf Hamburg 33 stbr. Bco, Hamburg hat 10 pro Cent Unkosten; der Cours von Berlin auf Hamburg ist 150 pro Cent, wenn nun Berlin 10 pro Cent Spesen hat, was gilt eine Pipe in Berlin?

Thl. Pr. Court.	—	1 Pipe
1	—	20 Pesos de plata
100	—	105 P. Spesen
375 Pesos	—	272 Duc. di Cambio
1 Duc.	—	99 pf. vls
2 pf.	—	1 stbr.
33 stbr.	—	2 Mk. Bco.
100 Mk.	—	110 Mk. Spes.
300 Mk.	—	150 Thl. Pr. C.
100 Thl	—	110 Thl. Spesen in Berl.

Antw. 110 Thl. 14 gr. kostet 1 Pipe in Berlin.

z. B. Die Pude gelb Wachs gilt in Petersburg 10 Rubel, nebst 10 pro Cent Spesen. Der Cours von Petersburg auf Holland ist 28 stbr. Courant, Banco-Agio 1 pro Cent. Amsterdam rechnet 5 pr. Cent Assecuranz. Der Cours von Berlin auf Holland ist 150 Thl. Pr. C. Berlin und Stettin haben 10 pr. Cent Unkosten; was gilt das Pfund in Berlin, wenn die Pude in Berlin 34 Pfd. enthält??

? gr. Pr. Court.	—	1 Pfund Berlin.
34 Pfd.	—	1 Pude
1 Pude	—	10 Rubel
100	—	110 Rubel Spesen
1 Rubel	—	28 stbr. C.
100 stbr.	—	105 stbr. Spes.
101 stbr. C.	—	100 stbr. Bco.
20 stbr.	—	1 fl.
250	—	150 Thl. Pr. C.
100 Thl.	—	110 Thl. Spesen
1 Thl.	—	24 gr.

Antw. 7 gr. 6 pf. circa kostet das Pfund in Berlin.

z. B. Die Kiste Citronen gilt in Porto 2400 Rees nebst 5 pro Cent Spesen. Der Cours von Porto auf Amsterdam ist 50 pf. vls Bco, von Amsterdam auf Hamburg aber 35 stbr. Hamburg hat 5 pro Cent Spesen. Der Cours von Berlin auf Hamburg 153 Thl. Pr. C. Berlin rechnet 10 pr. Cent Unkosten; was gilt die Kiste in Berlin?

? Thl. Pr. Court.	—	1 Kiste
1 Kiste	—	2400 Rees
100	—	105 R. Port. Spes.
400 Rees	—	50 pf. vls Bco.
2 pf.	—	1 stbr.
35 stbr.	—	2 Mk. Bco.
100 Mk.	—	105 Mk. Hamb. Spes.
300 Mk.	—	153 Thl. Pr. C.
100 Thl.	—	110 Thl. Berl. Spesen

Antw. 5 Thl. 7 gr. circa kostet die Kiste in Berlin.

z. B. Die Pude Hanf-Oel gilt in Petersburg 175 Copeken, nebst 5 pro Cent Spesen. Der Cours von Petersburg auf Amsterdam ist 32 stbr. C. Amsterdam hat 5 pro Cent Spesen; der Cours von

Amsterdam auf Berlin ist 150 Thl. Pr. C. Berlin rechnet 10 pro Cent Spesen, was gilt der Centner in Berlin, wenn die Pude 34 Berliner Pfund enthält?

? Thl. Pr. Court.	—	110 Pfund Berl.
34 Pfd	—	1 Pude
1 Pude	—	175 Copek.
100 Cop.	—	1 Rubel
100	—	105 Rub. Peterb. Spes.
1 Rub.	—	32 stbr. C.
20 stbr.	—	1 fl.
100 fl.	—	105 fl. Amst. Spes.
250 fl.	—	150 Thl. Pr. C.
100 Thl.	—	110 Thl. Berl. Spesen

Antw. 6 Thl. 14 gr. circa kostet der Centner in Berlin.

z. B. 100 Pfund Baumwolle gelten in Nantes 130 Livres mit 5 pro Cent Spesen. Der Cours von Nantes auf Amsterdam 27 pf. vls Bco, von Amsterdam auf Hamburg 35 stbr. Bco. Hamburg rechnet 5 pro Cent Unkosten. Der Cours von Hamburg auf Berlin ist 153 Thl. Pr. C. Berlin rechnet 10 pr. Cent Spesen; was gilt 1 Pfund in Berlin, wenn Berliner Gewicht 5 pro Cent leichter, denn Nanteser ist?

? gr. Pr. Court.	—	1 Pfund Berl.
105 Pfd	—	100 Pfd Nant.
100 Pfd	—	130 Livres
100 L.	—	105 L. Nant. Spes.
3 Liv.	—	27 pf. vls Bco.
2 pf.	—	1 stbr.
35 stbr.	—	2 Mk.
100 Mk.	—	105 Mk. Hamb. Spes.
300 Mk.	—	153 Thl. Pr. C.
100 Thl.	—	110 Thl. Berl. Spes.
1 Thl.	—	24 gr.

Antw. 4 gr. 9 pf. circa kostet das Pfund in Berlin.

z. B. In Mallaga gilt der Quintal Citronenschalen 30 Reales de platta mit 5 pro Cent Unkosten. Der Cours von Mallaga auf Amsterdam ist 95 pf. vls Bco, von Amsterdam auf Hamburg 35 stbr. Hamburg hat 10 pro Cent Spesen. Der Cours von Berlin auf Hamburg ist 153 Thl. Pr. C. Berlin hat 10 pro Cent Auslage; was gilt der Centner in Berlin, wenn 88 Pfund Berliner 1 Quintal ausmachen?

? Thl. Pr. Court.	—	110 Pfd Berlin.
88 Pfd	—	1 Quint.
1 Q.	—	30 Real. de platta
100 R.	—	105 R. Mall. Spesen
1 R.	—	34 Marav.
375 Mar.	—	1 Duc. di Camb.
1 Duc.	—	95 pf. vls
2 pf.	—	1 stbr.
35 stbr.	—	2 Mk.
100 Mk.	—	105 Mk. Hamb. Spes.
300 Mk.	—	153 Thl. Pr. C.
100 Thl.	—	110 Thl. Berl. Spes.

Antw. 5 Thl. 17 gr. kostet der Centner in Berlin.

z. B. In Venedig kosten 100 Pfund Baumwolle 15 Ducat. Picc. gegen 29 pro Cent in Courant und 20 pro Cent in Banco, nebst 5 pro Cent Disconto und 5 pro Cent Spesen. Der Cours von Venedig auf Nürnberg 180 fl., Nürnberg hat 5 pro Cent Spesen. Der Cours von Berlin auf Nürnberg ist $2\frac{1}{2}$ pro Cent, Berlin hat $7\frac{1}{2}$ pro Cent Spesen, was gilt 1 Pfund in Berlin, wenn Venediger Gewicht 55 pro Cent leichter als Berliner ist.

? gr. Pr. Court.	—	1 Pfund Berl.
100 Pfd	—	155 Pfd Vened.
100 Pfd	—	15 Duc. Picc.
105 Duc.	—	100 Duc. Disc.
129 Duc. D.	—	100 Duc. Court.
120 Duc. C.	—	100 Duc. Bco.
100 Duc.	—	105 Duc. Spesen
100 Duc. Bco	—	180 fl. Nürnb.
$1\frac{1}{2}$ fl.	—	1 Thl.
100 Thl.	—	$102\frac{1}{2}$ Thl. Pr. C.
100 Thl.	—	105 Thl. Nürnb. Spes.
100 Thl.	—	$107\frac{1}{2}$ Thl. Berl. Spes.
1 Thl.	—	24 gr.

Antw. 5 gr. circa kostet 1 Pfund in Berlin.

z. B. In Porto gilt die Arobe Lorbeerblätter 420 Rees mit 50 pr. Cent Spesen. Der Cours von Amsterdam auf Porto 48 pf. vls Banco, und der Cours von Amsterdam auf Hamburg 33 stbr. Bco. Hamburg hat 5 pro Cent Unkosten. Der Cours von Berlin auf Hamburg ist 150 Thl. Pr. C. Berlin rechnet 10 pro Cent Spesen; was gilt der Centner in Berlin, wenn die Arobe 32 Pfund Berliner enthält?

? Pr. Court.	—	110 Pfd Berl.
32 Pfd	—	1 Arobe
1 Arobe	—	420 Rees
100 Rees	—	150 Rees Spesen
400 R.	—	48 pf. vls Bco.
2 pf.	—	1 stbr.
33 stbr.	—	2 Mk.
100 Mk.	—	105 Mk. Hamb. Spes.
300 Mk.	—	150 Thl. Pr. C.
100 Thl.	—	110 Thl. Berl. Spes.

Antw. 4 Thl. 13 gr. circa der Centner in Berlin.

z. B.

z. B. In London gilt der Centner Blauholz $5\frac{1}{2}$ ßl Sterl. mit 2 pro Cent Provision. Der Cours von London auf Hamburg ist 35 ßl. vls. Hamburg hat 10 pro Cent Spesen, und der Cours von Berlin auf Hamburg ist $152\frac{1}{2}$ Thl. Pr. C. Berlin hat 10 pro Cent Spesen; wie viel würde der Centner in Berlin zu stehen kommen, wenn 100 Berliner Centner, 110 Centner in London sind.

? Thl. Pr. Court.	—	1 Centner Berlin.
100 Centr.	—	110 Centr London.
1 Centr	—	$5\frac{1}{2}$ ßl. Sterl.
20 ßl.	—	1 Lw.
100 L.	—	102 L. Provis.
1 L.	—	35 ßl. vls
$2\frac{2}{3}$ ßl.	—	1 Mk.
100 Mk.	—	110 Mk. Spesen
300 Mk.	—	$152\frac{1}{2}$ Thl. Pr. C.
100 Thl.	—	110 Thl. Berl. Spesen

Antw. $2\frac{1}{2}$ Thl. circa kostet der Centner in Berlin.

z. B. Der Centner Ingber gilt in London 40 ßl. Sterl. nebst 2 pro Cent Spesen. Der Cours von London auf Hamburg ist 36 ßl. vls. Hamburg hat 4 pro Cent Spesen. Der Cours von Berlin auf Hamburg 150 Thlr. Pr. C.; was kostet 1 Centner in Berlin, wenn Berlin selbst 5 pr. Cent Spesen hat?

? Thl. Pr. Court.	—	1 Centner Berl.
100 Centn.	—	110 Centn. London.
1 Centn.	—	40 ßl. Sterl.
100 ßl.	—	102 ßl. Spesen
20 ßl.	—	1 L.
1 L.	—	36 ßl.
$2\frac{2}{3}$ fl.	—	1 Mk.
100 Mk.	—	104 Mk. Spesen
300 Mk.	—	150 Thl. C.
100 Thl.	—	105 Thl. Spesen

Antw. $16\frac{1}{2}$ Thl. circa der Centner in Berlin.

z. B. In Bilbao gelten 200 Pfund Spanische Wolle 1575 Reales de Vellon, nebst 10 pro Cent Spesen. Der Cours von Cadix auf Holland ist 95 pf. vls Bco. Amsterdam rechnet 5 pr. Cent Spesen, der Cours von Amsterdam auf Berlin stehet 150 Thl. Pr. C. Berlin hat 15 pr. Cent Spesen, und Berliner Gewicht ist 5 pr. C. leichter, als das Spanische; was gilt der Centner in Berlin?

? Thl. Pr. C.	—	110 Pfund Berlin.
105 Pfd	—	100 Pfd Bilba.
200 Pfd	—	1575 Reales ♀
32 Real. ♀	—	17 Real. ☽
1 R.	—	34 Marav.
375 Mar.	—	1 Duc. Cambio
100 Duc.	—	110 Duc. Bilb. Spes.
1 Duc.	—	95 pf. vls Bco.
40 pf.	—	1 fl.
100 fl.	—	105 fl. Amst. Spes.
250 fl.	—	150 Thl. Pr. C.
100 Thl.	—	115 Thl. Berl. Spes.

Antw. 75 Thl. 2 gr. circa kostet der Centner in Berlin.

z. B. In Hamburg gilt das Pfund Seide aus Bergamo 50 ßl. vls Bco. mit $8\frac{2}{3}$ pr. Cent Rabatt nebst 5 pro Cent Spesen. Der Cous von Hamburg auf Berlin ist 153 Thl. Pr. C. Unkosten rechnet Berlin 5 pr. Cent, was gilt 1 Pfund in Berlin, wenn Berliner Gewicht 5 pro Cent leichter ist?

? Thl. Pr. Court.	—	1 Pfund Berl.
105 Pfd	—	100 Pfd Hamb.
1 Pfd	—	50 ßl. vls
$108\frac{2}{3}$ Rab.	—	100 ßl.
100	—	105 ßl. Hamb. Spes.
$2\frac{2}{3}$ ßl.	—	1 Mk.
300 Mk.	—	153 Thl. Pr. C.
100 Thl.	—	105 Thl. Berl. Spes.

Antw. 9 Thl. 5 gr. kostet das Pfund in Berlin.

z. B. In London gilt das Pfund Pfeffer 15 pf. Sterl. mit $6\frac{1}{2}$ pr. Cent Disc. nebst 4 pr. Cent Spesen. Der Cours von London auf Hamburg ist $33\frac{1}{3}$ ßl. vls Bco. Hamburg rechnet 6 pr. Cent Unkosten. Der Cours von Berlin auf Hamburg ist 153 Thl. Pr. C. Berlin rechnet 5 pro Cent Auslage; was gilt 1 Centner in Berlin, wenn Berliner Gewicht 1 pro Cent schwerer ist?

? Thl. Pr. Court.	—	110 Pfund Berliner
100 Pfd	—	101 Pfd Londner
1 Pfd	—	15 pf. Sterl.
100 pf.	—	$93\frac{1}{2}$ pf. Disc.
100 pf.	—	104 pf. Londn. Spes.
240 pf.	—	1 Liv. Sterl.
1 L.	—	$33\frac{1}{3}$ ßl. vls
8 ßl.	—	3 Mk.
100 Mk.	—	106 Mk. Hamb. Spes.
300 Mk.	—	153 Thl. Pr. C.
100 Thl.	—	105 Thl Berl. Spes.

Antw. 50 Thl. 21 gr. circa kostet 1 Centner in Berlin.

z. B. In Marseille gelten 100 Pfund Provence Mandeln 72 Livres, mit 5 pro Cent Spesen. Der Cours von Marseille auf Hamburg ist 360 Livres. Hamburg rechnet 5 pro Cent Unkosten. Der Cours von Hamburg auf Berlin ist 153 Thl. Pr. C. Berlin hat 10 pr. Cent Kosten; was gilt 1 Centner in Berlin, wenn Marseiller Gewicht 16 pro Cent leichter, als Berliner Gewicht ist?

? Thl. Pr. Court.	—	110 Pfund Berl.
100 Pfd	—	116 Pfd Marseiller
100 Pfd	—	72 Livres
100	—	105 L. Marf. Spesen
360 L.	—	100 Mk. Bco.
100 Mk.	—	105 Mk. Hamb Spes.
300 Mk.	—	153 Thl. Pr. Court.
100 Thl.	—	110 Thl. Berl. Spes.

Antw. 15 Thl. 19 gr. circa kostet der Centn. in Berlin.

Wenn man aber Waaren in Partheyen calculiren will, und die Spesen dazu nicht genau angeben kann, so müssen solche, wenn der Aufsatz nach der Kettenregel gemacht werden soll, ohngefähr auf hundert proportionirt werden. Jedoch zeiget die Antwort bloß was die ganze Parthey der Waare gekostet hat, und wenn man es auf 1 Pfund, 1 Centner rc wissen will, schlechterdings 2 Aufsätze gemacht werden müssen, wie folgende Aufgaben das Nähere zeigen werden.

z. B. Bourdeaux kauft für Berlin 2 Fässer Indigo ein, solche wiegen in Bourdeaux 2816 Pfd. Brutto, 316 Pfund Thara, und bezahlt für das Pfund Netto 15 Livres nebst 5 pCt. Spesen. Der Cours von Bourdeaux auf Amsterdam ist $27\frac{1}{2}$ pf. vls Bco., von Amsterdam auf Hamburg aber 35 stbr. Bco., Hamburg hat 5 pro Cent Unkosten; der Cours von Hamburg auf Berlin ist 153 Thlr. Pr. C. Berlin hat 5 pCt. Spesen; was gilt dieser Indigo in Berlin, wie auch das Pfund, wenn Berliner Gewicht 5 pro Cent leichter ist.

Bto 2816 Pfd
Thara 316 =

? Thlr. Pr. C.	—	2500 Pfd. Netto Bourd.
1 Pfd	—	15 Livres
100 L.	—	105 L. Bourd Spesen
3 L.	—	$27\frac{1}{2}$ pf. vls Bo.
2 pf.	—	1 stb. Bo.
35 stbr.	—	2 Mk.
100 Mk.	—	105 Mk. Hamb. Spesen
300 Mk.	—	153 Thlr. Pr. C.
100 Thlr.	—	105 Thlr. Berl. Spesen

Antw. 5798 Thlr. 11 gr. circa
kostet die ganze Parthey in Berlin.

? Thlr. Pr. C. — 1 Pfd. Berl.
105 Pfd — 100 Pfd. Bourd.
2500 Pfd. — 5798½ Thl. Pr. C.

Antw. 2 Thl. 5 gr. circa kostet das Pfd. in Berlin.

z. B. Danzig kauft für Berlin 60 Lasten Roggen ein zu 190 fl. Danziger pro 1 Last nebst 10 pro Cent Spesen. Der Cours von Danzig auf Amsterdam ist 395 gr. Danziger, und von Amsterdam auf Berlin 150 Thlr. Pr. C., Berlin und Stettin rechnen 18 pro Cent Spesen, was gilt dieser Roggen in Berlin, wie auch der Winspel von 24 Berl. Scheffel, wenn die Danziger Last 60 Scheffel hat, und 65 Scheffel Danziger 61 Scheffel Berliner sind.

? Thl. Pr. C. — 60 Danz. Lasten
1 Last — 190 fl.
100 fl. — 110 fl. Danz. Spesen
1 fl. — 30 gr.
395 gr. — 6 fl. Holl. C.
250 fl. — 150 Thl. Pr. C.
100 Thlr. — 118 Thlr. Berl. u. Stett. Sp.

Antw. 4033 Thl. 2 gr. circa kostet die ganze Parthey.

? Thl. Pr. Cour. — 24 Berl. Scheffel
61 Scheffel — 65 Danz. Scheffel
3600 Sch. — 4033 Thl. Pr. C.

Antw. 28 Thl. 15 gr. circa kostet der Winsp. in Berlin.

z. B. Cadix kauft für Berlin 20 Pipen Oehl ein, und bezahlt für die Pipe 65 Pesos mit 5 pro Cent Spesen. Der Cours von Cadix auf Amsterdam ist 95 pf. vls Bo. und von Amsterdam auf Hamburg 35 stbr. Bo. Hamburg rechnet 5 pro Cent Spesen. Der Cours von Berlin auf Hamburg ist 153 Thlr. Pr. C Berlin hat 10 pCt. Spesen. Was gilt dieser Oehl in Berlin, wie auch die Pipe?

? Thl. Pr. C.	—	20 Pipen
1 Pipe	—	65 Pesos
100	—	105 Pesos Cadix. Spes.
1 Pesos	—	272 Marav.
375 Marav.	—	1 Duc. Camb.
1 Duc.	—	95 pf vls Bo.
2 pf.	—	1 stbr.
35 stbr.	—	2 Mk. Bo.
100 Mk.	—	105 Mk. Hmbr. Spesen
300 Mk.	—	153 Thlr. Pr. C.
100 Thl.	—	110 Thlr. Berl. Spesen

Antw. 1583 Thl. Pr. Cour. circa kostet die ganze Parthey in Berlin.

20 Pipen kosten 1583 Thl. Pr. C. — ? 1 Pipe
Antw. $79\frac{1}{6}$ Thl. Pr. C. circa.

Wenn man aber wissen will, was der Centner kostet, so rechnet man Netto was eine Pipe wiegt, als circa $7\frac{1}{2}$ Ct. und sagt:

$7\frac{1}{2}$ Ct. — $79\frac{1}{6}$ Thl. Pr. C. — 1 Ct.
Antw. 10 Thl. 13 gr. circa der Centner.

z. B. Porto kauft für Berlin 40 Kisten Citronen, davon die Kiste 600 Stk. enthält, und zahlt für 1000 St. 3000 Rees nebst 5 pCt. Spesen. Der Cours von Porto auf Holland ist 46 pf. vls, und der Cours von Hamb. auf Holland 33 stbr. Bo., Hamburg hat 5 pCt. Spesen; der Cours von Berlin auf Hamburg ist $152\frac{1}{2}$ pCt., Berlin zahlt für die Kiste $2\frac{1}{2}$ Thl. Spesen, wie viel gelten die 40 Kisten in Berlin, wie auch eine Kiste derselben.

? Thl. Pr. C.	—	40 Kisten
1 Kiste	—	600 St.
1000 St.	—	3000 Rees
100 R.	—	105 R. Spesen
400 R.	—	46 pf. vls
2 pf.	—	1 stbr.
33 stb.	—	2 Mk.
100 Mk.	—	105 Mk. Spesen
300 Mk.	—	$152\frac{1}{2}$ Thl. Pr. C.

Antw. 140 Thl. 13 gr. circa kosten die 40 Kisten.

40 Kisten — 140 Thl. 13 gr. — 1 Kiste

3 Thl. 12 gr.
Unkosten 2 Thl. 12 gr.

Antw. 6 Thl. — die Kiste in Berlin.

3. B. London kauft für Berlin 1 Kiste Cardemom, solche wiegt Brutto 111 Pfd, Thara 11 Pfd, und zahlt für 1 Pfd. Netto $7\frac{1}{2}$ ßl. Strl mit $6\frac{1}{2}$ pCt. Disconto nebst 5 pCt. Spesen. Der Cours von London auf Hamburg ist 35 ßl vls und Hamburg rechnet $2\frac{1}{2}$ pCt. Spesen; der Cours von Berlin auf Hamburg ist 150 pCt. Berlin hat 5 pCt. Spesen. Was gilt dieser Cardemom in Berlin, wie auch das Pfund, wenn Londner Gewicht 1 pCt. leichter als Berliner ist.

Brutto 111 Pfd.
Thara 11 Pfd.

? Thl. Pr. C.	—	100 Pfd. Netto
1 Pfd.	—	$7\frac{1}{2}$ ßl. Sterl.
100 ßl.	—	$93\frac{1}{2}$ ßl. Disc.
20 ßl.	—	1 Liv.
100 L.	—	105 L. Spesen
1 L.	—	35 ßl. vls
$2\frac{2}{3}$ ßl.	—	1 Mk.
100 Mk.	—	$102\frac{1}{2}$ Mk. Spes.
300 Mk.	—	150 Thl. Pr. C.
100 Thl.	—	105 Thl. Spesen

Antw. 260 Thl. circa kostet die ganze Parthey.

? Thl. Pr. C. — 1 Pfd. Berl.
100 Pfd. — 101 Pfd. Londner
100 Pfd. — 260 Thl. Pr. C.

Antw. 2 Thl. 15 gr. das Pfd. in Berlin.

z. B. Hamburg kauft für Berlin 12 Tonnen Caroliner Reis, welche 6400 Pfd. Netto wiegen, und bezahlt für 100 Pfd. Netto 12½ Mk. C., mit 13 Mt. Rabatt à 8 pCt. und 10 pCt. Spesen, Hamburger Banco gegen Courant gewinnt 20 pCt. Der Cours von Berlin auf Hamburg ist 150 pCt. Berlin hat 10 pCt. Spesen; was gilt dieser Reis in Berlin, wie auch der Centr., wenn 100 Pfd Hamb. 105 Pfd. Berliner sind.

? Thl. Pr. C. — 6400 Pfd. Netto
100 Pfd. — 12½ Mk. C.
120 Mk. — 100 Mk. Bo.
108⅔ Mk. — 100 Mk. Rab.
100 Mk. — 110 Mk. Spes.
300 Mk. — 150 Thl. Pr. C.
100 Thl. — 110 Thl. Spes.

Antw. 371 Thl. 2 gr. kostet die ganze Partey in Berlin.

? Thl. Pr. C. — 110 Pfd. Berl.
105 Pfd. — 100 Pfd. Hamb.
6400 Pfd. — 371 1/12 Thl. Pr. C.

Antw. 6 Thl. 2 gr. kostet der Ctr in Berlin.

z. B. Venedig kauft für Berlin 10 Fässer Annies ein, solche wiegen Brutto 11531 Pfd, Thara 1531 Pfd, und bezahlt für 1000 Pfd. Netto 55 Duc. Piccoli mit 10 pCt. Spesen, Piccoli ist 29 pCt. schlechter als Courant und Courant 20 pCt. schlechter als Banco. Der Cours von Venedig auf Hamburg ist 87 pf. vls Bo., Hamburg hat 10 pCt. Spesen.

Der Cours von Hamburg auf Berlin ist 153 Thl. Pr. C. und hat 15 pCt. Spesen; was gilt dieser Annies in Berlin, wie auch der Centner, wenn Berliner Gewicht 55 pCt. schwerer denn Venediger ist?

Brutto 11531 Pfd.
Thara 1531 Pfd.

? Thl. Pr. C.	—	10000 Pfd. Netto Vened.
1000 Pfd.	—	55 Duc. Piccoli
129 Duc.	—	100 Duc. Cour.
120 Duc.	—	100 Duc. Bo.
100 Duc.	—	110 Duc. Ven. Spes.
1 Duc.	—	87 pf. vls Bo.
32 pf.	—	1 Mk.
100 Mk.	—	110 Mk. Spesen
300 Mk.	—	153 Thl. Pr. C.
100 Thl.	—	115 Thl. Pr. C. Berl. Sp

Antw. 630 Thl. 12 gr. circa kostet die ganze Parthey in Berlin.

? Thl Pr. C.	—	110 Pfd. Berl.
100 Pfd.	—	155 Pfd. Vened.
10000 Pfd.	—	630½ Thl. Pr. C.

Antw. 10 Thl. 18 gr. circa kostet der Ct. in Berlin.

J. B. London kauft für Berlin 20 Bloken Zinn, solche wiegen Netto 50 Centner, und bezahlt für den Centn. 70 ßl. sterl. mit 2½ pCt. Spesen. Der Cours von London auf Hamburg ist 33⅓ ßl. vls. Hamburg rechnet 5 pCt. Spesen. Der Cours von Berlin auf Hamburg ist 153 Thl. Pr. Courant; Berlin hat 5 pCt. Spesen Was gilt dieses Zinn in Berlin, wie auch der Centner, wenn Londner Gewicht 10 pCt. leichter ist.

? Thl. Pr. C.	—	50 Ctr.
1 Ct.	—	70 ßl. Sterl.
100 ßl.	—	$102\frac{1}{2}$ ßl. Lond. Spes.
20 ßl.	—	1 Liv.
1 Liv.	—	$33\frac{1}{3}$ ßl. vls
$2\frac{2}{3}$ ßl.	—	1 Mk.
100 Mk.	—	105 Mk. Hamb. Spes.
300 Mk.	—	153 Thl. Pr. C.
100 Thl	—	105 Thl. Pr. C. Berl. Spes.

Antw. 1260 Thl. 18 gr. circa kostet die ganze Parthey.

? Thl Pr. C.	—	1 Ctr. Berl
100 Ctr.	—	110 Ct. Londner
50 Ctr.	—	$1260\frac{3}{4}$ Thl Pr. C.

Antw. 23 Thl. 17 gr. Pr. C. circa kostet 1 Ct. in Berlin.

z. B. Lissabon kauft für Berlin 10 Säcke Cacao, solche wiegen Netto 40 Aroben, und bezahlt für die Arobe 3600 Rees nebst 5 pCt. Unkosten. Der Cours von Lissabon auf Holland ist 46 pf. vls, und von Amsterdam auf Hamburg 33 stbr, Hamburg rechnet 5 pCt. Spesen; der Cours von Hamburg auf Berlin ist 153 pCt. Berlin hat 10 pCt. Spesen; was gilt dieser Cacao in Berlin, wie auch das Pfd. in Berlin, wenn Lissabonner Gewicht 2 pCt leichter als Berliner ist.

? Thl. Pr. C.	—	40 Aroben Netto
1 Arobe	—	3600 Rees
100 R.	—	105 Rees Spes.
400 R.	—	46 pf. vls
2 pf.	—	1 stbr.
33 stb.	—	2 Mk.
100 Mk.	—	105 Mk. Spesen
300 Mk.	—	153 Thl. Pr. C.
100 Thlr.	—	110 Thl. Spesen

Antw. 310 Thl. 8 gr. circa kostet die ganze Parthey.

und 1 Arobe enthält 32 Lissab. Pfd.

? gr. Pr. C.	—	1 Pfd. Berl.
100 Pfd.	—	102 Pfd. Lissab.
32 Pfd.	—	1 Arobe
40 Arob.	—	310$\frac{1}{3}$ Thl. Pr. C.
1 Thl	—	24 gr.

Antw. 6 gr. circa kostet 1 Pfd. in Berlin.

z. B. Livorno kauft für Berlin 1 Ballen Zittwer, solcher wiegt Brutto 1500 Pfd., Thara 5 pCt., und bezahlt für 100 Pfd. Netto 15 Pezzi mit 2 pCt. Disconto und 5 pCt. Spesen. Der Cours von Livorno auf Holland ist 88 pf. vls Bo., von Amsterdam auf Hamburg 33 stbr. Bo., Hamburg rechnet 5 pCt. Spesen; der Cours von Hamburg auf Berlin ist 150 pCt., Berlin hat 10 pCt. Spesen; was gilt dieser Zittwer in Berlin, wie auch das Pfd, wenn Livorner Gewicht 36 Pfd. leichter als Berliner ist.

Brutto 1500 Pfd.
Thara 75 Pfd.

? Thl. Pr. C.	—	1425 Pfd. Netto
100 Pfd.	—	15 Pezzi
100 P.	—	98 Pez. Disc.
100 P.	—	105 Pez. Spes.
1 P.	—	88 pf. vls
2 pf.	—	1 stbr.
33 stb.	—	2 Mk.
100 Mk.	—	105 Mk. Spesen
300 Mk.	—	150 Thl. Pr. C.
100 Thl.	—	110 Thl. Spesen

Antw. 326$\frac{7}{12}$ Thl. circa kostet die ganze Parthey in Berlin.

? gr. Pr. C. — 1 Pfd. Berl.
100 Pfd. — 136 Pfd Liv.
1425 Pfd. — $326\frac{7}{12}$ Thl. Pr. C.
1 Thl. — 24 gr.

Antw. $7\frac{1}{2}$ gr. circa kostet 1 Pfd. in Berlin.

z. B. Porto kauft für 9 Bothen Oehl, solche wiegen Netto 50 Barill, und zahlt für das Barill 50 Lire mit 5 pCt. Spesen. Der Cours von Porto auf Livorno ist $5\frac{3}{4}$ Lire, von Livorno auf Amsterdam $93\frac{1}{2}$ pf. vls Bo., von Amsterdam auf Hamburg 35 stb. Banco, Hamburg rechnet 5 pro Cent Spesen. Der Cours von Berlin auf Hamburg ist 153 Thl. Pr C. Berlin rechnet 15 pro Cent Spesen; was gilt dieser Oehl in Berlin, wie auch der Centner, wenn 63 Berl. Pfd. ein Barill ausmachen.

? Thl. Pr. C. — 50 Barill
1 Bar. — 50 Lire
100 L. — 105 L. Port. Spes.
$5\frac{3}{4}$ L. — 1 Petze
1 P. — $93\frac{1}{2}$ pf. vls
2 pf. — 1 stb.
35 stb. — 2 Mk.
100 Mk. — 105 Mk. Hamb. Spes.
300 Mk. — 153 Thl. Pr. C.
100 Thl. — 115 Thl. Berl. Spes.

Antw. 751 Thl. Pr. C. circa kostet die ganze Parthey.

? Thl. Pr. C. — 110 Pfd. Berl.
63 Pfd. — 1 Barill
50 Barill — 751 Thl. Pr. C.

Antw. 26 Thl. 6 gr. circa kostet 1 Ct. in Berlin.

z. B. Genua kauft für Berlin 4 Stk. Sammet, welche 920 Palmi halten, und zahlt für die Palme 5

Lire mit 5 pCt. Unkosten. Der Cours von Genua auf Livorno ist $5\frac{1}{4}$ Lire, von Livorno auf Amsterdam $93\frac{1}{2}$ pf. vls Bo., von Amsterdam auf Hamburg 34 stbr. Bo. Hamburg hat 5 pCt. Spesen. Der Cours von Berlin auf Hamburg ist 153 Thl. Pr. C. und Berlin rechnet 15 pCt. Spesen, was gilt dieser Sammet in Berlin, wie auch die Elle, wenn 100 Berliner Ellen 265 Palmi in Genua sind.

? Thl. Pr. C.	—	920 Palmi
1 P.	—	5 Lire
100 L.	—	105 Lire Gen. Spes.
$5\frac{1}{4}$ Lire	—	1 Pezze
1 Pezze	—	$93\frac{1}{2}$ pf. vls Bo.
2 pf.	—	1 stbr.
34 stb.	—	2 Mk.
100 Mk.	—	105 Mk. Hamb. Spes.
300 Mk.	—	153 Thl. Pr. C.
100 Thl.	—	115 Thl. Berl. Spes.

Antw. 1422 Thl. 13 gr. circa kostet die ganze Parthey.

? Thl. Pr. C.	—	1 Elle Berl.
100 Ellen	—	265 Palmi
920 Palmi	—	$1422\frac{1}{2}\frac{1}{4}$ Thl. Pr. C.

Antw. 4 Thl. 2 gr. circa kostet eine Elle in Berlin.

3. B. Liverpool kauft für Berlin 10 Fässer Glätte, solche wiegen Netto 70 Ctr., und zahlt für 20 Ct. Netto 20 Liv. Sterl. nebst 5 pCt. Spesen. Der Cours von Liverpool auf Hamburg ist $33\frac{1}{3}$ ßl. vls, Hamburg rechnet 5 pCt. Spesen; der Cours von Hamburg auf Berlin ist 153 Thl. Pr. C., Berlin hat 10 pCt. Unkosten; was gilt diese Glätte in Berlin, wie auch der Ct., wenn Liverpool Gewicht 10 pCt. leichter als Berliner ist.

? Thl. Pr. C.	—	70 Ct. Netto
20 Ct.	—	20 L. strl.
100 L.	—	105 L. Liverp. Spesen
1 L.	—	$33\frac{1}{3}$ ßl. vls
$2\frac{2}{3}$ ßl.	—	1 Mk.
100 Mk.	—	105 Mk. Hamb. Spesen
300 Mk.	—	153 Thl. Pr. C.
100 Thl.	—	110 Thl. Berl. Spesen

Antw. 541 Thl. 4 gr. circa kostet die ganze Parthey.

? Thl. Pr. C.	—	1 Ct. Berl.
100 Ct.	—	110 Ct. Liverp.
70 Ct.	—	$541\frac{1}{6}$ Pr. C.

Antw. 8 Thl. 12 gr. circa kostet der Ct. in Berlin.

z. B. Venedig kauft für Berlin 4 Füsser Aurum pigmentum, solche wiegen Brutto 4357 Pfd., Thara 357 Pfd., und bezahlt für 100 Pfd. Netto 100 Ducati Piccoli, welches 29 pCt. schlechter als Courant, und Courant 20 pCt. schlechter als Bco. ist, nebst 5 pCt. Spesen. Der Cours von Venedig auf Hamb. ist 88 pf. vls Bco, Hamburg rechnet 5 pCt. Spesen. Der Cours von Berlin auf Hamburg ist 150 pCt., Berlin hat 10 pCt. Spesen; was gilt dieser Aurum pigmentum in Berlin, wie auch der Ct., wenn Venediger Gewicht 55 pCt. leichter als Berliner ist.

	Brutto	4357 Pfd.
	Thara	357 =
? Thl. Pr. C.	—	4000 Pfd. Netto
100 Pfd.	—	100 Duc. Picc.
129 Duc.	—	100 Duc. C.
120 D.	—	100 Duc. Bo.
100 D.	—	105 D. Spesen
1 D.	—	88 pf. vls
32 pf.	—	1 Mk.
100 Mk.	—	105 Mk. Spes.
300 Mk.	—	150 Thl. Pr. C.
100 Thl.	—	110 Thl. Spesen

Antw. 431 Thl. circa kostet die ganze Parthey in Berlin.

? Thl. Pr. C.	—	110 Pfd. Berl.
100 Pfd.	—	155 Pfd. Ven.
4000 Pfd.	—	431 Thl. Pr. C.

Antw. 18 Thl. 9 gr. circa kostet der Ctr. in Berlin.

3. B. Mallaga kauft für Berlin 10 Ballen Pomeranzen-Schalen, solche wiegen Netto 400 Aroben, und bezahlt für das Quintal von 4 Aroben 80 Real de Plata nebst 5 pCt. Spesen. Der Cours von Mallaga auf Amsterdam ist 100 pf. vls, von Amsterdam auf Hamburg 33 stb. Bo., Hamburg hat 5 pCt. Spesen. Der Cours von Berlin auf Hamburg ist 150 pCt., Berlin rechnet 10 pCt. Spesen. Was gelten diese Pommeranzen-Schalen in Berlin, wie auch der Ctr., wenn Mallagaer Gewicht 2 pCt. leichter als Berliner ist.

? Thl. Pr. C.	—	400 Aroben
4 Arob.	—	80 Real de pl.
1 Real	—	34 Marav.
375 Mar.	—	1 Duc. di Camb.
100 Duc.	—	105 Duc. Spesen
1 Duc.	—	100 pf. vls Bo.
2 pf.	—	1 stb.
33 stb.	—	2 Mk.
100 Mk.	—	105 Mk. Spesen
300 Mk.	—	150 Thl. Pr. C.
100 Thl.	—	110 Thl. Spes.

Antw. 1333 Thl. circa kostet die ganze Parthey in Berl.

Die Arobe wird allhier zu 25 Pfd. gerechnet.

? Thl. Pr. C.	—	110 Pfd. Berl.
100 Pfd.	—	102 Pfd. Mall.
10000 Pfd.	—	1333 Thl. Pr. C.

Antw. 14 Thl. 23 gr. circa kostet der Ct. in Berlin.

3. B. Rotterdam kauft für Berlin 3 Fässer Crapp ein, solche wiegen 3360 Pfd Brutto, Thara 360 Pfund, und bezahlt für 100 Pfund Netto 50 fl. Courant, nebst 5 pro Cent Spesen. Der Cours von Rotterdam auf Amsterdam 2 pro Cent in Banco, von Amsterdam auf Berlin aber 150 Thl. Pr. C. Hamburg rechnet 5 pro Cent Spesen. Berlin hat 10 pro Cent Spesen; was gilt diese Crapp in Berlin, wie auch der Centner in Berlin, wenn Berliner Gewicht 5 pro Cent leichter ist?

Brutto 3360 Pfund
Thara 360 Pfund

? Thl. Pr. Court.	—	3000 Pfund Netto
100 Pfund	—	50 fl. C.
100 fl.	—	105 fl. Rotterd. Spes.
102 fl. C.	—	100 fl. Bco.
250 fl.	—	150 Thl. Pr. C.
100 Thl.	—	105 Thl. Hamb. Spes.
100 Thl.	—	110 Thl. Berl. Spes.

Antw. 1070 Thl. Pr. C. circa kostet die ganze Parthey.

? Thl. Pr. Court.	—	110 Pfd Berl.
105 Pfund	—	100 Pfd Rotterd.
3000 Pfd	—	1070 Thl. Pr. C.

Antw. 37 Thl. 16 gr. circa kostet ein Centner in Berlin.

z. B. Nantes kauft für Berlin 50 Tonnen Caroliner Reiß, solche wiegen 24246 Pfund Brutto, Thara 4246 Pfund, und bezahlt für 100 Pfund Netto 20 Livres, nebst 5 pro Cent Spesen. Der Cours von Nantes auf Hamburg ist 357 Livres. Hamburg rechnet 10 pro Cent Spesen. Der Cours von Hamburg auf Berlin ist 153 Thl. Pr. C., Berlin rechnet 10 pro Cent Spesen, was gilt dieser Reiß in Berlin, wie auch der Centner, wenn Berliner Gewicht 5 pro Cent leichter ist?

Brutto 24246 Pfund
Thara 4246 Pfund

? Thl. Pr. Court.	—	20000 Pfund Netto
100 Pfd	—	20 Livres
100 L.	—	105 Liv. Nant. Spesen
357 L.	—	100 Mk.
100 Mk.	—	110 Mk Hamb. Spes.
300 Mk.	—	153 Thl. Pr C.
100 Thl.	—	110 Thl. Berl. Spes.

Antw. 726 Thl. Pr. C. circa kostet die ganze Parthey.

? Thl. Pr. Court.	—	110 Pfund Berl.
105 Pfd	—	100 Pfd Nant.
20000 Pfd	—	726 Thl. Pr. C.

Antw. 3 Thl. 19 gr. circa kostet der Centner in Berlin.

3. S. Zanten kauft für Berlin 6 Fässer Corinthen, solche wiegen Brutto 7840 Pfund, Thara 840 Pfd, und zahlt für 1000 Pfund Netto 15 Zecchini mit 20 pro Cent Spesen. Der Cours von Zanten auf Venedig ist 22 Lire Corr. Picc. nebst 2 pro Cent Agio; der Cours von Venedig auf Hamburg ist 88 pf. vls. Hamburg rechnet 10 pro Cent Unkosten; von Hamburg auf Berlin 150 pro Cent; Berlin hat 10 pro Cent Spesen; was gelten diese Corinthen in Berlin, wie auch der Centner, wenn 100 Pfund in Zanthen 95 Pfund in Berlin sind?

		7840 Pfund Brutto
		840 Pfund Thara
? Thl. Pr. C.	—	7000 Pfund Netto
1000 Pfd	—	15 Zech.
100 Z.	—	120 Z. Spesen
1 Z.	—	22 Lire
100 L.	—	102 L. Agio
$9\frac{3}{5}$ L.	—	1 Duc. Bco.
1 Duc.	—	88 pf. vls
32 pf.	—	1 Mk.
100 Mk.	—	110 Mk. Spes.
300 Mk.	—	150 Thl.
100 Thl.	—	110 Thl. Spesen

Antw. 452 Thl. 5 gr. circa kostet die ganze Parthey in Berlin.

? Thl. Pr. Court.	—	110 Pfund Berl.
95 Pfund	—	100 Pfund Zaned
7000 Pfund	—	$452\frac{5}{12}$ Thl. Pr. C.

Antw. $7\frac{1}{2}$ Thl. circa kostet der Centner in Berlin.

z. B. Hamburg kauft für Berlin 2 Fässer Indigo, solche wiegen Brutto 1750 Pfund, Thara 150 Pfd, und bezahlt für das Pfund Netto 16 ßl. vls Bco. mit 13 Monat Rabatt à 8 pr. Cent und 5 pr. Cent Spesen. Der Cours von Hamburg auf Berlin ist $152\frac{1}{2}$ Thl. Pr. C. Berlin hat 5 pro Cent Spesen; was gilt dieser Indigo in Berlin, wie auch das Pfund, wenn Hamburger Gewicht 5 pro Cent schwerer, als Berliner ist?

		1750 Pfund Brutto
		150 Pfund Thara
? Thl. Pr. C.	—	1600 Pfund Netto
1 Pfd	—	16 ßl. vls
$2\frac{2}{3}$ ßl.	—	1 Mk.
$108\frac{2}{3}$ Mk.	—	100 Mk. Rab.
100 Mk.	—	105 Mk. Spesen
300 Mk.	—	$152\frac{1}{2}$ Thl. Pr. C.
100 Thl.	—	105 Thl Spesen

Antw. 4963 Thl. 10 gr. circa kostet die ganze Parthey in Berlin.

? Thl. Pr. Court.	—	1 Pfund Berl.
105 Pfund	—	100 Pfund Hamb.
1600 Pfund	—	$4963\frac{5}{12}$ Thl. Pr. C.

Antw. 3 Thl. circa das Pfund in Berlin.

2)

Das Calculiren der ausländischen Facturen, wenn sie nur einen Artikel Waare enthalten, ist sehr leicht, weil man, sobald der ganze Betrag in derjenigen Valuta berechnet worden, welche an den Ort, wo man sich befindet, gangbar ist, den Werth eines Pfundes, Centners, Elle u. s. w. suchet.

z. B. Amsterdam kauft für Berlin 12 Ballen Cacao, solche wiegen 2424 Pfd Bto.
24 Pfd Th.

2400 Pfd Nto à 15 stb.	fl.	1800 = — =
Rabatt 1 pro Cent = =		18 = — =
	fl.	1782 = — =

Transport fl. 1782 = — =

Spesen in Amsterdam.

Waagegeld fl. 5 = 10 =
Emballage = 7 = 10 =
Licent und Pasport = 30 = 10 =
an das Schiff zu bringen 4 = — =
Courtage = 7 = — =
Assecurance von 2000 fl.
à 1 pro Cent 20 = — =
Police = 2 = — =

76 = 10 =

fl. 1858 = 10 =

Provision 2 pro Cent = 37 = 3 =

Bco. fl. 1895 = 13 =

Banco-Agio 1 pro Cent = = 18 = 19 =

Court. fl. 1914 = 12 =

Diese à 147½ pro Cent = Pr. C. Thl. 1129 = 15 =

Vorgedachte Waare wird über Hamburg gesandt, und daselbst an Unkosten gerechnet.

Fracht = Mk. 46 = — =
Zoll = = 12 = — =
Losen und Laden = 6 = — =
Sensari et Porto = 16 = — =

C. Mk. 80 = — =

à 23 pr. Cent in Bo. Mk. 65 = — =
diese à 153 pro Cent = Pr. C. Thl. 33 = 4 =
Berliner Spesen, als Fracht, Zoll, Accise ꝛc. = = = 33 = 5 =

Pr. C. Thl. 1196 = — =

2500 Pfund allhier gewogen.

2500 Pfund Berl. kosten 1196 Thl. C. — ? 1 Pfund

Antw. 10 gr. 8 pf. circa

z. B. Bourdeaux kauft für Berlin 2 Fässer ordinairen Indigo, solche wiegen
Bto. 1301 Pfund
Tha. 301 Pfund

Nto 1000 Pfund à 15 L. 10 Sous L. 15500 = — =

Aquit a Caution =	L. 3 = — =		
Waagegeld =	2 = 5 =		
Fässer= und Küper=Lohn	10 = 10 =		
Emballage =	20 = — =		
ans Schiff zu bringen	5 = — =		
Courtage =	45 = 15 =		
			86 = 10 =
			L. 15586 = 10 =
Provision à 2 pro Cent		= =	311 = 15 =
			L. 15274 = 15 =

Diese auf Hamburg à 355 L. entnommen =			Bco. Mk. 4302 = 12 ßl.
Assecurance von 5000 Mk. à 3 pCent =	C. Mk. 150 = —		
Zoll =	= 64 = —		
Fracht =	= 14 = —		
Losen und Laden =	= 6 = —		
Sensari und Porto	= 12 = —		
	C. Mk. 246		
	à 23 pCent	Bco. Mk.	200 = — =
		Bco. Mk.	4502 = 12 ßl.

Diese à 153 pro Cent in Pr. C. Thl.	2296 = 10 gr.
Hiezu die Accise und sämtlichen Berliner Spesen =	9 = 14 =
Pr. C. Thl.	2306 = — =

Da nun obige 1000 Bourd. Pfund Netto, in Berlin 1040 Pfund gewogen haben, so wird gefragt; was 1 Pfund in Berlin kostet?

2 Thl. 5 gr. circa

z. B. London kauft für Berlin 20 Molden Bley, solche wiegen

30 = 2 = 14 Pfd à 18 L. 10 ßl.	L. Strl.		29 = 1 = 2
Connessement u. Trinkgeld L. — 2 = 6			
Briefporto = = — 4 = —			
			— = 6 = 6
	L. Sterl.		29 = 7 = 8
Provision 2 pCt.	=		— 11 = 9
	L. Sterl.		29 = 19 = 5
Assecuranz von 32 L. à $1\frac{1}{2}$ pCt.	=	=	— = 9 = 7
Police	=	=	— = 2 —
	L. Sterl.		30 = 11 —
die zu $6\frac{1}{2}$ Thlr. remittirt	Pr. C. Thlr.		198 = 14 —
Stettin. u. Berliner Spesen	=	= =	26 = 10 —
	Pr. C. Thlr.		225 — —

Obige 30 Molden Bley haben allhier gewogen 32 Centner, mithin kostet der Centner 7 Thl. circa.

z. B. Livorno kauft für Berlin
18 Fässel Gallipoli=Oel enthalten
Salm 70 — à $27\frac{1}{2}$ Duc. = Duc. 1927 = 32

Diese Ducaten betragen

Duc. 625 nach Neapolis remittirt à 116 pro Cent	=	Pz. 538 = 15 = 10
= 625 desgleichen à 116 pCt.	=	538 = 15 = 10
= 677 = 32 auf N. N. trassirt à 117 pro Cent	=	= 578 = 18 = 1
		Pz. 1656 = 9 = 9

An die Verkäufer vergütet.

Courtage $\frac{1}{2}$ pCt. u. Provision à 2 pCt.	=	41 = 8 = 4
Transport		Pz. 1697 = 18 = 1

	Transport Pz.	1697 = 18 = 1
Unkosten an die Verkäufer in Gallipoli.		
Zoll der eisernen Reifen, ans Land zu bringen, und um die Fässer zu legen =	Duc. 12 = 88 =	
$\frac{2}{3}$ Hafen= und Quarantain=Unkosten =	16 = 82 =	
Leeres Faßwerk für die Pumpe = =	— = 40 =	
Die Oel=Laacken zu reinigen = =	— = 50 =	
Die Nachtwache =	— = 10 =	
Regal an die Stauer =	— = 40 =	
Assistenz eines Bedienten = =	1 = 50 =	
D. von unsern Freund =	3 = 50 =	
	Duc. 36 = 10 =	
à 117 pro Cent =		30 = 17 = 1
Unkosten in Livorno.		
Für 152 eiserne Reifen à $1\frac{1}{4}$ L. =	Pz. 31 = 13 = 4	
Disc. 3 pro Cent	= — = 19 —	
	Pz 30 = 14 = 4	
Ans Wasser und Bord zu bringen = =	1 = 10 —	
Courtage $\frac{1}{2}$ pro Cent =	— = 3 —	
Dito auf dem Oel von Seiten N. N. = =	8 = 5 = 7	
Dito auf die Befrachtung des Schiffs von Salm 70 — 27 à 72 Mk. v. 4 Salm et $3\frac{1}{4}$ Mk. pro Pz. 141 à 1 pro Cent = =	1 = 8 = 2	
		42 = 1 = 1
	Transport Pezzi	1770 = 16 = 3

Transport Pezzi 1770 = 16 = 3

Belauf der zum Stauen mitgegebenen 15 Ballen Kork = Pz. 3 = 9 —

Briefporto und Wechsel-Courtage = = 3 = 15 —

7 = 4 = —

Pezzi 1778 = — = 3

Provision à 2 pr. Cent = 35 = 11 = 2

Pezzi 1813 = 11 = 5

Diese auf Amsterdam zu 93 pf. vls Bo. entnommen, betragen Bo. fl. 4216 = 12 = —

Selbige zu 150 pro Cent remittirt, betragen = Pr. C. Thl. 2529 = 23 = —

Hamburger Spesen.

Fracht von 700 St. 27. oder $70\frac{27}{120}$ Salm à 72 Mk. pr. 11 Salm C. Mk. 458 = 12

10 pro Cent Havarie und Caplaken = = 45 = 14

Gratification à 1 Mk. 12 ßl. = = = 11 = 3

C. Mk. 515 = 13

à 23 pC. Bo. Mk. 419 = 5

zu 158 pC. remittirt, betragen C. Thl. 220 = 20 = —

Stettiner Spesen.

$\frac{2}{3}$ Hafen, Loots und Quar. Ungelder C. Thl. 7 = 2 = 6

Leichter Fracht = = 11 = 4 —

18 = 6 = 6

Transport Pr. C. Thl. 2769 = 1 = 6

Transport Pr. C. Thl.				2769	1	6
Sundschen Zoll in Bo. Thl. 18. 2. à 154 pC. C. Thl.	27	18	9			
Licent von $23\frac{1}{2}$ Pipe Fd'd'or 15 Thl. $4\frac{1}{2}$ gr. à 10 pr. Cent = =	16	16	9			
Schwed. Zoll in Duc. Thl. 3. 9 mit Agio =	3	22	—			
Transito, Connossem. und Einlagen =	—	6	—			
Böttcherlohn, sämtlicher Fässer neu auszubinden = =	35	18	—			
Fuhr- und Arbeitslohn, nach der Waage am Krahn und Remesse = =	4	10	—			
Waagegeld = =	4	18	—			
Raum-Miethe = =	2	—	—			
20 Stk. Matten zum Bedecken = =	2	12	—			
Porto von und nach Elseneur u Schwienemünde = =	—	14	—			
Provision = =	15	—	—			
=				113	15	6
Pr. C. Thl.				2882	17	—
Hierzu die Berliner Spesen = = =				77	7	—
Pr. C. Thl.				2960	—	—

Um nun zu ersehen, wie hoch das Berliner Quart zu stehen kommt, setze man also:

? gr. Court. — 1 Quart Berlin.
629 Quart — 39 Staja
10 Staja — 1 Salm
70 Salm — 2960 Thl. C.
1 Thlr. — 24 gr.

Antw. 6½ gr. circa

z. B. Kopenhagen kauft für Berlin
2 Kisten Schellack

No. 1.	Brutto	36 L. Pfd	8 Pfd	Thara	106 Pfd
2.	=	47 =	10 =	=	147 =
	Brutto	84 L. Pfd	2 Pfd	Thara	253 Pfd

oder Brutto 1346 Pfd
Thara 253 Pfd

Netto 1093 Pfd à 31 ßl. = Thl. 352. 5. 15.

Unkosten.

Zoll à 2 pro Cent =	Thl.	7.	—	6.
Zoll Officiant. u. Visit. =		—	2.	—
Für Emballage, Matten Tauen =	=	1.	4.	—
Empfangen, wiegen und packen =	=	1.	—	—
Provision à 2 pro Cent	=	7.	1.	9.
Courtage u. Brief-Porto	=	1.	3.	13.

18. 5. 12.

Dänisch. Cour. Thl. 371. 5. 11.

Diese auf Hamburg zu 37½ pr. Cent entnommen, betragen = Bco. Mk. 811. 8.

Transport Bco. Mk. 811. 8.

Assecuranze in Hamburg
von 950 Mk. Bo. frey von 10 pC.
Havary à 1 pC. Bo. Mk. 9. 8.

Courtage $\frac{1}{4}$ pC. C. Mk. 2. 6.		
Brief-Porto = = 1. 4.		
C. Mk. 3. 10.		
à 22 pr. Cent	= 3. —	
Provision $\frac{1}{2}$ pro Cent	= 3. —	
	Bco. Mk.	15. 8.
	Hamb. Bco. Mk.	827. —

Diese zu 156 pC. remittirt, betragen = = =	Pr. C. Thl.	430., 1.

Unkosten in Stettin.

Fracht und Caplaken C. Thl.	1.	12.	—
Ungelder = =	—	2.	—
Licent von $3\frac{3}{5}$ Tonnen =	—	18.	4.
Swinemünder Zoll =	—	5.	—
Transito, Connossement und Innlage = =	—	2.	8.
Porto von Copenhagen und Swienemünde =	—	7.	—
Provision = =	—	16.	—

		3. 15.
	Pr. C. Thl.	433. 16.
Hierzu die Berliner Spesen = =		21. 8.
	Pr. C. Thl.	455. —

1150 Pfund allhier gewogen, mithin kostet der Centner 43 Thl. 12 gr. circa

und 1 Pfund $9\frac{1}{2}$ gr. circa in Berlin.

z. B. London kauft für Berlin 50 Säcke brauner Ingber, solche wiegen

Brutto 56 Ctr.			
Thara $1\frac{1}{2}$ Ctr.			
Netto $54\frac{1}{2}$ Ctr. à 1 L. 5 ßl.	L. Strl. 68.	2.	6
Certificat	—	15.	—
Krahn- und Karrengeld	2.	4.	6
Connossement	1.	—	—
Courtage	—	8.	—
	Liv. 72.	10.	—
Provision 2 pro Cent	1.	9.	—
	Liv. 73.	19.	—
ab Rückzoll	24.	9.	—
	L. Sterl. 49.	10.	—

Diese auf Hamburg zu $33\frac{1}{3}$ ßl. vls Bco. entnommen, betragen Bco. Mk. 618. 12 ßl.

Assecuranz von 650 Mk. à 1 pC.	C. Mk. 6.	8
Zoll ꝛc.	15.	—
Fracht	24.	—
Losen und Laden	9.	—
Sensari und Porto	25.	8
	C. Mk. 80.	—

à 23 pr. Cent in Bco. Mk.	65.	—
Bo. Mk.	683.	12 ßl.
à 153 pr. Cent Pr. C. Thl.	348.	17 gr.
Hierzu die Accise und Berl. Spesen	42.	7
Pr. C. Thl.	391.	—

3988 Pfund in Berlin gewogen, mithin kostet der Centner in Berlin 10 Thlr. 19 gr. circa

z. B. Bourdeaux kauft für Berlin 40 Fässer Domingo-Caffee, solche wiegen

Brutto 17432 Pfund		
Thara 2432 Pfund		
Netto 15000 Pfund à 28 Sous	L.	21000. —
Ans Schiff zu bringen = = =		24. —
Die königl. Waage = = =		46. —
Küperlohn = = = =		9. —
Aquit. = = = =		11. 10
Briefporto = = =		9. 10
	L.	21100. —
Provision 2 pro Cent = =		422. —
	L.	21522. —

Diese auf Hamburg zu 355 L. entnommen = = =		Bco. Mk. 6062. 8
Assecuranz von 7000 Mk. à $1\frac{1}{2}$ pC.	C. M. 105. —	
Zoll = = = =	75. —	
Fracht = = =	130. —	
Stader-Zoll = = =	32. 8	
Losen und Laden = =	30. —	
Sensari und Porto = =	27. 8	
	C. Mk. 400. —	
à 23 pro Cent		Bco. Mk. 325. 4
		Bco. Mk. 6387. 12
à 153 pro Cent		Pr. C. Thl. 3257. 18
Hiezu die Berliner Spesen = = =		136. 6
		Pr. C. Thl. 3394. —

15100 Pfund in Berlin gewogen, kostet 1 Pfund in Berlin ohne Accise $5\frac{1}{2}$ gr. circa

z. B. Livorno kauft für Berlin 10 Säcke Smirnsche Baumwolle, solche wiegen

Bto. 4236 Pfd. u. pr. Sack 27 Pfd. Thara also		270 Pfd.
für die Stricke		72 Pfd.
und Abschlag		24 Pfd.
366 Pfd.		366 Pfd.
Nto. 3870 Pfd. à $8\frac{1}{2}$ Pezze pr. 100 Pfd,	Pz. 328.	19 Sold.
ab Disconto pro Cent =	9.	17 =
	Pezzi 319.	2 Soldi
Tanza 1 pro Mille = = =	—	6 =
Waagegeld = = = =	1.	10 =
Packen und Stricke = = =	3.	5 =
An das Schiff zu bringen = =	1.	10 =
Primagie = = =	1.	13 =
Courtage = = =	1.	10 =
	Pezzi 328.	16 =
Provision 2 pro Cent = =	6.	12 =
	Pezzi 335.	8 Soldi

Diese auf Amsterdam zu $93\frac{1}{2}$ pf. vls Bco, und von Amsterdam auf Hamburg zu 34 stbr. Banco entnommen = = Bco. Mk. 922. 6 ßl.

Hamburger Spesen.

Provision der Tratte in Amsterdam = C. Mk.	3.
Assecuranz von 1000 Mk. à $3\frac{1}{2}$ pr. Cent = =	35.
Zoll und Convoy = =	21.
Fracht und Avary = =	162.
Stader-Zoll = = =	6.
Losen und Laden = =	15.
Sensari und Porto = =	18.
	C. Mk. 260.

à 23 pr. Cent in Bco. Mk. 211. 6 =

Bco. Mk. 1133. 12 ßl.

Bo. Mk. 1133. 12ßl. à 153 pC. betr. Pr. C. Thl. 578. 5
Hiezu die Accise und Berliner Spesen = = 21. 19

Pr. C. Thl. 600. —

2860 Pfund in Berlin gewogen, kostet 1 Pfund in Berlin 5 gr. circa

z. B. Venedig kauft für Berlin 12 Fässer Anies, solche wiegen
11632 Pfd. Brutto
1782 Pfd. Thara

9850 Pfd. Netto à 60 Duc. Picc. für 1 Mille Pfund

	Duc. Picc. 591. —
Für die Fässer = = = =	18. —
Zollgeld = = = = =	10. 18
Primagie = = = =	2. 10
An das Schiff zu bringen = = =	8. 6
	Duc. 630. 10
Provision 2 pr. Cent = =	12. 14
	Duc. Picc. 643. —

Diese zu 29 pro Cent in Courant und 20 pr. Cent in Bco. et 92 pf. vls Bco. auf Amsterdam, und von Amsterdam auf Hamburg zu 34 stbr. Bco. entnommen, beträgt = = Bco. Mk. 1124. —

Assecuranz von 1200 Mk. à 5 pC.	C. Mk. 60. —	
Zoll ꝛc. = = =	14. 8	
Fracht und Avary = =	220. 8	
Bootsgeld = = =	3. —	
Briefporto = = =	5. 8	
Umpacken = = =	11. —	
	C. Mk. 314. 8	
	à 23 pro Cent	Bco. Mk. 255. 11
		Bco. Mk. 1379. 11

Bco.

Bo. Mk. 1379. 11 fl. à 153 pC. betr. Pr. C. Thl. 703. 15
Hierzu die Berliner Spesen = = = 46. 9

Pr. C. Thl. 750. —

6530 Pfund in Berlin gewogen, und kostet hiernach der Centner in Berlin 12 Thl. 16 gr. circa

4. B. Bourdeaux kauft für Berlin
30 Ballen Korkholz

No. 1.	83 Pfd.	No. 11.	80 Pfd.	No. 21.	84 Pfd.
2.	69 =	12.	80 =	22.	75 =
3.	80 =	13.	75 =	23	60 =
4.	75 =	14.	70 =	24	73 =
5.	75 =	15.	85 =	25.	65 =
6.	75 =	16.	85 =	26.	69 =
7.	75 =	17.	85 =	27	80 =
8.	94 =	18.	69 =	28.	79 =
9.	75 =	19.	74 =	29.	79 =
10.	85 =	20.	79 =	30.	79 =
	786 Pfd.		782 Pfd.		743 Pfd.

786 Pfd.
782 =
743 =

Nto. 2311 Pfd. à 50 Liv. — £. 1155. 10. —

Unkosten.

für 30 Stk. Matten = £. 36. —
emballiren, Stricke ꝛc. = 36. —
an Bord bringen u. Stauen 4. —

76. —. —

£. 1231. 10. —

Provision à 2 pCt. = 24. 12. —
Wechselcourtage $\frac{1}{8}$ pCt. = 3. 18. —

£. 1260. — —

L. 1260.——
diese auf Hamb. zu 320 L. entnommen Bo. Mk. 393. 12.—
Assecuranz in Hamburg
von 475 Mk. Bo. à 1 pCt. = 4. 12.—
Courtage ¼ pCt. = C. Mk. 1. 3
Porto = — 10
C. Mk. 1. 13
à 22 pCt. = 1. 8.—
Provision à ⅓ = 1. 8.—
Bo. Mk. 401. 8.—
à 156 pCt. in Pr. C. Thl. 208. 19.—
hierzu die Stettiner und Berliner Spesen 21. 5.—
Pr. C. Thl. 230.—.—
2420 Pfd. allhier gewogen
mithin kostet der Ct in Berlin 10 Thl. 11 gr. circa.

z. B. Rotterdam kauft für Berlin
1 Faß Holländischen Mittel-Crapp
Btō. 810 Pfd.
Th. 60 =
Nto. 750 Pfd. à 37 fl. = C. fl. 277. 10.—
ab 1 pCt. = 2. 15.—
C. fl. 274. 15.—

Unkosten.

das Faß = C. fl. 3.—.—
½ Waggeld = 1. 16.—
Ausfuhre von 700 Pfd.
à 10 St. = 3. 10.—
½ pCt an 250 fl. = 1. 5.—
ins Schiff bringen = —. 10.—
Pasport = 1. 4.—
11. 5.—
C. fl. 286.—.—

Trsp	C. fl	286. —. —
Provision		4. 6. —
	C. fl.	290. 6 —

diese zu 150 pCt. remittirt betragen

P. C. Thl.	174. 4 —
hierzu die Stettiner und Berliner Spesen	30. 20. —
Pr. C. Thl.	205. —. —

785 Pfd. allhier gewogen
mithin kostet der Ctr. 22 Thl. 9 gr. circa in Berlin.

z. B. Marseille kauft für Berlin 2 Fässer Orleans, solche wiegen

No. 1. 571 Pfd.
2. 576 =

1157 Pfd. Bto.
202 Pfd. Th. in { 196 Pfd. Th. / 6 = pro Säcke }

955 Pfd.
38 Pfd. Thara der Blätter

917 Pfd. Netto à 4 L. L. 3668. —. —

dem Wäger	=	L. 1. 18. —
Faßbinder	=	2. —. —
Mäkler-Courtage ½ pCt.		18. 7. —
am Wasser u. an Bord zu bringen	=	3. —. —
Briefporto, Wechselcourtage und Stempel		9. 3. —

		34. 8. —
	L.	3702. 8. —
Provis. 2 pCt.		74. —. —
	L.	3776. 8. —

L. 3776 8.—
diese auf Hamburg à 352 Liv. entnommen Bo. Mk. 1072. 14.—

Hamburger Spesen.

Fracht -	C. Mk. 15.—.—		
Assecurance von 1200 Mk. à 3 pCt. -	36.—.—		
Gratification	2. 8.—		
extra Bootsgeld -	1. 10.—		
Stader Zoll	7. 8.—		
	C. Mk. 62. 10.—		
	à 23 pCt. in Bo. Mk.	50. 14.—	
	Bo Mk.	1123 12.—	
	à 153 pCt. Pr C. Thl.	573. 3.—	
	Berliner Unkosten	22. 21.	
	Thl.	596.—.—	

963 Pfd. in Berlin gewogen, mithin kostet 1 Pfd. in Berlin 14 gr. 10 pf. circa.

z. B. Turin kauft für Berlin 1 Ballen Organzin-Seide, solche wiegt 200 Pfd. Netto à 18 Lire 16 Soldi - Lire 3765.—.—

Condition	L. 3. 6. 6.	
Courtage -	8.—.—.	
Ausgangs-Rechte	141. 7. 6.	
Emballage -	11.—.—.	
		163 14.—
		Lire 3928 14.—
Provision 2 pCt.		78 11. 6
		Lire 4007. 5. 6

Lire 4007 5 6
diese auf Amsterdam zu $36\frac{1}{4}$ Soldi pro 1 fl. Bo. und von Amsterdam auf Hamburg
34 stbr. Bo. = Bo. Mk. 2583. 4.—

Hamburger Spesen.

Assecuranz von 3000 Mk		
à 3 pCt.	= C. Mk.	90.—.—
Zoll	=	22.—.—
Fracht	=	65.—.—
Losen und Laden	=	15 —.—
Briefporto		3.—.—
Gratification	=	12. 8.—
	C. M.	208.—.—
à 23 pC. in Bo. Mk.		169. 2.—
	Bo. Mk.	2752. 6.—
à 153 pCt.	Pr C. Thl.	1403. 17.—
Berliner Spesen		96 7.—
	Pr. C. Thl.	1500.—.—

158 Pfd in Berlin gewogen, mithin kostet das Pfd. in Berlin 9 Thl. 12 gr. circa.

z. B. Livorno kauft für Berlin
4 Piepen feines Tosk Oehl

No. 1.	Brto.	1378	Pfd.	Thara	202	Pfd.
2.	=	1394	=	=	200	=
3.	=	1336	=	=	200	=
4.	=	1374	=	=	207	=

Brto. 5482 = Thara { 809 Pfd.
Thara 825 = { 16 = gut Gehr

Netto 4657 Pfd.

4657 Pfd.

L. 51. pr. 88 Pz. 469. 7. 7.

Unkosten.

Tanza 1 pro Mille	Pz. —. 9. 4	
Wiegen und Arbeitslohn	1. 18. 6	
4 neue Piepen mit eisernen Bänden	19 —. —	
Courtage ½ pCt.	2 6 11	
Ans Wasser und Bord zu bringen	1. 18. 6	
Briefporto und Wechsel-Court.	1. 5. 10	
		26 19. 1
		Pz. 496. 6. 8
	Commission	4 18. 4
		Pz 506. 5. —
diese zu 93 pf. vls auf Amsterdam trassirt betragen		Bo. fl. 1177. —. —
Assecuranz in Holl. à 4 pCt. von 1200 fl. Bo.		48. —. —
Courtage und Spesen		1. 10. —
		Bo. fl. 1226. 10. —
à 149½ pCt. remittirt Pr. C. Thl.		733. 11. —
hierzu die Stett. und Berliner Spesen		66 13 —
		Pr. C. Thl. 800. —. —

3000 Pfd. allhier gewogen

mithin kostet der Ct. in Berlin 29 Thl. 8 gr. circa.

z. B. Gothenburg kauft für Berlin
40 Ahmen weissen Thran à $8\frac{1}{2}$ r. Thl. 340.—.—

Unkosten.

Zölle = Thl. 18.16
Agio à 12 pCt. 2. 9.7
20.25. 7
Boths=Fracht und Arbeitslohn und eiserne Bleche 4.11. 6
Mäkler Courtage à $\frac{1}{8}$ pCt. —.40.10
Boths=Fracht 7.24.—
Thl. 33. 5.11
ab, pro abzuziehende 20 Kannen à $8\frac{1}{2}$ Thl. pro 60 = 2.20.—
30.13.11
Thl. 370.13.11
Provision à 2 pCt. 7.19. 6
Sundscher Zoll 3. 4.—
Wechsel=Courtage $\frac{1}{8}$ pCt. u. Briefporto 2.46 10
Reichs Silber Mz. Thl. 383.36. 3

à 45 fl. Species auf Hamburg trassirt = = Bo. Mk. 1228.—.—

diese à 156 pCt. betragen = Pr. C. Thl. 638.13.—
hierzu die Stettiner und Berliner Spesen = = 61.11.—
kosten die 40 Ahmen bis Berlin Pr. C. Thl. 700.—.—

mithin kostet 1 Ahm 17 Thl. 12 gr. C.

z. B. Bourdeaux kauft für Berlin
2 Oxhoft Tertia weissen Farin

No. 1. Bto. 1610 Pfd.
2. = 1687 =
Bto. 3297 Pfd.
Ausschlag 4 =
3293 Pfd.
Thara 395 =

Netto 2898 Pfd. à 83 Liv.		L. 2405. 7. —
ab für Escomte 1 pCt.		24. 1. —
		L. 2381. 6. —
Courtage à ½ pCt. =	L. 12. 1. —	
Acquit und Caution =	4. 10. —	
verküpern, aus Revier an Bord bringen, u. Stauen =	9. 8. —	
Wechselcourtage =	3. 3. —	
		29. 2. —
		L. 2410. 8. —
Commission 2 pCt.		48. 2. —
		Liv. 2458. 10. —
diese auf Hamb. à 320 Liv. entnommen betragen =		Bo. Mk. 768. 4. —
Assecurance von 900 Mk. Bo. à 5 pCt. =		45. — —
Police und Provision C. Mk	2. 8. —	
Fracht =	40. —. —	
andere Unkosten =	7. 8. —	
C. Mk.	50. —. —	
à 22 pCt. =		41. —. —
		Bo. Mk. 854. 4. —
à 153 pCt. remittirt betragen Pr. C. Thl.		435. 16. —

Pr. C. Thl.	435. 16. —
hierzu die Spesen bis und in Berlin =	34. 8. —
Pr. C. Thl.	470. —. —

3040 Pfd. allhier gewogen
mithin kostet der Ct. in Berlin 17 Thl. circa.

z. B. London kauft für Berlin
2 Fässer feinen Piement

N. 1. Bto. 7. —. 12 Pfd. Thara 146 Pfd.
2. = 7. 2. — = 140 =

Bto. 14. 2. 12 Pfd. Thara 286 Pfd.
6 Pfd. g. Gew.

Nto. 12 — sind 1344 Pfd.
Trett 52 =

1292 Pfd. à 8 pf.		L. 43. 1. 4
Connossement und Trinkgeld =	L. —. 2. 6.	
Briefporto =	—. 4. —.	
		—. 6. 6.
		L. 43. 7. 10
Provision à 2 pCt.		—. 17. 4
		L. 44. 5. 2
Assecuranze von L. 48 à 1¾ pCt. =	L. —. 16. 10	
Police =	—. 3. —	
		—. 19. 10
		Liv. stl. 45. 5. —
à 6½ Thlr. remittirt betragen	Pr. C. Thl.	294. 3. —
hierzu die Stettiner Spesen.		
Fracht u. Caplaken von Londen =		5. 5. 6
	Trsp. Thlr.	299. 8. 6

		Trsp. Pr. C. Thl. 294. 3.—
Ungelder =	Thl. —. 2.—	
Leichter Fracht =	—. 21.—	
Sunder Zoll in Bo. Thl. 2. 44 à 52 $\frac{0}{0}$ =	4. 10. 4	
Licent von 3 $\frac{1}{2}$ Tonne =	—. 18. 4	
Swienemünder Zoll =	—. 5.—	
Transito Connossement und Einlage =	—. 3. 4	
3 große Stk. Matten zur Bedeckung =	—. 12.—	
Porto von Londen, Elseneur =	—. 13. 6	
Provision =	—. 16.—	
		13. 11.—
hierzu die Spesen bis u. in Berlin =		22. 10 —
		Pr. C. Thl. 330. —.—

1260 Pfd. allhier gewogen.
mithin kostet 1 Pfd. in Berlin 6 gr. 3 pf. circa.

z. B. Havre kauft für Berlin
2 Fässer Gummy Senegal

No. 1.	Bto. 1083 Pfd.	Thara 86 Pfd.	
2.	= 1033 =	= 89 =	
	Bto. 2116 =	= 175 =	
	214 =	39 à 2 pCt. pro Staub	

Nto. 1902 Pfd. à 125 L. =		L. 2377. 10.—
ausgehende Rechte =	L. 5. 16.—	
vom Magazin an Bord bringen =	2. —.—	
empfangen u. verküpern	10. —.—	
Briefporto =	4. 14.—	
		22. 10.—
		L. 2400. —.—

		L. 2400. —. —
	Provision 2 pCt.	48. —. —
		L. 2448. —. —
diese auf Hamburg zu 320 L. entnommen betragen =		Bo. Mk. 765. —. —
Assecurance von 800 Mk. Bo. à 5		40. —. —
Police und Provis. C. Mk. 2.	8. —	
Fracht =	56. —. —	
andere Unkosten =	6. 8. —	
	C. Mk. 65. —. —	
	à 22 pCt. in Bo. Mk.	53. 4. —
	Bo. Mk	858. 4. —
à 153 pCt. remittirt betragen	C. Thl.	437. 17. —
hierzu die Spesen bis und in Berlin		52. 7. —
	Pr. C. Thl.	490. —. —

1950 Pfd. allhier gewogen
mithin kostet 1 Pfd. 6 gr. circa in Berlin.

Um aber auswärtige Facturen, so verschiedene Waaren enthalten, zu calculiren, dazu dienen folgende Behandlungen:

z. B. Amsterdam kauft für Berlin 11 Ballen Spanische Wolle, in 3 Sorten R. F. T.

No. 1.	310	Pfd. Brto.	R.
2.	302	=	
3.	304	=	
4.	314	=	
5.	302	=	
6.	310	=	
7.	310	=	
8.	298	=	
	2450	Pfd. Brto.	

Th. à 9 72 Pfd.
refect. 36 = (108

2342 Pfd.

Trsp. 2342 Pfd.

N. 9 328 Pfd. Bto.
Th. 9 } 13
ref. 4 }

315 Pfd. ⅗ R. 189.
⅖ F. 126.

bey ⅗ R. 189 =

2531 Pfd.

ab 24 von
175 Pfd. 347 =

2184 Pf. Netto à 35 stbr.
Bo. fl. 3822. —. —

No. 10. 344 Pfd. Brto. F.
Th. 9
ref. 6

15 =

329 Pfd.
bey ⅖ F. 126

455 Pfd.
Th. 24
von 175 62

393 Pfd. Nto. à 25 stbr. = 491. 5. —

No. 11. 322 Pfd. T.
Th. 9
ref. 4

13

309 Pfd.
Th 24
von 175 42

267 Pfd. Nto. à 15 stb. = 200. 5. —

Bo. fl. 4513. 10. —

	Bo fl.	4513. 10. —
21 Mk. Rabatt 14 pCt		554 —. —
	Bo fl.	3959. 10. —
ab 1 pCt		39 12 —
	Bo. fl.	3919 18 —
Banco-Agio 1 pCt.		39. 2. —
	C fl.	3959. —. —
Wagegeld fl. 5. 5 Courtage 18 fl. 6 = C fl 24. 1. —		
Empfangen und an Bord zu bringen = 5. 11. —		
Emballiren 12 fl. 2. Tarren fl. 2. 18. = 15. —. —		
		44. 12. —
	C. fl.	4003. 12. —
Provision $1\frac{1}{2}$ pCt.		60. 1. —
	C. fl	4063. 13 stbr
à $147\frac{1}{2}$ pCt.	Pr. C. Thl.	2397 19. —
Hierzu die Stettiner und Berliner Spesen = =		102. 5. —
	Pr. C. Thl.	2500. —. —

$4513\frac{1}{2}$ fl. kommen 2500 Thl C. zu stehen wie viel 3822 fl. von R.
Antw. 2117 Thl. 4 gr. 6 pf. circa.

$4513\frac{1}{2}$ fl. — 2500 Thl. C. — ? $491\frac{3}{4}$ fl. von F.
Antw 272 Thl 3 gr. circa.

$4513\frac{1}{2}$ fl. — 2500 Thl C — ? $200\frac{1}{4}$ von T.
Antw. 110 Thl. 16 gr. 6 pf.

2117 Thl.	4 gr.	6 pf.	von R in Berlin gewogen 2290 Pfd. kostet das Pfd. 22 gr. 2 pf. circa von R
272 =	3 =	—	von F. in Berlin gewogen 410 Pfd. kostet das Pfd. 15 gr 3 pf. circa von F.
110 =	16 =	6 =	von T. in Berlin gewogen 280 Pfd. kostet das Pfd. 9 gr. 5 pf. von T.
2500 Thl. Pr. C.			

z. B. Bilbao kauft für Berlin 30 Ballen Spanische Wolle in 3 Sorten, als 24 Ballen von R.
4 = = F.
2 = = T.

No.	Pfd.	No.	Pfd.	No.	Pfd.
1.	203 Pfd.	11.	207 Pfd.	21.	208 Pfd.
2.	204 =	12.	204 =	22.	205 =
3.	201 =	13.	205 =	23.	204 =
4.	205 =	14.	209 =	24.	202 =
5.	202 =	15.	204 =		819 Pfd.
6.	209 =	16.	206 =		
7.	202 =	17.	204 =		
8.	202 =	18.	203 =		
9.	207 =	19.	206 =		
10.	202 =	20.	205 =		
	2037 Pfd.		2053 Pfd.		

von No. 1 à 10 — 2037 Pfd.
11 à 20 — 2053 =
21 à 24 — 819 =

4909 Pfd. R. eingeschifft, solche haben aber nur enthalten 4861 Pfd. à 1750 Reales de platta für 200 Pfd. mit 20 pC. Ver=

mehrung, wornach der Quintal zu 1575 Reales de Vellon zu stehen kommt.

Nota. Die letzt gedachten 1575 Reales de Vellon werden also gefunden:

? Reales ♀ — 100 Pfd od. 1 Quintal
200 Pfd — 1750 Reales ☽
1 Real ☽ — 1½ Real ♀
100 — 120 Vermehrung

Antw. 1575 Real de Vellon.

also 4861 Pfd. à 1575 Real ♀ für 1 Quintal beträgt Real ♀ 76560. 25 Mar.

No. 25. 204 Pfund
26. 205 =
27. 205 =
28. 199 =

813 Pfd. F. enthalten aber nur 805 Pfd. à 25 pC. weniger als R. à 1181¼ Real ♀ 9509. 2 =

No. 29. 202 Pfd.
30. 205 =

407 Pfd. enthalten nur 403 Pfd. 1 à 50 pr. Cent weniger als R à 787 ½ Real ♀ = 3173. 21 =

Real ♀ 89243. 14 =

alte Königl. Rechte auf 6069 Pf. à 2655 Mar. der Quintal = 4739. 6 =

neue dergleichen auf 6069 Pfd. à 98 Real ♀ der Quintal = 5947. 21 =

Real ♀ 99930. 7 Mar.

Real ♀ 99930. 7 Mar.

Unkosten à 8 Reales ♀ für den Ballen, und 10 Reales ♀ Gratification 250. — =

Real ♀ 100180. 7 =

Commission 2 pCt. = 2003. 20 =

Real ♀ 102183. 27 Mar.

Diese in Briefen auf Madrid zu 40 Tage nach Dato zahlbar gezogen, und von Madrid auf Hamburg à $87\frac{1}{2}$ pf. vls Bco. = Bco. Mk. 13458. — ßl.

Hamburger Spesen.

Fracht =	C. Mk. 185. —	
Assecuranz von 15000 Mk. à 1 pr. Cent	150. —	
Gratification =	5. —	
Extra-Bootsgeld	4. 8	
Stader-Zoll	42. —	
Briefporto	3. 8	
Umpacken und neu zu emballiren =	10. —	
Provision und Courtage der Tratte = =	30. —	
	C. Mk. 430. —	
à 23 pCt. Bco. M		349. 8 =
		Bco. Mk. 13807. 8 ßl.
à 153 pr. Cent		Pr. C. Thl. 7041. 20 gr.
Hiezu die Berliner Spesen = = =		58. 4 =
		Pr. C. Thl. 7100. — gr.

Reales

Reales ♀ Reales ♀ von R

$89243\frac{7}{17}$ kommen 7100 Th. C. zu stehen, wie viel $76560\frac{25}{34}$

Antw. 6090. Thl. 6 gr. circa

$89243\frac{7}{17}$ Real. — 7100 Thl. C. — $9509\frac{1}{17}$ Real. von F

Antw. 756 Thl. 20 gr. circa

$89243\frac{7}{17}$ Real. — 7100 Thl. C. — $3173\frac{21}{34}$ Real. von T

Antw. 252 Thl. 22 gr.

6090 Thl. 6 gr. von R in Berlin gewogen 5100 Pfund kostet das Pfund 1 Thl. $4\frac{3}{4}$ gr. von R

756 = 20 = von F in Berlin gewogen 840 Pfund kostet das Pfund 21 gr. 7 pf. von F

252 = 22 = von T in Berlin gewogen 420 Pfund kostet das Pfund 14 gr. 5 pf. von T

7100 Thlr. Pr. C.

z. B. London kauft für Berlin

31 Planken Mahogonyholz

2 Planken Cedernholz

2 Stück Rosenholz

27 Planken Mahogany messen

No.							
No. 8.	—	4	8 / 1	4	—	42	Fuß
9.	—	4	8 / 2		—	64	=
10.	—	3	9 / 1	10	—	49½	=
11.	—	3	9 / 1	10	—	49½	=
12.	—	3	9 / 1	8	—	45	=
13.	—	3	10 / 1	6 / 3	—	39	=
14.	—	3	10 / 1	6 / 3	—	39	=
15.	—	4	10 / 1	6 / 5	—	58	=
16.	—	4	10 / 1	6 / 4	—	56	=
17.	—	2½	13 / 2		—	65	=
18.	—	3	13 / 2	2	—	84	=
19.	—	4	13 / 1	16	—	112	=
20.	—	3	13 / 1	6	—	58½	=
21.	—	4	13 / 1	10	—	94	=
22.	—	4	13 / 1	10	—	94	=
23.	—	4	13 / 1	9	—	90	=
24.	—	3	10 / 1	6 / 3	—	39	=
25.	—	3	10 / 1	6 / 6	—	46½	=
26.	—	4	10 / 1	6 / 6	—	62	=
27.	—	4	10 / 1	6 / 6	—	62	=
28.	—	3	10 / 1	6 / 6	—	46½	=
29.	—	4	10 / 1	6 / 4	—	56	=
30.	—	4	11 / 1	6	—	66	=
31.	—	4	11 / 1	6	—	66	=
32.	—	4	11 / 1	8	—	72	=
33.	—	3	11 / 2		—	66	=
34.	—	11	6 / 1	7	—	104½	=

1726 Fuß à 13 pf.

L. Strl. 93. 9. 10.

Trsp. L. Sterl. 93. 9.10

4 Planken Mahogany messen

No. 35. 5 $\frac{8}{1}$ $\frac{6}{6}$ — 62½ Fuß

36. 5 $\frac{8}{1}$ $\frac{6}{8}$ — 70 =

37. 5 $\frac{8}{1}$ $\frac{6}{8}$ — 70 =

38. 5 $\frac{8}{1}$ $\frac{6}{6}$ — 62½ =

265 Fuß à 8 pf. = =		8. 16. 8
2 Planken Cedernholz 198 Fuß à 7 pf. =		5. 15. 6
2 Stück Rosenholz 282 Pfund à 7 pf. =		8. 4. 6
Spesen.		
Zollhaus- u. Schiffungs-Kosten = =	L. 2. 18. 6	
Tonnoiss. 2. 6 Briefporto 10 ßl. = =	— 12. 6	
Assecuranz von 125 L. à 1½ pC. pr. Police 7 ßl. =	2. 4. 6	
		5. 15. 6
	L. Sterl.	122. 2. —
Provision 2 pro Cent	= =	2. 8. 9
	L. Sterl.	124. 10. 9
à 6½ Thl. =	Thl. Pr. C.	809. 12. —
Hierzu die Stettiner und Berliner Spesen = =	= = =	50. 12. —
	Pr. C. Thl.	860. — —

116 L. 6½ ßl.
kommen 860 Th. C. zu stehn, wie viel 93 L. 9 ßl. 10 pf.

Antw. 691 Thl. 4 gr. circa

116 L. 6½ ßl. — 860 Thl. C. — ? 8 L. 16½ ßl.

Antw. 65 Thl. 7 gr circa

116 L. $6\frac{1}{2}$ ßl. — 860 Thl. C. — ? 5 L. $15\frac{1}{2}$ ßl.

Antw. 42 Thl. 16 gr. circa

116 L. $6\frac{1}{2}$ ßl. — 860 Thl. C. — 8 L. $4\frac{1}{2}$ ßl.

Antw. 60 Thl. 21 gr. circa

Mithin kosten die ersten 27 Planken	691 Thl.	4 gr.
die andern 4 dito	65 Thl.	7 gr.
die 2 Planken Cedern	42 Thl.	16 gr.
die 2 Stück Rosenholz	60 Thl.	21 gr.
in Summa	860 Thl.	— wie oben

Um nun zu wissen, wie viel der Fuß der drey erstern Sorten koste, setze man also:

? gr. Court. — 1 Fuß Rheinl.
33 Fuß — 35 Engl. Fuß
1726 Fuß — $691\frac{1}{6}$ Thl.
1 Thl. — 24 gr.

Antw. 9 gr. 10 pf. circa

Der Rheinländ. Fuß erster Sorte kostet 9 gr. 10 pf. circa
= = zweyte = = 6 gr. 1 pf. =
= = Cedernholz = = 5 gr. 4 pf. =
Das Pfund Rosenholz = = 5 gr. 2 pf. =

Um aber zu erfahren, wie bey vorstehender Factura die Füße berechnet sind, so ist folgendes zuerst zu bemerken, als

z. B. bey No. 9. die dabey stehende 4 bedeutet die Länge, nemlich 4 Fuß lang, die kleinen Ziffern aber, als 8 die Breite, und die 2, die Dicke; es wird daher

die Länge 4 mit
der Breite 8 multiplicirt

macht 32, und alsdenn noch mit
der Dicke 2

beträgt also 64 Fuß.

z. B. Hamburg, kauft für Berlin folgende Waaren, als:

No. 1. $\frac{1}{4}$ fein Engl. Martinique-Caffee

Bto. 195 Th. (18 Pfd.

19 Th. (1 Pfd. ggew.

Nto. 176 Pfund à $12\frac{1}{2}$ ßl. Bo. Mk. 126. 8

No. 2. $\frac{1}{3}$ guten ordin. Domingo-Caffee

Bto. 366 Pfd. Th. (63 Pfd.

65 Pfd. Th. (2 Pfd. ggew.

Nto. 301 Pfd. à $10\frac{3}{8}$ ßl. - - 195. 3

No. 3. $\frac{1}{3}$ guten Triage-Caffee

Bto. 410 Pfd. Th. (56 Pfd.

$57\frac{1}{2}$ Pfd. Th. ($1\frac{1}{2}$ Pfd. ggew.

Nto. $352\frac{1}{2}$ Pfund à 8 ßl. - - - 176. 4

No. 4. Eine Tonne neuen Carol. Reis

Bto. 664 Pfd. Th. { 78 Pfd.

{ 4 Supthr.

89 Pfd. Th. { 7 ggew.

Nto. 575 Pfd. à 13 M. C. Mk. 74. 12

Rabatt $8\frac{2}{3}$ pC. - 6. —

C. Mk. 68. 12

à 20 pCt. - - 57. 5

Trsp. Mk. 555. 4 ßl.

Trsp. Mk. 555. 4

No. 5. Eine Tonne besten dicken Syrop
Bto. 826 Pfd. Th. (76 Pfd.
84 Pfd. Th. (8 Pfd. ggew.
Nto. 742 Pfd. à $17\frac{1}{2}$ Mk. C. Mk. 129. 14

No. 6. Eine Tonne klären
Thran = = 51. 8

No. 7. Eine Tonne besten
Stockfisch
Bto. 691 Pfd. Th. (50 Pfd.
57 Pfd. Th (7 ggew.
Nto. 634 Pfd. à $11\frac{1}{2}$ Mk. = 72. 15

No. 8. Ein Pack in Matten,
darinn:
Eine Kiste Catharin-
Pflaumen
Bto. 91 Pfd. Th. (10 Pfd.
12 Pfd. Th. (2 Supth.
Nto. 79 Pfd. à 4 ßl. = = 19. 12

Ein Pack in Matten, darinn
202 Pfd. pro 200 Pfund
Klippfisch à 17 Mk. = 34. —

C. Mk. 308. 1 ßl.

à 23 pro Cent = 250. 7

Trsp. Mk. 805. 11

Trsp. Bco. Mk. 805. 11

Eine Kiste ordin. weissen Farin

Bto. 41 Pfd.
Thr. 4 Pfd.

Nto. 37 Pfd. à $16\frac{1}{2}$ pf. Bo. Mk. 19. 1

Eine Kiste ordin. braunen Farin

Bto. 89 Pfd.
Thr. $6\frac{1}{2}$ Pfd.

Nto. $82\frac{1}{2}$ Pfd. à $13\frac{1}{4}$ ßl. Bo. Mk. 34. 3

Bo. Mk 53. 4
Rabatt à $8\frac{2}{3}$ pCt. = 4. 4

= 49. —

No. 9. Ein Fässel $\frac{4}{4}$ beste Mallaga Rosinen

Bto. 189 Pfd. Th. (18 à 10 pCt.
20 Pfd. Th. (2 ggew. à 1 pC.

Nto. 169 Pfd. à 25 Mk. C. M. 42. 4
à 20 pCt. = 35. 4

Ein Sack mit Gummy Senegal

50 Pfd. à 96 Mk. C. Mk. 48. —
à 20 pCt. = 40. —

Trsp. Bco. Mk. 929. 15

Trspt. Bco. Mk. 929. 15

Spesen.

Küperlohn, sämtlich zu verbinden, den Syrup zu verblechen, und den Thran zu verstäben C. Mk. 2. 12

Die Tonne zu den Syrup, Sack zu den Gummy Senegal, u. 2 Kisten zu den Farin = 6. —

Matten, Thaue u. Stroh zur Emballage der 3 Gebinde Caffee, des Fasses Waaren, des Stock- und Klippfisches, nebst Bedeckung des obern Theils der Tonne Reis rc. = = 6. 2

Sämtliches zu empfangen, abzusetzen, Zoll- und Trinkgeld = = 4. 10

C. Mk. 19. 8

à 23 pr. Cent in Bco. Mk. 15. 14

Bco. Mk. 945. 13

Provision à 1½ pro Cent = = 14. 3

Bco. Mk. 960. —

Diese mit 447 Thl. 19 gr. Ld'or bezahlt à 12 pro Cent = C. Thl. 501. 12

Berliner Spesen ohne Accise = = = 28. 12

Pr. C. Thl. 530. —

Der Martinique-Caffee beträgt	Bo. Mk.	126. 8.	u. Pr. C.	72. —	circa
Der Domingo-Caffee beträgt	=	195. 3	=	111. —	=
Der Triage-Caffee beträgt	=	176. 4	=	100. 5	=
Der Caroliner Reis =	=	57. 5	=	32. 16	=
Der Syrop C. Mk. 129. 14 à 23 pC.	=	105. 9	=	60. 3	=
Die Tonne Thran C. Mk. 51. 8. à 23 pr. Cent =	=	41. 14	=	23. 20	=
Stockfisch C. Mk. 72 15 à 23 pCt.	=	59. 5	=	33. 19	=
Cathar. Pflaumen C. Mk 19. 12 à 23 pro Cent	=	16. 1	=	9. 3	=
Klippfisch C. Mk. 34. à 23 pr Ct.	=	27. 10	=	15. 18	=
Der ordin. Farin Bco. Mk. 19. 1 à 8⅔ pCt. Rab.	=	17. 12	=	10. 20	=
Der braune Farin Bco. Mk. 34. 3 à 8⅔ pCt. Rab.	=	31. 4	=	17. 19	=
Der Gummy Senegal =	=	40. —	=	22. 19	=
Die Mallaga-Rosinen =	=	35. 4	=	20. 2	=
	Bco. Mk.	929. 15	C. Thl.	530. —	=
	wie oben				

Vorstehende Waaren haben allhier gewogen.

Der Martin. Caffee 172 Pfd pro 72 Thl.
Accise 15. 9.
Thl. 87. 9 gr. kostet 1 Pfd.
12 gr. 1 pf.

Der Domingo-Caffee 300 Pfd. pro 111 Thl.
Accise 28. 3.
Thl. 139. 3 gr. kost. 1 Pf.
10 gr 5 pf.

Der Triage-Caffee 350 Pfd. pr. 100 Th. 5 gr.
Accise 23 - 17. 3 pf.
Thl. 123. 22 gr 3 pf. kostet 1
Pfd. 8 gr. 6 pf.

Der Reis 570 Pfd. pro 32 Thl. 16 gr.
Accise 1 - 19 -
34 Thl. 11 gr. kostet der Ctr.
6 Th. 15 gr. 6 pf.

Der Syrop 720 Pfd. pro 60 Thl. 3 gr.
Accise 8 Thl. 14 gr. 3 pf.
68 Thl 17 gr 3 pf. kost. d. Ctr.
10 Thl. 11 gr. 11 pf.

Der Stockfisch 620 Pfd. pro 33 Thl. 19 gr. kostet das
Pfd. 1 gr. 3 pf.

Die Cathar. Pflaumen 75 Pfd. pro 9 Thl. 3 gr.
Accise — - 6 gr. 7 pf.
9 Thl. 9 gr. 7 pf. kost.
1 Pfd. 3 gr.

Der Klippfisch 200 Pfd. pro 15 Thl. 18 gr kostet 1 Pfd.
1 gr. 11 pf.

Ord. weisser Farin 35 Pfd. pro 10 Thl. 20 gr.
Accise 2 = 6 =
13 Thl. 2 gr kost. 1 Pfd.
9 gr.

Braunen Farin 80 Pfd. pro 17 Thl. 19 gr.
Accise 4 = 12 =
22 Thl. 7 gr. kostet 1 Pfd.
6 gr. 8 pf.

Der Gummy Senegal 48 Pfd. pro 22 Thl. 19 gr.
Accise — = 18 =
23 Thl. 13 gr. kostet
1 Pfd. 11 gr. 9 pf.

Die Rosinen 162 Pfd. pro 20 Thl. 2 gr.
Accise — = 18
20 Thl. 20 gr. kost. der Ctr.
14 Thl. 2 gr.

Eine Tonne klaren Thran kostet 23 Thl. 20 gr. circa

z. B. La Rochelle kauft für Berlin folgende Sorten Caffee, als:

4 Faß ordin. St. Domingo-Caffee

No. 15.	Bto. 828 Pfd.	u. Th. 83 Pfd.
16.	= 946	= = = 97 =
17.	= 872	= = = 87 =
18.	= 900	= = = 87 =
	Bto. 3546 Pfd.	Th. 354 Pfd.
		35 ggew.
	Nto. 3157 Pfd.	à 19¼ Sous £. 3117.10.9

Transp. Liv. 3117. 10. 9

7 Faß Domingo-Caffee, Mittel-Sorte

No 19	Bto.	404	Pfd.	Th.	65	Pfd.
20.	"	377	"	"	66	"
21.	"	410	"	"	67	"
22.	"	418	"	"	73	"
23.	"	428	"	"	77	"
24.	"	396	"	"	66	"
25.	"	418	"	"	68	"

Bto. 2851 Pfd. Th 482 Pfd.
29 ggew.

Nto. 2340 Pfd à $20\frac{3}{4}$ Sous. L. 2427. 15. —

2 Faß Domingo-Caffee

No. 26	Bto.	1157	Pfd.	Th.	123	Pfd,
27.	"	966	"	"	106	"

Bto 2123 Pfd. Th. 229 Pfd.
21 Pf. ggew.

Nto. 1873 Pfd. à 22 Sous L. 2060. 6. —

L. 7605. 11. 9
Rabatt 2 pro Cent " 152. 2. —
L. 7453. 9. 9

Spesen.

Für Küperlohn, Reifen und Nägel		L. 24. —. —
Stürzen und Wiegen	" "	16. —. —
Fuhrlohn ins Pack-Zollhaus		19. —. —
Schiffen und Stauen	" "	5. 2. —
Commerzkammer und Königl. Rechte	" "	15. 1. 3
Wechsel-Courtage	" "	7. 14. —
Briefporto	" " "	8. 4. —

94. 19. 3
L. 7548. 9. —

	Transp. L. 7548.	9. —
Provision à 2 pro Cent =	150	19. —
	L. 7699.	8 —

Diese auf Hamburg zu 350 Liv. entnommen
Bo. Mk. 2199. 14

Spesen in Hamburg.

Assecuranz auf 4000 Mk. Bo. à $1\frac{1}{2}$ pC. =			40. —
Provision et Courtage = = =			20. —
Fracht = =	C. Mk. 75.	—	
Stader-Zoll = = =	22.	8	
Reperatur der Gebinde = =	6.	8	
Bootsgeld = = =	3.	—	
Porto = = =	3.	—	
	C. Mk. 110.	—	
à 23 pro Cent Bo Mk.			89. 7
		Bo Mk.	2349. 5

à 153 pCt. Pr. C. Thl.	1198.	4 gr.
Spesen in Berlin = = = =	55.	10 =
Accise, Impost und Nachschuß = = =	676.	10 =
Pr. C. Thl.	1930.	— gr.

791 Thl. 4 gl. 1ste Sorte in Berlin gewogen 3278 Pfd.
kostet 1 Pfd. 5 gr. 9 pf. circa

616 Thl. — gl. 2te Sorte in Berlin gewogen 2430 Pfd.
kostet 1 Pfd. 6 gr. 1 pf. circa

522 Thl. 20 gl. 3te Sorte in Berlin gewogen 1950 Pfd.
kostet 1 Pfd. 6 gr. 5 pf. circa

1930 Thlr. Pr. C. wie oben

z. B. Bayonne kauft für Berlin folgende Waaren, als 4 Oxthoft Terpentin-Oehl

No. 1.	Bto. 555	Pfd.	Th. 95	Pfd.
2.	= 520	=	= 95	=
3.	= 545	=	= 96	=
4.	= 560	=	= 90	=
	Bto. 2180	Pfd.	Th. 376	Pfd.

Nto. 1804 Pfd.
66 = Leccage ins Magazin

Nto. 1870 Pfd. à $25\frac{3}{4}$ L. pro 100 Pfd. =		L. 481.	10.	6
6 Brod Harz in doppelten Matten wiegen Nto. 1265 Pfd. à $53\frac{1}{2}$ L.		67.	13.	6
		L. 549.	4.	—

Spesen.

ausgehende Rechte vom Oehl à 52 ßl. 6 pf.	L. 49.	1.	9			
an Bord bringen =	2.	8.	—			
4 neue Oxhofte, Umfüllen und Raum Miethe	40.	—.	—			
doppelte Futterale =	32.	—.	—			
Waagegeld =	1.	—.	—			
6 Matten um den Harz	4.	10.	—			
Einpackgeld =	1.	4.	—			
Stauerlohn =	—.	17.	—			
Briefporto und Wechselcourtage =	4.	10.	3			
				135.	11.	—
				L. 684.	15.	—
Provision 2 pCt.				13.	14.	—
				L. 698.	9.	—
diese auf Hamburg zu 350 L. entnommen =				Bo. Mk. 199.	9.	—

Trsp. Bo. Mk. 199. 9.—

Spesen in Hamburg.

Assecuranz	=	C. Mk. 9.—.—	
Fracht	=	21. 8.—	
Zoll	=	5. 8.—	
Porto u. Provision	=	4.—.—	
		C. Mk. 40.—.—	
		à 23 pCt. Bo. Mk.	32. 7.—
		Bo. Mk.	232.—.—
		à 153 Pr. C. Thl.	118. 7.—
		Berliner Spesen	11. 17.—
		Pr. C Thl.	130.—.—

113 Thl. 22 gr. der Terpent. Oehl gewogen 1950 Pfd. kostet 1 Ctr 6 Thl. 21 gr. 2 pf. circa.

16 = 2 = der Harz gewogen 1320 Pfd. kostet 1 Ctr. 1 Thl. 8 gr. circa.

130 Thl. Pr. C. wie oben.

z. B. Kopenhagen kauft für Berlin folgende Waaren

1 Kiste besten Thebohe Thée

No. 35. Bto. 372 Pfd. Th. 80 Pfd.

Nto. 292 Pfd. à 29 ßl. Thl. 88. 1 Mk. 4 ßl.

1 Kiste ordin. grünen oder Tonkoy Thée

No. 36. Bto. 92 Pfd. Th. 22 Pfd.

Nto. 70 Pfd. à 3 Mk. 13 ßl. 44. 2. 13

1 Ballen Radix Galangae

No. 37. Brto. 208 Pfd. Th. 4 Pfd.

Nto. 204 Pfd. à 21¼ ßl. 45.—. —

Trsp. Thl. 177. 5 Mk. 1 ßl.

Trsp. Thl.	177.	5 Mk.	1 ßl.
43 Stk. Foutinage Nto. 404 Pfd. à 21 ßl	88.	2.	4
Thl.	266.	1.	5
4 pro Cent Rabatt	10	3.	10
Thl.	255	3.	7
2 pCt. Zoll	5.	1.	15
$\frac{1}{m}$ Armengeld	—.	1.	9
Thl.	261.	—.	15
Für 6 Matten, Tau, Leinen, Nägel, Bindfaden, Packerlohn und sämtliche Spesen bis an Bord zu bringen = =	3.	1.	—
Thl.	264.	1.	15
Provision 2 pCt. Thl. 5. 1. 11			
Wechselcourtage = —. 1. 14			
	5.	3.	9
Dän. Rthlr.	269.	5 Mk.	8 ßl.
diese auf Hamburg à 137½ pCt. entnommen betragen = Bo. Mk.	588.		15 ßl.
à 153 pCt. Pr. C. Thl.	300.	8.	—
Stettiner und Berliner Spesen =	29.	16	—
Pr. C. Thl.	330.	—.	—

109 Thl. 11 gr. Thebohe-Thee gewogen 310 Pfd. kostet 1 Pfd. 8 gr. 5 pf. circa.

55 = 1 = grüner Thee gewogen 75 Pfd. kostet 1 Pfd. 18 gr. 9 pf. circa.

55 = 19 = 9 pf. Radix Galangae gewogen 215 Pfd. kostet 1 Pfd. 6 gr. 2 pf. circa.

109 = 16 = 3 = Foutinage gewogen 428 Pfd. kostet 1 Pfd. 6 gr. 1 pf. circa.

z. B.

z. B. Livorno kauft für Berlin
25 Fässel Oel No. 1 à 25. davon halten

16 Fässel 86 Salm
7 = 24 =
2 = 2. 3. 27

Salm 112. 3. 27. à 28 Duc. pro
Salm = = Duc. 3146. 76. —

nach Neapel remittirt und abgegeben

Duc. 1946. 50 à $114\frac{1}{2}$ pCt.
Pezzi 1700. —. —
Duc. 1200. 26 à $114\frac{5}{8}$
Pezzi 1047. —. 7

Pezzi 2747. —. 7

Courtage $\frac{1}{2}$ pCt. = Pz. 13. 14. 8
Provision 2 pCt. = = 54. 18. 9

68. 13. 5

Spesen in Gallipoli.

Zoll der eisernen Reifen an Bord zu bringen	Duc. 19. 70
$\frac{2}{3}$ Haren und Quarantain = Unkosten =	14. 81
leeres Faß, Werk zur Pumpe =	—. 80
die Oelbecken zu reinigen	—. 82
Nachtwache =	—. 20
Assistenz eines Bedienten	1. 60
idem unsers Freundes	—. 60
Regal an die Stauer	5. 61
	Duc. 44. 14

à $114\frac{5}{8}$ pCt. Pezzi 38. 10. 1

Pezzi 2844. 4. 1

		Trsp. Pezzi 2844. 4. 1	
Spesen in Livorno.			
230 eiserne Reifen	Pz. 47. 18. 4		
Sconto 3 pCt.	1. 8. 9		
	Pz. 46. 9. 7		
am Wasser und Bord zu bringen =	3. 6 8		
Courtage hievon ½ pCt.	—. 4. 8		
ditto auf Oel unser Seits	13. 14. 8		
ditto auf die Befrachtung des aparaten Salm 112 à Pz. 78 pro 11 Salm Pzi 3¼ — Pzi 245 à 1 pCt. =	2. 9. —		
den Belauf von 14 Ballen Korkholz zur bequemen Stauung an den Capitain, consignirt =	2. 16. —		
Briefporto und Wechselcourtage =	4. 6. 8		
		73. 7. 3	
		Pezzi 2927. 11. 4	
Commission 2 pCt.		58. 11. —	
		Pezzi 2986. 2. 4	
diese auf Amsterdam zu 93½ pf. vls Bo. entnommen =		Bo. fl. 6979. 15.	
Assecurance in Amsterdam 8000 fl. à 2 pCt.	Bo. fl. 160. —. —		
Police =	2. —. —		
Provision ½ pCt. =	75. —. —		
Fracht =	125 —. —		
		362. —	
			Bo. fl. 7341. 15 st.

Bo. fl. 7341. 15 stbr.
à 150 pCt. Pr. C. Thl. 4405. 1 gr.

Spesen in Hamburg.

Fracht	C. Mk.	61.	—.	—
Zoll		72	—.	—
Boorsgeld		2	8	—
die Gebinde zu bessern		6.	8.	—
Gratificatien	=	3	—	—
Provision und Porto	=	5	—.	—
	C. Mk.	50	—.	—

à 23 pCt. Bo. Mk. 121. 15 ßl. à 155 pCt.	63.	—.	—
hiezu die Berliner Spesen =	71	23	—
Pr. C. Thl.	4540.	—.	—

wie viel würde hiernach das Berliner Quart zu stehen kommen, wenn 629 Berl. Quart 39 Oel Staja, und 10 Staja 1 Salm ausmachen.

? gr. C.	—	1 Quart Berl.
629 Qrt.	—	39 Staja
10 St.	—	1 Salme
112 $\frac{3}{10}$ Salme	—	4540 Thl. C.
1 Thl	—	24 gr.

Antw. 6 gr. circa kostet 1 Berliner Quart.

z. B. Londen kauft für Berlin folgende Waaren, als:

16 Fässer Reis

No. 1.	Bto.	5. 1. 4	Th.	61	Pfd.
2.	=	5. —. 16	=	65	=
3.	=	5. —. 9	=	62	=
4.	=	5. —. 14	=	59	=
5.	=	5. 1. 7	=	60	=
6.	=	5. 1. 23	=	63	=
7.	=	5. —. 18	=	62	=
8.	=	5. 1. 3	=	64	=
9.	=	5. —. 13	=	57	=
10.	=	5. —. 13	=	58	=

Bto. 52. —. 8 Th. (611 Pfd.
5. 2. 15 (20 Pfd. g. Gew.

Nto. 46. 1. 21. à 15 ßl 4 pf. L. Strl. 35. 11. 9

2 Fässer Glätte

No. 11. Bto. 6. —. 25 Pfd.
12. = 6. 1. 25 =

Bto. 12. 1. 8 à 21 ßl. 6 pf. 13. 4. 10

2 Fässer Minium

No. 13. Bto. 8. 2. 18 Pfd.
14. = 9. —. 26 =

Bto. 17. 3. 16 Pfd.
Th. —. 1. 14 =

Nto. 17. 2. 2 = à 19 ßl. 6 pf. 17. 1. 8

L. Strl. 65. 18. 3

Connossement u. Trinkgeld L. —. 2. 9
Briefporto = —. 4. 6

—. 7. 3

L. Strl. 66. 5. 6

	Trsp. L. Strl.	66. 5. 6
Provision 2 pCt.		1. 6. 6
Assecurance von L. 70.	L. 2. 4.—	
Police	—. 4.—	
		2. 8.—
	L. Strl.	70.—.—
à $6\frac{1}{2}$ Thl.	Pr. C. Thl.	455.—.—
Berliner und Stettiner Spesen		45.—.—
	Pr. C. Thl.	500.—.—

270 Thl. Reis allhier gewogen 4200 Pfd. kostet der Ctr. 7 Thl. 1 gr. circa.

100 = Glätte allhier gewogen 1320 Pfd. kostet der Ctr. 8 Thl. 7 gr. circa.

130 = Minium allhier gewogen 1980 Pfd. kostet der Ct. 7 Thl. 5 gr. circa.

z. B. Kopenhagen kauft für Berlin nachstehende Waaren, als

4 Gebinde Ostindischen Salpeter

No. 1.	Bto. 748 Pfd.	Th. 95 Pfd.
2.	= 802 =	= 88 =
3.	= 740 =	= 101 =
4.	= 542 =	= 58 =
	Bto. 2832 Pfd.	Th. 342 Pfd.

Nto. 2490 Pfd. à 8 Thl. 70 ßl.

pro 100 Pfd.	Dänisch C. Thl.	217. 2. 2
ab Rabatt 1 pCt.		2. 1. 1.
	Trsp. Thl.	215. 1. 1

		Trsp. Thl. 215. 1. 1
Zoll, Recognition von 217 Thl. 2. 2 a 7 pCt.	Thl. 15. 1. 4	
Armengeld =	—. 1. 5	
		15. 2. 9
ledige Gefässe =	Thl. 4. —. —	
Böttcherlohn, Wagenmiethe, u. sämmtliche Spesen ins Schiff =	1. 4. —	
		5. 4. —
		Thl. 236. 1. 10
1 Fässel eingelegten Ingber No. 5		
Bto. 69 Pfd. Th. 11 Pfd.		
58 Pfd. Nto. à 36 ßl.	Thl. 21. 4. 8	
pro Fässel u. Spesen	—. 4. 8	
		22. 3. —
1 Sack in Matten emballirt enthält		
Nto. 30 Pfd. Radix Chinae à 3 Mk. =	Thl. 15. —. —	
pro Sack und Spesen	—. 2. —	
		15. 2. —
		Thl. 274. —. 10
Commission 2 pCt.	Thl. 5. 2. 14	
Wechsel-Courtage $\frac{1}{m}$ und Briefporto =	1. —. 15	
		6. 3. 13
		Dänisch C. Thl. 280. 4. 7

Bey dieser Art Facturen weichet die vorhin gezeigte Calculation ab, weil erst die Spesen, so sämmtlichen Waaren angehen, nach Proportion auf jeder Waare gelegt werden müssen; zwar sind bey vorgedachter Factura die Spesen so jeder Artikel Waare zu tragen hat, bereits berechnet, allein da die Commission, Courtage und Porto allen Waaren angehet, so ist es billig, daß auch jeder Theil Waare sein Antheil erhalte.

die 280 Thlr. 4 Mk. 7 ßl. Dänisch C. auf Hamburg à $137\frac{1}{2}$ pCt. entnommen, betragen Bo Mk. 612. 14 ßl.
à 153 pCt. = Thl. C. 312. 14 —
Stettiner und Berliner Spesen = 67. 10. —
Pr. C. Thl. 380. —. —.

der Salpeter betrug Dän. Thl. Cour. 236. 1. 10
hiezu der Antheil von Commission, Court. ꝛc. = = 5. 4. 6
Dän. C. Thl. 242. —. —

der Ingber D. C. Thl. 22. 3. —
das Antheil = —. 3. —
23. —. —

die Radix Chinae D. C. Thl. 15. 2. —
das Antheil = —. 2. 7
15. 4. 7

Dän. C. Thl. 280. 4. 7. wie ob.

337 Thl. 15 gr. — der Salpeter, gewogen 2620 Pfd. kostet der Ct. $13\frac{3}{4}$ Thl. circa.

31 = 3 = 6 der Ingber, gewogen 60 Pfd. kostet das Pfd. $12\frac{1}{2}$ gr.

21 = 5 = 6 die Rad. Chinae, gewogen 31 Pfd. kostet das Pfd. $16\frac{1}{2}$ gr.

z. B. Marseille kauft für Berlin folgende Waaren, als

2 Fässer Cristal Tartari

No. 1. Bto. 1149 Pfd. Th. 100 Pfd.
2. = 1157 = = 105 =

Brto. 2306 Pfd. Th. (205 Pfd.
209 = (4 Stricke zum wiegen

Nto. 2097 Pfd à 50 Liv. = L. 1048. 10. —

Wagegeld und Königl. Rechte =	L. 1. 12. —	
2 Fässer, Nägel, Reifen und Böttcherlohn =	17. —. —	
nach dem Wasser und an Bord zu bringen	3. 12. —	
Mäkler=Courtage	5. 5. —	
		27. 9. —
		L. 1075. 19. —

1 Caffa Gummi Gedda

No. 3. Brto. 985 Pfd. Th. 85 Pfd.

Nto. 900 Pfd. à 70 L.

		L. 630. —	
Rabatt 6 pCt. =		37. 16	
		L. 592. 4	
Wagegeld und Königl. Rechte =	L. —. 18		
Leinen zur Embalage =	12. —		
an Bord zu bringen	1. 16		
Courtage ½ pCt.	2. 19		
		17. 13	
			609. 17. —
			Trsp. L. 1685. 16 S.

Trsp. L. 1685. 16. —

6 Kisten marmorirte Seife

N. Bto. Th.
4. 265. 32 Pf.
5. 260. 31 =
6. 261. 29 =
7. 266. 33 =
8. 260. 30 =
9. 265 34 =

Bt. 1577. Th. 189 Pfd.
6 = Stricke zum wiegen
21 = Reifen
30 = g. Gew.
5 = Stricke zur Emb.
Th. 251 Pf.

Nto. 1326 Pfd. à 33 L. L. 437. 11. 6

4 Kisten weisse Seife

N. Bto. Th.
10. 263. 32 Pf.
11. 255. 32 =
12. 259. 31 =
13. 255. 31 =

Bt. 1032. Th. 126 Pf.
4 = Stricke z. wieg.
14 = Reifen
20 = g. Gew.
3 = Stricke z. Emb.
Th. 167 =

Nto. 865 Pfd. à 34 L. L. 294. 2. —

L. 731. 13. 6
ab 12 pCt. 87. 14. 6

L. 643. 19. —

Trsp. 2329. 15. —

Trsp. L. 2329. 15. —

Wagegeld und Königl. Rechte L. 1. 18. —
10 neue Kisten à 28 S. 14. —. —
Nägel, Reifen und Packerlohn = 7. 10. —
8 Pfd. Stricke zur Emballage = 2. 16. —
am Bord zu bringen 2. —. —
Mäkler-Courtage ½ pCt. 3. 4. —

32. 8. —

2 Ballen weisse Alepp. Gallen

No. 14. Bto. 333 Pfd.
15. = 341 =
Bto. 674 Pfd.
4 = Stricke zum wiegen
Nto. 670 Pfd. à 95 Ecûs
L. 678. 18. 9
ab 6 pCt. Rabatt 40. 9. 9
L. 638. 9. —

Wegegeld u. Königl. Rechte L. 1. 4. —
Pessarions Stricke zur Doppel-Emballage 5. —. —
an Wasser und an Bord zu bringen 1. 12 —
Mäkler-Courtage 3. 4. —

11. —. —

649. 9. —

Trsp. L. 3011. 12. —

Trsp. £. 3011. 12. —

1 Faß gelbe Avignons = Beeren

No. 16. Bto. 397 Pfd. Th. 87 Pfd.

Nto. 310 Pfd. à 47 £.

£. 145. 14. —

Wagegeld u. Königl Rechte	£. —. 12. —	
Faß, Nägel und Reifen	5. 10. —	
Sack zum Futter und Packerlohn	2. 10. —	
Courtage =	— 5. —	
		10. 17. —

156. 11. —

15 Pack mit 30 Säcke sicel. Smacq.

No. 17.		Bto. 316	Pfd.
18.	=	389	=
19.	=	358	=
20.	=	389	=
21.	=	340	=
22.	=	325	=
23.	=	344	=
24.	=	342	=
25.	=	368	=
26.	=	327	=
27.	=	366	=
28.	=	340	=
29.	=	377	=
30.	=	352	=
31.	=	324	=

5257 Pfd.

ab 60 = Stricke zum wiegen

Nto. 5197 Pfd. à $10\frac{3}{4}$ £. 557. 19. —

Trsp. £. 3726. 2. —

Trsp. £. 3726. 2. —

Wagegeld u. Kö-
nigl. Rechte £. 3. 19. —
Stricke zur Emb.
und Packerlohn 67. 10. —
an Bord zu bringen 9. —. —
Courtage ½ pCt. 2. 11. —

81. —. —

1 Ballen mit 6 Pack Süßholz

No. 32. 325 Pfd à 17 £. £. 54. 15. —
Wagegeld u. Kö-
nigl. Rechte £. —. 12. —
Stricke zur Emb.
u. Packerlohn 6. 10. —
an Bord zu bringen 1. 4. —

8. 6. —

63. 1. —

1 Faß Bimstein

No. 33. Bto. 773 Pfd.
Th. 162 =
Nto. 611 Pfd. à 4 £. £. 24. 9. —
Wagegeld u. Kö-
nigl. Rechte £. —. 12. —
Faß u. Arbeitslohn 7. 10. —
an Bord zu bringen 1. 16. —

9. 18. —

34. 7. —

2 Suronen bittere Mandeln

No. 34. Bto. 243 Pfd.
35. = 273 =
Bto. 516 Pfd. Th 24 Pfd.
Trsp. Nto. 492 Pfd.

Trsp. £. 3904. 10. —

Trsp. £. 3904. 10. —

Trsp. 492 Pfd. à 30 £. £. 147. 12. —

2 Suronen süsse barbarische Mandeln

No. 36. Bto. 267 Pfd.
37 „ 278 „

Bto. 545 Pfd.
Th. 24 „

Nto. 521 Pfd. à 33 £. £. 171. 19. —

319. 11. —

Courtage „	£. 3. —. —		
Wagegeld u. Königl. Rechte	—. 18. —		
Emballage u. Packerlohn „	7. —. —		
an Bord zu bringen „	1. —. —		
		12. 10. —	
			332. 1. —
Connossement		£. 2. —. —	
Porto „ „		1. 15. —	
Wechselcourtage 1 pro Mille		4. 7. —	
			8. 2. —
			£. 4244. 13. —
Provision à 2 pCt.			84. 17. —
			£. 4329. 10. —

diese auf Hamburg zu 340 Liv. entnommen Bo Mk. 1273. 6

		Trsp. Bo. Mk.	1273 6
Spesen in Hamburg.			
Fracht =	C. Mk. 72. —. —		
Zoll = =	33 8 —		
Bootsgeld =	4. 8. —		
Gratification =	10. —. —		
Porto = =	3. —. —		
	C. Mk 123. — —		
	à 23 pCt =		100 —. —
		Bo Mk	1373. 6 —
	à 155 pCt.	Pr C. Thl	709. 14. —
Assecurance in Holland 2250 fl. à 1½ pCt. =	C. fl. 33. 15 —		
Police =	2. —. —		
Provision =	11 5 —		
	C. fl. 47. —. —		
	à 150 pCt.	C. Thl.	28. 5. —
		Pr. C. Thl.	737 19. —
hierzu die Berliner Spesen =			62. 5. —
		Pr. C Thl.	800. —. —

Der Cristal Tartari L. 1075. 19 betragen mit den gemeinschaftl. Spesen L. 1099. 12

= Gummi Gedda =	609 17	= = =	622. 17
= marmor. Seife =	404. 10	= = =	413. 12
= weisse dito =	271. 17	= = =	277. 16
= weisse Alep. Gallen	649 9	= = =	663. 15
= gelbe Avign. Beeren	156. 11	= = =	159. 19
= Smacq =	638. 19	= = =	653. 1
= Süßholz =	63. 1	= = =	64. 7
= Bimstein =	34. 7	= = =	35. 2
= bittere Mandeln	153. 3	= = =	156. 13
= süsse Mandeln	178. 18	= = =	182. 16
	L. 4236. 11 Sous.		L. 4329. 10

1099 L.	12 S.	betragen	C. Thl.	203. 3	allhier gewogen 1760 Pfd. kostet 1 Pfd. 2 gr. 9 pf. circa.
622 =	17	=	=	115. 3	allhier gewogen 845 Pfd. kostet 1 Pfd. 3 gr. 3 pf. circa.
413 =	12	=	=	76. 11	allhier gewogen 1120 Pfd. kostet 1 Ct 7 Thl. 12 g. circa.
277 =	16	=	=	51. 9	allhier gewogen 740 Pfd. kostet 1 Ct. 7 Thl. 15 g. circa.
663 =	15	=	=	122. 17	allhier gewogen 570 Pfd. kostet 1 Ct. 23 Thl. 16 g. circa.
159 =	19	=	=	29. 13	allhier gewogen 260 Pfd. kostet 1 Ct. 12 Thl. 12 g. circa.
653 =	1	=	=	120. 18	allhier gewogen 4365 Pfd. kostet 1 Ct. 3 Thl. 1 gr. circa.
64 =	7	=	=	11. 16	allhier gewogen 280 Pfd. kostet 1 Pfd. 1 gr. circa.
35 =	2	=	=	6. 12	allhier gewogen 515 Pfd. kostet 1 Ct. 1 Thl. 9 gr. circa.
3990 L.	1 S.		C. Thl.	37. 6 Trsp.	

3990 L. 1 S.		C. Thl. 737. 6 Trsp.
156 = 13	betragen =	28.22 allhier gewogen 435 Pfd. kostet 1 Ct. 7 Thl. 7½ gr. circa.
182 = 16	= =	33.20 allhier gewogen 460 Pfd. kostet 1 Ct. 8 Thl. 2 gr. circa.
4329 L. 10 S.		C. Thl. 800.—

z. B. Amsterdam kauft für Berlin nachstehende Waaren als

1 Faß enthält

2 Säcke Radix Gent. Rubrum Nto. 200 Pf. à 12 fl. ab 1 pCt. =	C. fl. 23. 15
20 Pfd. Gumm. Amoniae à 36 stbr. =	36.—
5 Pfd. - Hederae à 52 = =	13.—
50 Pfd. Lac in Baculis à 10 ab 1 pCt. =	24. 15
13 Bündel, 25 Pfd. Radix Sasaparille à 40 stbr. ab 1 pCt. = =	49. 10
1 Päckel, 16 Pfd. dito Lissabonner à 36 stbr.	28. 16
20 Pfd. Spongiae à 30 stbr. =	30.—
15 Pfd. dito fein à 70 stbr. =	52. 10
10 Pfd. Semen Cinae à 26 stbr. =	13.—
10 Pfd. = = à 20 = =	10.—
10 Pfd. = = à 14 = =	7.—
	C. fl. 288. 6
ab 1 pCt.	2. 18
	C. fl. 285. 8

1 Bal-

Transp. C. fl. 285. 8

1 Ballen Pfeffer
Bto. 436 Pfd. Th. 5 Pfd.

Nto. 431 Pfd. à $27\frac{1}{2}$ pf. vls Bo. fl. 296. 6

1 Ballen Pfeffer
Bto. 436 Pfd. Th. 5 Pfd.

Nto. 431 Pfd. à $27\frac{1}{2}$ pf. vls = = 296. 6
1 pro Mille Armengeld = = —. 12

Bco. fl. 593 4
Anticipation $1\frac{1}{2}$ pCt. = = 8. 18

Bco. fl. 584. 6
Agio 3 pro Cent = = 17. 10

C. fl. 601. 16
ab Wechsel-Avanzo $1\frac{1}{4}$ pCt. = 7. 10

C. fl. 594. 6

C. fl. 879. 14

Courtage und nach Hause zu bringen = = C. fl. 2. 12
Provision und Unkosten = = 6. 2
Arbeitslohn und Waagegeld = 5. —
Faß, Leinewand et Emballage = 13. 12
Ausgehende Rechte et Pasport = 11. —
An Bord zu bringen = = 2. 4

= 40. 10

C. fl. 920. 4
Provision à $1\frac{1}{2}$ pro Cent = 13. 16

C. fl. 934. —

Assecuranz auf 1050 fl. à $1\frac{1}{4}$ pC. C. fl. 13. 2
Police = 2. =

15. 2

C. fl. 949. 2

à 150 pro Cent Pr. C. Thl. 569. 11

Trsp. Pr. C. Thl. 569. 11
Hierzu die Stettiner und Berliner Spesen - - - - - 52. 13
Pr. C. Thl. 622. —

16 Thl. 18 gr. Rad. Gent. Rubr. allhier gewog. 208 Pfd. kostet 1 Pfd. 1 gr. 11 pf. circa
25 Thl. 9 gr. Amoniac allhier gewogen 21 Pfd kostet 1 Pfund 1 Thlr. 5 gr. circa
9 Thl. 2 gr. Hederae allhier gewogen 5 Pfd. kostet 1 Pfund 1 Thl. 19 gr. circa
17 Thl. 11 gr. Lac in Bac. allhier gewogen 52 Pfund, kostet 1 Pfund 8 gr. circa
34 Thl. 22 gr. Rad. Saſſapar. allhier gewogen 27 Pfd. kostet 1 Pfd. 1 Thl. 8 gr. circa
20 Thl. 6 gr. ditto Liſſab. allhier gewogen 18 Pfund, kostet 1 Pfd. 1 Thl. 3 gr. circa
21 Thl. 3 gr. Spongiae allhier gewogen 21 Pfund, kostet 1 Pfund 1 Thlr. circa
37 Thl. 1 gr. ditto fein allhier gewogen 16 Pfund, kostet 1 Pfd. 2 Thl. 7 gr. circa
9 Thl. 2 gr. Semen Cinae allhier gewogen 10 Pfd. kostet 1 Pfd. 21 gr 9 pf. circa
7 Thl. — gr. ditto allhier gewogen 10 Pfund, kostet 1 Pfund 16 gr. 9 pf. circa
4 Thl. 22 gr. ditto allhier gewogen 10 Pfund, kostet 1 Pfund 11 gr. 9 pf. cir a
419 Thl. — gr. Pfeffer allhier gewogen 900 Pfund, kostet 1 Centner 51 Thl. 5 gr. circa

622 Thlr. — gr.

z. B. Berlin verschreibt von London 10 Stück Engl. Moor

No. 1.	$26\frac{1}{2}$ Yde	à 10 ßl. 4 pf. Sterl.		L. Sterl.	13. 13. 10
2.	$26\frac{5}{8}$ =	à 10 = 6 =	=	= =	13. 9. 7
3.	$25\frac{7}{8}$ =	à 10 = 8 =	=	= =	13. 16. —
4.	$25\frac{3}{4}$ =	à 10 = — =	=	= =	12. 17. 6
5.	26 =	à 9 = 9 =	=	= =	12. 13. 6
6.	$26\frac{1}{8}$ =	à 9 = 6 =	=	= =	12. 8. 2
7.	27 =	à 9 = 3 =	=	= =	12. 9. 9
8.	$26\frac{7}{8}$ =	à 9 = — =	=	= =	12. 1. 10
9.	$26\frac{3}{4}$ =	à 8 = 8 =	=	= =	11. 11. 10
10.	$26\frac{1}{4}$ =	à 8 = 4 =	=	= =	10. 18. 9
				L. Sterl.	126. 10. 9
	ab 8 pf. pro 1 L. Sterl.			= =	4. 4. 4
				L. Sterl.	122. 6. 5
	Provision 2 pro Cent			= =	2. 8. 11
				L. Sterl.	124. 15. 4
	Assecuranz à 2 pro Cent	=		= =	2. 9. 10
	Spesen in London		L. 2. 14. 10		
	Police = =		= —. 10. —		
				=	3. 4. 10
				L. Sterl.	130. 10. —
	à $6\frac{1}{2}$ Thlr. =			Pr. C. Thl.	848. 6. —
	Spesen in Altona 42 Mk. 12 ßl. Cour. à 116 pro Cent			= = =	16. 13. —
	Spesen bis und in Berlin			= = =	35. 5. —
				Pr. C. Thl.	900. —. —

126 L. 10 ßl. 9 pf. — 900 Thl. — 1 ßl. Sterl.

8 gr. 6 pf.

kostet also 1 ßl. Sterl. mit allen Spesen 8 gr. 6 pf., und hiernach ist sehr leicht auszumitteln, wie viel die Elle in Berlin gegolten hat.

Von der Stich= oder Tausch=Rechnung.

Unter dieser Rechnungs=Abtheilung, welche man auch die Baratto=Rechnung benennet, werden solche Geschäfte einer Handlung verstanden, bey welchen eine Waaren=Vertauschung vorkommt. Das vornehmste, was hierbey zu beobachten ist, bestehet in folgenden 2 Datis:

1) Nemlich, wenn einer von den barattirenden Partheyen (wie es gewöhnlich ist,) seine Waare im Stich oder Tausch höher anrechnet, als der gangbare Preis gegen baar Geld ist, daß der andere, woferne er nicht übervortheilt werden will, den Preis seiner Waare auch nach eben derselben Proportion erhöhen müsse.

2) Wenn bey solchen Fällen der andere, nebst Waaren auch einen Theil an Gelde geben soll, daß er den Preiß seiner Waare in solcher Proportion zu setzen habe, damit der völlige Uebersatz seines Gegners durch dieselbe allein ersetzet, und das baare Geld von solchem Uebersatze befreyet wird.

Uebrigens ist hierbey, und zwar bey solchen Fällen, welche im gemeinen Leben vorkommen können, nichts besonders zu bemerken. Daher sollen folgende Beyspiele das Nähere bestimmen.

z. B. Jemand hat eine gewisse Waare A, wiegt 2400 Pfund Brutto, Thara 10 pro Cent, und noch 1 pro Cent vor Gutgewicht, verkaufet dieselbe zu 20 Thl. pro 1 Centner Netto, und nimmt dafür eine andere Waare B, von welcher der Centner 36 Thl. kostet. Wie viel Pfund Netto muß von dieser Waare B. gegen die Waare A. geliefert werden?

? Pfd. Waare B. — 2400 Pfd. Waare A. Bto.
100 Pfund — 90 Pfd. Thara
100 Pfund — 99 Pfund Ggew.
110 Pfund — 20 Thl.
36 Thlr. — 110 Pfund Waare B.

Antwort. 1188 Pfund Waare B.

z. B. Jemand, der 30 Stücke einer gewissen Waare A, jedes zu 20 Thlr. hat, vertauschet dieselben gegen zweyerley andere Waaren B. und C., von welchen eine 18, und die andre 22 gr. die Elle kostet. Da er nun die Hälfte von B. und die andre Hälfte von C. haben will; so frägt sich, wie viel Ellen er von jeder zu empfangen habe?

Die Behandlung dieses Beyspiels ist fast dem vorigen gleich, nur mit dem Unterschiede, daß allhier zweyerley Waaren B. und C., deren Preiß einander ungleich, und doch von beyden gleich viel gegeben werden soll. Man nimmt daher beyde Preiße 18 u. 22 gr. zusammen, und setzet es also:

? Ellen von B. oder C. — 30 Stücke A.
1 Stück — 20 Thlr.
1 Thlr. — 24 gr.
40 gr. — 1 Elle von B. oder C.

Antw. 360 Ellen von B.
Deßgleichen 360 Ellen von C.

Nemlich 360 Ellen von B. zu 18 gr. beträgt 270 Thl.
Desgl. 360 Ellen von C. zu 22 gr. beträgt 330 Thl.
600 Thl.

und 30 Stücke zu 20 Thl. beträgt 600 Thl. also der Tausch ohne Nachtheil eines Jeden.

z. B. Zwey Personen tauschen, einer hat eine gewisse Waare A, welche 1000 Pfund Brutto wieget, Thara 4 pro Cent, nebst 1 pro Cent Gutgewicht, und wovon das Pfund Netto 2 Thl. gilt. Der andere giebt 3000 Pfund einer Waare B. den Centner zu 55 Thl. Es frägt sich nun, welcher von beyden baar Geld zugeben müsse, und wie viel?

Allhier berechnet man den Betrag jeder Waare insbesondere.

? Thl. — 1000 Pfund Brutto
100 Pfd. — 96 Pfund Thara
100 Pfd. — 99 Pfund Gutgew.
1 Pfd. — 2 Thl.

Antw. 1910 Thl. 9 gr. 7 pf.

110 Pfund — 55 Thl. — 3000 Pfund

Antw. 1500 Thlr.

Man ziehet nun 1500 Thl. von 1910 Thl. 9 gr. 7 pf. ab, bleiben 410 Thl. 9 gr 7 pf., und so viel muß der Andere dem Erstern zugeben.

z. B. Ihrer zwey wollen mit einander barattiren. Einer hat eine gewisse Waare A, davon der Preiß eines Pfundes $1\frac{1}{4}$ Thl. ist, setzet es aber im Tausch auf $1\frac{1}{2}$ Thlr. Der Andere hat eine Waare B, von welcher die Elle 15 gr. kostet. Es entsteht also die Frage, wie hoch dieser die Elle in solchem Tausch ansetzen soll, damit er nicht übervortheilt werde?

30 gr. baar — 36 gr. im Tausch — 15 gr.

Antw. 18 gr. so hoch ist die Waare B. im Tausch anzusetzen.

z. B. Es hat einer eine Waare A, wiegt 1200 Pfd. zu den Preis von 50 Thl. baar für 1 Centner, setzt aber solche im Tausch auf 55 Thlr. Der andere will dafür eine Waare B. geben, von welcher der Centner 20 Thlr. baar gilt. Es frägt sich nun, wie hoch dieser seine Waare im Tausch anzusetzen, und wie viel Pfund Waare er zu liefern habe?

50 Thl. baar — 55 Thl. im Tausch — 20 Thl. baar

Antw. 22 Thl. als so hoch die Waare B. im Tausch anzusetzen ist.

? Pfund B. — 1200 Pfund A.
110 Pfd. — 55 Thl.
22 Thlr. — 110 Pfund B.

Antw. 3000 Pfund sind von der Waare B. zu liefern.

Mehrere Beyspiele hierüber wäre überflüßig anzuführen, da die vorgedachten hinreichend sind, die vorkommenden Fälle zu behandeln.

Von der Regel Societatis oder der Gesellschafts-Rechnung.

Zu dieser Rechnung werden solche Aufgaben gerechnet, wo ein gegebenes Ganzes, als 1. 10. 100. 1000 ꝛc. Thaler, Centner, Pfund oder was es sonst seyn könnte, dergestalt zu theilen, daß die Theile sich zu solchem ihrem Ganzen also verhalten sollen, wie die gegebenen Theile eines gegebenen andern Ganzen, sich zu diesem ihrem Ganzen verhalten.

z. B. Es hätten zwey Personen 2000 Thlr. und zwar Einer 1500 Thlr. und der Andere 500 Thlr. zusammen geleget, beyde hätten nun mit ihrem Capital 100 Thlr. gewonnen oder verlohren; so frägt sich, wie viel einem Jeden, nach Proportion seines Antheils an der Summe der 2000 Thlr. von solchen 100 Thlr. zum Gewinn oder zum Schaden zu- oder abzurechnen sey?

Allier ist das gegebene Ganze 2000 Thlr. nebst dessen Theile, als 1500 und 500, und dann noch ein ander Ganzes von 100 Thlr zu welchem die Theile, die sich zu 100, wie jene Theile zu 2000 verhalten sollen, gesucht werden: das ist, man soll einen Theil finden, welcher sich zu 100, wie der Theil 1500 zu 2000; und dann noch einen Theil, der sich zu 100, wie der Theil 500 zu 2000 verhält.

Gewöhnlich wird diese Rechnungsart bey Compagnie-Handluugen, Concoursen, Schiffsparten, Erbtheilungen 2c angewendet.

Da nach Eingangs gedachter Erklärung dieser Regel, die gesuchten Theile sich zu ihrem Ganzen, wie die gegebenen Theile zu ihrem Ganzen verhalten sollen, so werden solche gesuchte Theile nach der Regel de Tri gefunden, und man wendet nur diese Regel so vielmal an, als die Anzahl der Theile sind, welche gesucht werden: Daher muß bey oben erwähnten Beyspiel gesetzt werden:

Wie 2000 sich zu 1500, also 100 zu den gesuchten Ersten Theil, und
wie 2000 sich zu 500, also 100 zu den gesuchten Zweyten Theil

verhält.

Weil aber alle proportionirte Größen auch wechselsweise proportionirt seyn müssen, so kann auch gesagt werden: Wie sich verhält das gegebene Ganze, von welchem die Theile bekannt sind, zu dem andern Ganzen, dessen Theile gesucht werden, also auch die gegebenen Theile zu den gesuchten; wie aus folgenden zu ersehen:

Wie sich 2000 zu 100 verhält, also 1500 zu dem gesuchten 1sten Theil
wie sich 2000 zu 100 verhält, als 500 zu dem gesuchten 2ten Theil.

Solchergestalt können alle gesuchte Theile aus dem einzigen Verhältniß gefunden werden, welche die gegebenen zwey Ganzen (als 2000 und 100) zu einander haben.

z. B. Eine Gesellschaft von vier Personen A. B. C. u. D. legen ein Capital von 20000 Thlr. zusammen, und gewinnen damit 1000 Thlr. Wenn nun A. 7000 Thlr., B. 5500, C. 4000 und D. 3500 Thlr. eingeleget hat, so ist die Frage: Wie viel Jedem nach Proportion seiner Einlage gebühre. Man setze daher

20000 geben 1000 wie viel 7000
Antwort 350. - - A. 350 Thlr.

20000 — 1000 — 5500
Antw. 275. - - B. 275 Thlr.

20000 — 1000 — 4000
Antw. 200. - - C. 200 Thlr.

20000 — 1000 — 3500
Antw. 175. - - D. 175 Thlr.

kommen also obige 1000 Thlr.

als eine Probe, daß in der Ausrechnung nicht gefehlt sey.

Wenn nun diese gewonnene 1000 Thlr nach eben derselben Proportion in Antheile eingetheilet werden sollen, so gebühret dem

A. $\frac{350}{1000}$ oder $\frac{7}{20}$
B. $\frac{275}{1000}$ oder $\frac{11}{40}$
C. $\frac{200}{1000}$ oder $\frac{1}{5}$
D. $\frac{175}{1000}$ oder $\frac{7}{40}$
} aus 1000 Thlr.

Diese Brüche nun wieder auf das Ganze (1000) solviret, so kommen die gesuchten Theile, wie vorhin.

$\frac{7}{20}$ ist aus 1000. 350 A. gehörig
$\frac{11}{40}$ = = 1000. 275 B. =
$\frac{1}{5}$ = = 1000. 200 C. =
$\frac{7}{40}$ = = 1000. 175 D. =
Summa 1000 Thlr.

z. B. Ein Handlungshaus falliret, und accordirt mit seinen Creditores statt der schuldigen 8000 Thlr. nur 4800 Thlr. zu zahlen. Da diese den Vergleich eingiengen, und A 4000, B 2400, C. 1200, und D 400 eingeleget hat; so frägt sichs, wie viel einem Jeden nach seiner Einlage gebühre?

8000 geben 4800 wie viel 4000?
Antw. 2400 = = A. 2400 Thlr.

8000 — 4800 — 2400?
Antw. 1440 = = B. 1440 Thlr.

8000 — 4800 — 1200?
Antw. 720 = = C. 720 Thlr.

8000 — 4800 — 400?
Antw. 240 = = D. 240 Thlr.
In Summa die gedachten 4800 Thlr.

z. B. Zu einer Composition von 30 Unzen kommen 4 Ingredientien, als von A. 4, von B. 6, von C. 8, und von D. 12 Unzen. Es frägt sich nun; wie viel man von jedem nehmen muß, um eine Composition von 48 Unzen zu haben?

30 sollen 48 geben, wie viel 4?
Antw. $6\frac{2}{5}$ = = A. $6\frac{2}{5}$.

30 — 48 — 6?
Antw. $9\frac{3}{5}$ = = B. $9\frac{3}{5}$.

Trsp. 16.

30 — 48 — 8?

Antw. $12\frac{4}{5}$ = = C. $12\frac{4}{5}$.

40 — 48 — 12?

Antw. $19\frac{1}{5}$ = = D. $19\frac{1}{5}$.

Obige verlangte 48 Unzen.

z. B. Wenn 6 Rheders ein Schiff haben, und zu solchem A. 1800 Thlr., B. 2500, C. 3500, D 5000, E 5200 und F. 6000 Thlr. gegeben hätten, und die Frage wäre, den wie vielsten Part jeder an diesem Schiffe habe? so stünde solches also:

A.	1800.	also	$\frac{1800}{24000}$	oder	$\frac{3}{40}$	an gedachtem Schiffe.
B.	2500.	=	$\frac{2500}{24000}$	=	$\frac{5}{48}$	
C.	3500.	=	$\frac{3500}{24000}$	=	$\frac{7}{48}$	
D.	5000.	=	$\frac{5000}{24000}$	=	$\frac{5}{24}$	
E.	5200.	=	$\frac{5200}{24000}$	=	$\frac{13}{60}$	
F.	6000.	=	$\frac{6000}{24000}$	=	$\frac{1}{4}$	

S. 24000 Thlr.

Im Fall nun, daß unter diesen Rhedern ein Nutzen von 2000 Thlr. zu vertheilen wäre, so würde solches folgendermaßen geschehen:

A.	$\frac{3}{40}$	aus	2000.	beträgt	150
B.	$\frac{5}{48}$	=	=	=	$208\frac{1}{3}$
C.	$\frac{7}{48}$	=	=	=	$291\frac{2}{3}$
D.	$\frac{5}{24}$	=	=	=	$416\frac{2}{3}$
E.	$\frac{13}{60}$	=	=	=	$433\frac{1}{3}$
F.	$\frac{1}{4}$	=	=	=	500

in Summa 2000 Thlr. wie oben.

z. B. Zu einer gewissen Entreprise fourniret A. $\frac{1}{6}$, B. $\frac{1}{4}$, C. $\frac{1}{3}$, und D. 3600 Thlr. Was für einen Theil hat D, und wie viel haben A. B. und C. jeder insbesondere eingeleget; auch wie groß ist die Summa der sämtlichen Einlage?

		12
A.	$\frac{1}{6}$	2
B.	$\frac{1}{4}$	3
C.	$\frac{1}{3}$	4
		9.

Da nun das Ganze aus $\frac{12}{12}$ besteht, A, B, und C. aber zusammen nur $\frac{9}{12}$ gelegt haben; so ist natürlich die Folge, daß D. die übrigen $\frac{3}{12}$ oder $\frac{1}{4}$ an dieser Entreprise habe. Hieraus folgt nun ferner die zu findenden Einlagen des A, B, und C. durch die Gesellschafsrechnung:

$\frac{3}{12}$ legt 3600 Thlr. wie viel $\begin{cases} \frac{2}{12}. & 2400. \quad A. \\ \frac{3}{12}. & 3600. \quad B. \\ \frac{4}{12}. & 4800. \quad C. \end{cases}$

Hierzu des D. Einlage = 3600.

Ist das ganze Capital 14400 Thlr.

z. B. Zu einem Etablissement leget A. 5000 Thl. und B. 3500 Thlr., C. aber will so viel zulegen, damit er $\frac{5}{12}$ an solcher Handlung habe: Wie groß muß dessen Einlage seyn?

Da das Ganze allhier in $\frac{12}{12}$ besteht, so subtrahiret man des C. $\frac{5}{12}$, bleiben für A. und B. zusammen $\frac{7}{12}$. Hierauf addiret man die 5000 zu 3500, kommen 8500, daher setzet man:

$\frac{7}{12}$ geben 8500 Thlr. wie viel $\frac{5}{12}$?

Antw. 6071$\frac{3}{7}$ Thlr. und so viel muß C. einlegen.

z. B. An einer Sache, die von A. B. C. und D. in Gesellschaft pro 10000 Thlr. gekauft worden, findet sich ein Gewinn, an welchem A. 200, B. 150, C. 100, und D. 50 Thlr. participirt. Es wird daher gefragt: Wie viel jeder einzeln an Capital hergegeben? Der ganze Gewinn beträgt also 500 Thlr. Man setze daher:

1000 für 10000 wie viel { 200? Antw. 2000 Thl.
150? = 1500 =
100? = 1000 =
50? = 500 = }

z. B. Es bekommen 4 Erben 21550 Thlr. welche sie nach Abführung von 1550 Thlr. an verschiedenen Legatis, unter sich gleich theilen sollen. Wie viel bekommt ein jeder?

Da nach Abzug der 1550 von 21550 Thrl. 20000 Thlr. verbleiben, und die 4 Erben gleiche Theile haben sollen, so braucht man nur mit der 4 in 20000 zu dividiren, wodurch jeder Erbe 5000 Thlr. erhalten würde.

z. B. Ihrer 4 haben unter sich 8000 Thlr. zu theilen, dergestalt daß dem A. $\frac{1}{6}$, B $\frac{1}{5}$, C. $\frac{1}{3}$ und D. den Rest zukommt. Wie viel erhält jeder?

A. $\frac{1}{6}$ aus 8000 beträgt $1333\frac{1}{3}$
B. $\frac{1}{5}$ = 1600
C. $\frac{1}{3}$ = $2666\frac{2}{3}$

Summa 5600. Diese von 8000 abgezogen, bleibet dem D. 2400.

8000 Thlr.

z. B. An einem Geschäft hat A. $\frac{1}{3}$ und B. $\frac{2}{5}$, diese erhalten zusammen für ihr Antheil 1100 Thlr. Wie viel gebührt einem Jeden?

15

A. $\frac{1}{3}$ | 5 hiernach erhält A. $\frac{5}{11}$ aus 1100 — 500
B. $\frac{2}{5}$ | 6 und B. $\frac{6}{11}$ aus 1100 — 600

11 Summa 1100 Th.

z. B. An 100 Thlr. gebühret A. $\frac{1}{2}$, B. $\frac{1}{3}$, und C. $\frac{1}{4}$. Frage: Wie viel einem Jeden?

	12	
A. $\frac{1}{2}$	6	Also bekommt A. $\frac{6}{13}$ aus 100 beträgt $46\frac{2}{13}$
B. $\frac{1}{3}$	4	B. $\frac{4}{13}$ = = = $30\frac{10}{13}$
C. $\frac{1}{4}$	3	C. $\frac{3}{13}$ = = = $23\frac{1}{13}$
	13	Summa 100 Thl.

z. B. A. B. C. sollen 10000 Thlr. dergestalt theilen, daß so oft als A. 1000 Thlr. bekommt, soll B. 1200 Thlr. erhalten; und so oft als dieser 1000 Thlr. bekommt, soll C. 1500 Thlr. haben. Wie viel gebühret einem Jeden?

	2	
A. 10ØØ	5.	Diese 5 und 6 zeigen das Verhält-
B. 12ØØ	6.	niß von den Theilen A. und B.

	5	
B. 10ØØ	2.	Diese 2 und 3 zeigen das Verhält-
C. 15ØØ	3.	niß von den Theilen B. und C.

Damit nun das Glied B. in beyden Verhältnissen gleich groß werde, so vergrößert man die Glieder der Glieder der Verhältnisse 5 zu 6 mit 2, und die Glieder der Verhältnisse 2 zu 3 mit 6, so behalten sie ihr voriges Verhältniß, und komnit auf solche Weise in beyden bey B. ein gleich großes Glied, nämlich so oft als A. 10 ethält, so gebühret den B. 12 und den C. 18.

	2
A. 10	5
B. 12	6
C. 18	9
	20.

Hiernach erhält

A.	$\frac{5}{20}$	oder	$\frac{1}{4}$	aus	1000	beträgt	2500 Thlr.
B.	$\frac{6}{20}$	=	$\frac{3}{10}$	=	=	=	3000 Thlr.
C.	$\frac{9}{20}$			=	=	=	4500 Thlr.
						Summa	10000 Thlr.

Zu der Gesellschafts-Rechnung können auch Aufgaben gerechnet werden, welche zum Calculiren der Waaren-Preise gehören, und wie solches oben pag. 211 mit mehrern Nutzen gezeigt worden, um aber doch die Anwendung mit gedachter Rechnung zu zeigen, so soll folgendes Beyspiel das Nähere bestimmen.

z. B. Berlin verschreibt von Lyon 6 Stück Etoffes, als:

No. 1.	$26\frac{1}{2}$	Aune	—	à $32\frac{3}{4}$	Liv.	—	£ 867.	17.	6
2	$26\frac{3}{4}$	=	—	à $32\frac{1}{4}$	=	—	= 862.	13.	9
3	$26\frac{5}{8}$	=	—	à $32\frac{1}{2}$	=	—	= 865.	6.	3
4.	$26\frac{1}{2}$	=	—	à $30\frac{4}{5}$	=	—	= 816.	4.	—
5	$26\frac{3}{8}$	=	—	à $3\;\frac{3}{5}$	=	—	= 833.	9.	—
6.	26	=	—	à $30\frac{7}{8}$	=	—	= 802.	15.	—
							Liv. 5048.	5.	6
	Commission à $2\frac{1}{2}$ pro Cent					=	126.	4.	3
	Unkosten		=	=		=	43.	10.	3
							Liv. 5218.	—	—
sind auf Amsterdam zu 30 pf. vls									
	Bco. trassiret		=			Bco. fl.	1304.	10.	—
Diese à 150 pro Cent			=			Pr. C. Thlr.	782.	17.	—
	Spesen bis und in Berlin					= =	97.	7.	—
						Pr. C. Thlr.	880.	—.	—

Wenn nun zu wissen verlangt wird, wie nach allen Kosten der Livre de France zu stehen kommen würde, so ist der Ansatz:

5048 L. 5 Sous 6 pf. — 880 Thl. ? 1 Liv.

Antw. 4 gr. 2 pf. circa

Und wenn man ferner wissen wollte, wie hoch die Elle zu stehen käme, so setzt man solches also:

1 L. — 4 gr. 2 pf. — ? $32\frac{3}{4}$ L. No. 1.

und verfährt so mit allen 6 Stücken.

Mehrere Beyspiele zu dieser Rechnungs-Abtheilung anzuführen, wäre überflüßig, indem die bekanntesten Vorfälle hinlänglich erwiesen sind.

Von der Gold- und Silber-Rechnung.

Zum Wiegen des Gold- und Silbers bedienet man sich gemeiniglich entweder des Trois-Gewichts, bey welchem 1 Mark in 8 Unzen, und jede Unze in 20 Engels oder 5120 Aasen, oder des Cöllnischen Gewichts, nach welchem beym Silber die Mark in 16 Loth zu 4 Quentin à 4 pf. und 1 pf. zu 256 Richtpfennigtheilen, beym Golde aber in 24 Karat zu 16 Grän eingetheilet ist. Dieses leztern bedienet man sich fast in allen Münzstädten Deutschlands, des erstern aber in Holland und noch an verschiedenen Orten mehr, und gewöhnlich werden 20 Mark Cöllnisch gleich 19 Mark Trois gerechnet.

Sobald eine Masse Gold oder Silber ganz rein, und ohne Zusatz ist; so heißt es fein, und zwar beym Golde 24karatig und beym Silber 16löthig. Da nun zwar weder das Gold noch das Silber so fein zu machen

machen ist, daß es 24karatig und 16löthig werde, indem allezeit ein geringes daran fehlet, so wird doch unter dem Verstande ganz fein, obiges Verhältniß verstanden.

Das Silber wird gewöhnlich mit Kupfer vermischt, und zwar nennt man ein 15löthiges Silber alsdenn, wenn zu 15 Loth Silber 1 Loth Kupfer geschmolzen wird; und so, wenn zu 14 Loth Silber 2 Loth Kupfer genommen werden, ein 14löthiges Silber ꝛc.

Solchergestalt, wenn zu einer Masse, welche 1 Mark wiegen soll, 13 Loth fein Silber und 3 Loth Kupfer genommen worden, so muß man zu einer Masse, welche 2 Mark wiegen soll, 2 × 13, oder 26 Loth fein Silber, und 2 × 3, oder 6 Loth Kupfer nehmen u. s. w.

So wie nun das Silber einen Zusatz vom Kupfer erhält, also wird auch dem Golde entweder fein oder schlecht Silber (nemlich Silber und Kupfer) zugesetzt, und wird alsdann ein 23karatiges Gold genannt, wenn in einer Masse, welche 1 Mk. wieget, 23 Karat fein Gold, und 1 Karat Zusatz zusammengeschmolzen ist; ein 22karatiges aber, wenn zu 22 Karat fein Gold 2 Karat Zusatz genommen worden, u. s. w.

Um zu wissen, wie viel Stück einer Münzsorte, sowohl in Gold oder Silber, auf eine Mark Cöllnisch gehen, wird hinter gegenwärtiger Rechnungs-Abtheilung eine Tabelle folgen, welche den bestimmten Münz-Satz anzeigen wird.

Die allhier vorkommenden Aufgaben werden größtentheils nach der Regel de Tri berechnet.

z. B. Eine Masse Gold wiegt 30 Mark, davon jede Mark ins feine nur 17 Karat 9 Grän hält. Wie viel feine Mark sind in den 30 Mark enthalten?

1 Mk. — 17 Karat 9 Gr. fein — 30 Mk.

12 = 2	15.			
4 = 3	5.			
1 = 4	1.	6.		
6 = 2	—.	15.		
3 = 2	—.	7.	6	

Antw. 22 Mk 4 Ka. 6 Gr.

z. B. In einer Masse von 30 Mk. Gold sind 22 Mk. 4 Kar. 6 Grän fein Gold enthalten. Wie viel karatig ist solches Gold?

30 Mk. — 22 Mk. 4 Kar. 6 Gr. — 1 Mk.

532 (24

30) 17 Kar. 9 gr. Antw. und so viel ist fein Gold in jeder Mark.

z. B. Eine Quantität Silber wieget 348 Mk. wovon in jeder Mark 14 Loth 6 Grän fein Silber enthalten sind: wie viel fein Silber enthalten die 348 Mark?

1 Mk. — 14 Loth 6 Gr. fein — 348 Mk.

8 = 2	174	
4 = 2	87	
2 = 2	43.	8.
6 = 6	7.	4.

Antw. 311 Mk. 12 Loth

z. B. Wenn in einer Masse von 348 Mk. Silber, 311 Mk. 12 Loth fein Silber enthalten sind. Wie viel löthig ist dieses Silber?

348 Mk. — 311 Mk. 12 Loth — 1 Mk.

4988

348) 14 Loth 6 gr. fein. Antw.

Mehrere Beyspiele hierbey anzuführen, wäre überflüßig, da die Gold- und Silber-Calculationes mehreres nachweisen werden.

Da der Agio der Friedd'or gegen Preuß. Courant der Veränderung sehr unterworfen ist, und gewöhnlich derselbe nur pro Centweise angegeben wird; so kann folgende Tabelle zu Auffindung des Werths für 1 Stück Frd'or nach dem jedesmaligen Agio in Preuß. Courant leicht gefunden werden, so wie auch gegentheils, wenn der Agio auf 1 Stück Friedd'or in Pr. Courant angegeben wäre, nach unten stehender Tabelle bequem zu finden ist, wie viel es pro Cent beträgt.

z. B. Der Agio der Friedd'or gegen Preuß. Courant wäre 4 pro Cent; wie viel beträgt 1 Stück Fdd'or in Thlr. Preuß. Courant?

20 St. od. 100 Th. Fd'or — 4 Th. C. Ag. — ? 1 St. od. 5 Thl. Fd'r.

```
        96
  20) ----
       4|8
        9|6
         10 Antw. 4 gr. 9⅗ pf.
```

Oder:

z. B. Für 1 Stück Fd'or bezahlt man 5 Thl. 5 gr. Pr. Court., wie viel trägt es pro Cento?

5 Thl. Fd'or — 5 Thl. 5 gr. C. — 100 Thl. Fd'or

```
                                    20
   100      4=6
    3.   8  1=4
    —.  20
   104 Thl. 4 gr.
```

104 Thl. 4 gr. davon 100 Thl. abgerechnet, verbleibt 4⅙ pro Cent.

Zwar hätte sich diese Berechnung besser zu der Banco- und Agio-Rechnung im Ersten Theil dieses Rechenbuchs geschickt, allein da sie damals ausgelassen, und für manchen ihres Nutzens wegen, nicht überflüßig zu seyn scheint; so wird sie hiermit nachgebracht.

Frdd'or gewinnen gegen Pr. Courant.	wornach der Frd'or à 5 Thlr. gilt in Thlr. Pr. Courant.			Frdd'or gewinnen gegen Pr. Courant	wornach der Frd'or à 5 Thlr. gilt in Thlr. Pr. Courant.		
	Thl.	gr.	pf.		Thl.	gr.	pf.
4 pr. Cent	5	4	$9\frac{3}{5}$	6 pr. Cent	5	7	$2\frac{2}{5}$
$4\frac{1}{12}$	5	4	$10\frac{4}{5}$	$6\frac{1}{12}$	5	7	$3\frac{3}{5}$
$4\frac{1}{8}$	5	4	$11\frac{2}{5}$	$6\frac{1}{8}$	5	7	$4\frac{1}{5}$
$4\frac{1}{6}$	5	5	—	$6\frac{1}{6}$	5	7	$4\frac{4}{5}$
$4\frac{1}{4}$	5	5	$1\frac{1}{5}$	$6\frac{1}{4}$	5	7	6
$4\frac{1}{3}$	5	5	$2\frac{2}{5}$	$6\frac{1}{3}$	5	7	$7\frac{1}{5}$
$4\frac{3}{8}$	5	5	3	$6\frac{3}{8}$	5	7	$7\frac{4}{5}$
$4\frac{5}{12}$	5	5	$3\frac{3}{5}$	$6\frac{5}{12}$	5	7	$8\frac{2}{5}$
$4\frac{1}{2}$	5	5	$4\frac{4}{5}$	$6\frac{1}{2}$	5	7	$9\frac{3}{5}$
$4\frac{7}{12}$	5	5	6	$6\frac{7}{12}$	5	7	$10\frac{4}{5}$
$4\frac{5}{8}$	5	5	$6\frac{3}{5}$	$6\frac{5}{8}$	5	7	$11\frac{2}{5}$
$4\frac{2}{3}$	5	5	$7\frac{1}{5}$	$6\frac{2}{3}$	5	8	—
$4\frac{3}{4}$	5	5	8	$6\frac{3}{4}$	5	8	$1\frac{1}{5}$
$4\frac{5}{6}$	5	5	$9\frac{3}{5}$	$6\frac{5}{6}$	5	8	$2\frac{2}{5}$
$4\frac{7}{8}$	5	5	$10\frac{1}{5}$	$6\frac{7}{8}$	5	8	3
$4\frac{11}{12}$	5	5	$10\frac{4}{5}$	$6\frac{11}{12}$	5	8	$3\frac{3}{5}$
5	5	6	—	7	5	8	$4\frac{2}{5}$
$5\frac{1}{12}$	5	6	$1\frac{1}{5}$	$7\frac{1}{12}$	5	8	6
$5\frac{1}{8}$	5	6	$1\frac{4}{5}$	$7\frac{1}{8}$	5	8	$6\frac{3}{5}$
$5\frac{1}{6}$	5	6	$2\frac{2}{5}$	$7\frac{1}{6}$	5	8	$7\frac{1}{5}$
$5\frac{1}{4}$	5	6	$3\frac{1}{4}$	$7\frac{1}{4}$	5	8	$8\frac{2}{5}$
$5\frac{1}{3}$	5	6	$4\frac{4}{5}$	$7\frac{1}{3}$	5	8	$9\frac{4}{5}$
$5\frac{3}{8}$	5	6	$5\frac{2}{5}$	$7\frac{3}{8}$	5	8	$10\frac{1}{5}$
$5\frac{5}{12}$	5	6	6	$7\frac{5}{12}$	5	8	$10\frac{4}{5}$
$5\frac{1}{2}$	5	6	$7\frac{1}{5}$	$7\frac{1}{2}$	5	9	—
$5\frac{7}{12}$	5	6	$8\frac{3}{5}$	$7\frac{7}{12}$	5	9	$1\frac{1}{5}$
$5\frac{5}{8}$	5	6	9	$7\frac{5}{8}$	5	9	$1\frac{4}{5}$
$5\frac{2}{3}$	5	6	$9\frac{3}{5}$	$7\frac{2}{3}$	5	9	$2\frac{2}{5}$
$5\frac{3}{4}$	5	6	$10\frac{4}{5}$	$7\frac{3}{4}$	5	9	$3\frac{2}{5}$
$5\frac{5}{6}$	5	7	—	$7\frac{5}{6}$	5	9	$4\frac{4}{5}$
$5\frac{7}{8}$	5	7	— $\frac{3}{5}$	$7\frac{7}{8}$	5	9	$5\frac{2}{5}$
$5\frac{11}{12}$	5	7	$1\frac{1}{5}$	$7\frac{11}{12}$	5	9	6 —

Frdd'or gewinnen gegen Pr. Courant.	wornach der Frd'or à 5 Thlr. gilt in Thlr. Pr. Courant. Thl.	gr.	pf.	Frdd'or gewinnen gegen Pr. Courant.	wornach der Frd'or à 5 Thlr. gilt in Thlr. Pr. Courant. Thl.	gr.	pf.
8 pr. Cent	5	9	$7\frac{1}{5}$	10 pr. C.	5	12	—
$8\frac{1}{12}$	5	9	$8\frac{2}{5}$	$10\frac{1}{12}$	5	12	$1\frac{1}{5}$
$8\frac{1}{8}$	5	9	9 —	$10\frac{1}{8}$	5	12	$1\frac{4}{5}$
$8\frac{1}{6}$	5	9	$9\frac{3}{5}$	$10\frac{1}{6}$	5	12	$2\frac{2}{5}$
$8\frac{1}{4}$	5	9	$10\frac{4}{5}$	$10\frac{1}{4}$	5	12	$3\frac{3}{5}$
$8\frac{1}{3}$	5	10	—	$10\frac{1}{3}$	5	12	$4\frac{4}{5}$
$8\frac{3}{8}$	5	10	— $\frac{3}{5}$	$10\frac{3}{8}$	5	12	$5\frac{2}{5}$
$8\frac{5}{12}$	5	10	$1\frac{1}{5}$	$10\frac{5}{12}$	5	12	6 —
$8\frac{1}{2}$	5	10	$2\frac{2}{5}$	$10\frac{1}{2}$	5	12	$7\frac{1}{5}$
$8\frac{7}{12}$	5	10	$3\frac{3}{5}$	$10\frac{7}{12}$	5	12	$8\frac{2}{5}$
$8\frac{5}{8}$	5	10	$4\frac{1}{5}$	$10\frac{5}{8}$	5	12	9 —
$8\frac{2}{3}$	5	10	$4\frac{4}{5}$	$10\frac{2}{3}$	5	12	$9\frac{3}{5}$
$8\frac{3}{4}$	5	10	6 —	$10\frac{3}{4}$	5	12	$10\frac{4}{5}$
$8\frac{5}{6}$	5	10	$7\frac{1}{5}$	$10\frac{5}{6}$	5	13	—
$8\frac{7}{8}$	5	10	$7\frac{4}{5}$	$10\frac{7}{8}$	5	13	— $\frac{3}{5}$
$8\frac{11}{12}$	5	10	$8\frac{2}{5}$	$10\frac{11}{12}$	5	13	$1\frac{1}{5}$
9	5	10	$9\frac{3}{5}$	11	5	13	$2\frac{2}{5}$
$9\frac{1}{12}$	5	10	$10\frac{4}{5}$	$11\frac{1}{12}$	5	13	$3\frac{3}{5}$
$9\frac{1}{8}$	5	10	$11\frac{2}{5}$	$11\frac{1}{8}$	5	13	$4\frac{2}{5}$
$9\frac{1}{6}$	5	11	—	$11\frac{1}{6}$	5	13	$4\frac{4}{5}$
$9\frac{1}{4}$	5	11	$1\frac{1}{5}$	$11\frac{1}{4}$	5	13	6 —
$9\frac{1}{3}$	5	11	$2\frac{2}{5}$	$11\frac{1}{3}$	5	13	$7\frac{1}{5}$
$9\frac{3}{8}$	5	11	3	$11\frac{3}{8}$	5	13	$7\frac{4}{5}$
$9\frac{5}{12}$	5	11	$3\frac{3}{5}$	$11\frac{5}{12}$	5	13	$8\frac{2}{5}$
$9\frac{1}{2}$	5	11	$4\frac{4}{5}$	$11\frac{1}{2}$	5	13	$9\frac{3}{5}$
$9\frac{7}{12}$	5	11	6	$11\frac{7}{12}$	5	13	$10\frac{4}{5}$
$9\frac{5}{8}$	5	11	$6\frac{3}{5}$	$11\frac{5}{8}$	5	13	$11\frac{2}{5}$
$9\frac{2}{3}$	5	11	$7\frac{1}{5}$	$11\frac{2}{3}$	5	14	—
$9\frac{3}{4}$	5	11	$8\frac{2}{5}$	$11\frac{3}{4}$	5	14	$1\frac{1}{5}$
$9\frac{5}{6}$	5	11	9	$11\frac{5}{6}$	5	14	$2\frac{2}{5}$
$9\frac{7}{8}$	5	11	$10\frac{1}{5}$	$11\frac{7}{8}$	5	14	3
$9\frac{11}{12}$	5	11	$10\frac{4}{5}$	$11\frac{11}{12}$	5	14	$3\frac{3}{5}$

Frdd'or gewinnen gegen Pr. Courant.	wornach der Frd'or à 5 Thlr. gilt in Thlr. Pr. Courant.			Frdd'or gewinnen gegen Pr. Courant.	wornach der Frd'or à 5 Thlr. gilt in Thlr. Pr. Courant.		
	Thl.	gr.	pf.		Thl.	gr.	pf.
12 pro C.	5	14	4 4/5	14 pro C.	5	16	9 3/5
12 1/12	5	14	6 —	14 1/12	5	16	10 4/5
12 1/8	5	14	6 3/5	14 1/8	5	16	11 2/5
12 1/6	5	14	7 1/5	14 1/6	5	17	—
12 1/4	5	14	8 2/5	14 1/4	5	17	1 1/5
12 1/3	5	14	9 3/5	14 1/3	5	17	2 2/5
12 3/8	5	14	10 1/5	14 3/8	5	17	3
12 5/12	5	14	10 4/5	14 5/12	5	17	3 3/5
12 1/2	5	15	—	14 1/2	5	17	4 4/5
12 7/12	5	15	1 1/5	14 7/12	5	17	6
12 5/8	5	15	1 4/5	14 5/8	5	17	6 3/5
12 2/3	5	15	2 2/5	14 2/3	5	17	7 1/5
12 3/4	5	15	3 3/5	14 3/4	5	17	8 2/5
12 5/6	5	15	4 4/5	14 5/6	5	17	9 3/5
12 7/8	5	15	5 2/5	14 7/8	5	17	10 1/5
12 11/12	5	15	6 —	14 11/12	5	17	10 4/5
13	5	15	7 1/5	15	5	18	—
13 1/12	5	15	8 2/5	15 1/12	5	18	1 1/5
13 1/8	5	15	9	15 1/8	5	18	1 4/5
13 1/6	5	15	9 3/5	15 1/6	5	18	2 2/5
13 1/4	5	15	10 4/5	5 1/4	5	18	3 3/5
13 1/3	5	16	—	15 1/3	5	18	4 4/5
13 3/8	5	16	— 3/5	15 3/8	5	18	5 2/5
13 5/12	5	16	1 1/5	15 5/12	5	18	6
13 1/2	5	16	2 2/5	15 1/2	5	18	7 1/5
13 7/12	5	16	3 3/5	15 7/12	5	18	8 2/5
13 5/8	5	16	4 1/5	15 5/8	5	18	9
13 2/3	5	16	4 4/5	15 2/3	5	18	9 3/5
13 3/4	5	16	6 —	15 3/4	5	18	10 4/5
13 5/6	5	16	7 1/5	15 5/6	5	19	—
13 7/8	5	16	7 4/5	15 7/8	5	19	— 3/5
13 11/12	5	16	8 2/5	15 11/12	5	19	1 1/5

Tafel

zur

Vergleichung

der

Rechnungs- Gold- und silbernen Münzen

in

folgenden Anzeigen

als:

1) Der Rechnungs- und würklichen Münzen der vornehmsten Handelsländer und Oerter.
2) Die Anzahl der Stücke, die auf die Cöllnische rauhe oder legirte Mark Gold oder Silber gehen.
3) Des Gewichts von 1 Stk. der angegebenen Münzen in zweyerley Gewicht, nemlich in Holl As, davon 4864 auf die Cöllnische Mark gehen, und in Cöllnischen Richtpfennigen, davon 65536 auf die Cöllnische Mark gehen.
4) Des Gehalts der gedachten Münzen, oder wie viel Karat à 12 Grän fein Gold, und Loth à 18 Grän fein Silber in der Cöllnischen rauhen oder legirten Mark befindlich sind.
5) Des Werths der gedachten Münzen in Preuß. Courant.

Münzsorten.

A.

Aachner Rechn. Thaler Courent zu 6 ßl. 9 pf. od. 54 Mk.
Species 8 12 = 72
☽ Rathspräsentier von 1752 — —
Albertsthaler ☽ Holl. gesetzmäßige — —
nach Regenspurger Probe
Amsterdammer Rechn. Liv. vls. zu 6 fl. 20 ßl. oder 240 pf. vls Banco
Courant
Thaler zu 50 stbr. oder 100 pf. vls Banco
Courant
Gulden zu 20 stbr. oder 40 pf. vls Bo.
Courant
Antwerpner Rechn. Liv. vls zu 20 ßl. oder 120 stbr. Wechs. Geld
Courent
Thaler zu 8 ßl. vls oder 48 stbr. Wechs. Geld
Courant
Gulden zu 20 stbr. oder 40 pf. vls Wechs. Geld
Courant
Arragonische Span. Rechn. Libras zu 10 Reales od. 320 Dineros
Augspurger Rechn. Thaler zu 1½ fl. oder 90 Xer Giro
Cour.
Gulden zu 60 Xer Giro
Courent
Augustd'or ☉ Sächsische ältere gesetzmäßig —
nach dem Passirgew.

Eine rauhe od. legirte Mark enthält	Gewicht von Ein Stück in		Gehalt in				Werth von Ein Stück in Preuß. Courent		
			Gold		Silber				
Stück	Holl. As	Cölln Richtpf	Kar.	Grän	Loth	Grän	thl.	gr	pf.
—	—	—	—	—	—	—	—	20	11
—	—	—	—	—	—	—	1	3	11
37,7	129	1738	—	—	9	7	—	5	2
$8\frac{3}{8}$	580,8	7825	—	—	13	15	1	10	8
$8\frac{1}{3}$	584—	7868	—	—	13	16	1	11	—
—	—	—	—	—	—	—	3	15	6
—	—	—	—	—	—	—	3	10	11
—	—	—	—	—	—	—	1	12	5
—	—	—	—	—	—	—	1	10	6
—	—	—	—	—	—	—	—	14	7
—	—	—	—	—	—	—	—	13	9
—	—	—	—	—	—	—	3	10	3
—	—	—	—	—	—	—	2	22	6
—	—	—	—	—	—	—	1	8	10
—	—	—	—	—	—	—	1	4	2
—	—	—	—	—	—	—	—	13	8
—	—	—	—	—	—	—	—	11	8
—	—	—	—	—	—	—	1	8	8
—	—	—	—	—	—	—	1	8	—
—	—	—	—	—	—	—	1	1	2
—	—	—	—	—	—	—	—	21	4
—	—	—	—	—	—	—	—	16	9
$35\frac{5}{37}$	138,4	1865	21	8	—	—	5	9	8
$35\frac{4}{11}$	137,5	1853	21	8	—	—	5	8	10

Münzsorten.

neuere seit 1772 —
nach dem Passirgew.
Dergleichen doppelte und halbe nach Verhältniß/

B.

Barcellonische Rechn. Libras zu 10 Real od. 240 Dineros
Reales de platta zu 42 Dineros
dergl. Catalonische Real. zu 36 Dineros
Real de Artides zu 24 Dineros

Baseler Rechn. Thlr. zu 3 Liv. od. 108 Xr Wechs Geld Courent
Gulden zu 15 Batzen oder 60 Xr. Wechs. Geld Courent
D Species=Thaler von 1624=1669 —
neue Thaler von 1765 zu 30 Schw. Batzen
halbe dergleichen = zu 15 = =
10 Bätzner angeblich —
5 = = —
3 = = —

Bergamosche Rechn. Scudi zu 7 Lire oder 140 Soldi
Lire zu 20 Soldi

Berner Rechn. Thaler zu 30 Batzen
nach dem 1755 Münzfuß
nach dem Preis der Sch. Ld'or od. Laubthlr.
Franken zu 10 Batzen —
5 = —
$2\frac{1}{2}$ = —

Eine rauhe od. legirte Mark enthält	Gewicht von Ein Stück in		Gehalt in				Werth von Ein Stück in Preuß. Courent		
	Holl. As	Cölln. Richtpf.	Gold		Silber				
Stück			Kar.	Grän	Lo	Grän	rtl.	gr	pf.
35	138,9	1872	21	8	—	—	5	10	2
$35\frac{4}{11}$	137,5	1853	21	8	—	—	5	8	10
—	—	—	—	—	—	—	—	18	6
—	—	—	—	—	—	—	—	3	2
—	—	—	—	—	—	—	—	2	9
—	—	—	—	—	—	—	—	1	10
—	—	—	—	—	—	—	1	7	6
10	486,4	6553	—	—	13	9	1	4	4
—	—	—	—	—	—	—		17	6
20	243,2	3276	—	—	13	9	-	14	2
$8\frac{1}{4}$	589,6	7944	—	—	14	—	1	11	7
10	486,4	6553	—	—	13	9	1	4	4
20	243,2	3276	—	—	13	9	—	14	2
27	180,1	2427	—	—	12	—	—	9	4
45	108,1	1456	—	—	10	—	—	4	8
52	93,5	1260	—	—	7	7	—	2	11
—	—	—	—	—	—	—	—	23	7
—	—	—	—	—	—	—	—	3	4
—	—	—	—	—	—	—	1	5	3
—	—	—	—	—	—	—	1	4	9
$28\frac{7}{8}$	168,4	2269	—	—	13	6	—	9	8
$52\frac{3}{40}$	93,4	1258	—	—	12	—	—	4	10
$104\frac{3}{20}$	46,7	629	—	—	12	—	—	2	5

Münzsorten.

☽ Patacons von 1622 = 1723 —
Fünf Batzner oder 10 Sous = Stücke
Bilbaosche Rechn. Reales zu 34 Marav. de Vellon
Bologneser Rechn. Scudi di Cambio zu 85 Bologn. Wechs Geld
Lire zu 2 Paoli od. 20 Bolog. W. G. Courent
Botzner Rechn. Scudi di Camb. zu 93 Xr Giro
Thaler zu 90 Xr. Giro
Gulden zu 60 = =
Moneta lunga
Meß = Valuta
Brandenburger ☽ Thl. nach dem Burgunder Thl. Fuß
Braunschweiger Rechn. Thl. zu 24 gute od. 36 Mar. gr.
in Carld'or
in Courent
⊙ 5 Thaler = Stück gesetzmäßig nach dem Pass. Fuß
☽ Courent = Thaler s. Convent. Münz.
Bremer Rechn. Thaler zu 72 Grot in Louisd'or
Courent

C.

Cadixer Rechn. Reales de plata zu 34 Maravedis
Canarischer Inseln Rechn. Reales zu 8 Quartos
Carld'or, s. Braunschw ⊙ 5 Thaler = Stk.
Carlino, ☽ Neapolitanische, —
Carolin ☽ Schwedische — —
Carolind'or, oder ⊙ Bayersche, Würtenb. Pfälz rc. Carolinen
Carolus, Engl. alte ⊙ Münze —
Casseler Rechn. Thl. zu 32 Hessische Albus —

Eine rauhe od legirte Mark enthält	Gewicht von Ein Stück in		Gehalt in				Werth von Ein Stück in Preuß. Courent.		
			Gold		Silber				
Stück	Holl. As	Cölln. Richtpf	Kar.	Grän	Loth	Grän	thl.	gr.	pf.
$8\frac{5}{8}$	5?3,9	7598	—	—	13	16	1	9	9
47	103,5	1394	—	—	12	—	—	5	4
—	—	—	—	—	—	—	—	1	8
—	—	—	—	—	—	—	1	7	6
—	—	—	—	—	—	—	—	7	5
43,65	111,4	1501	—	—	14	12	—	7	—
—	—	—	—	—	—	—	1	9	1
—	—	—	—	—	—	—	1	8	—
—	—	—	—	—	—	—		21	4
—	—	—	—	—	—	—	—	16	9
—	—	—	—	—	—	—	—	15	10
8	608—	8192	—	—	13	6	1	11	—
—	—	—	—	—	—	—	1	1	2
—	—	—	—	—	—	—	1	1	2
35	138,9	1872	21	9	—	—	5	10	8
$35\frac{2}{3}$	$136\frac{3}{8}$	1838	21	8	—	—	5	7	9
—	—	—	—	—	—	—	1	1	2
—	—	—	—	—	—	—	1	1	2
—	—	—	—	—	—	—	—	3	3
—	—	—	—	—	—	—	—	2	7
115,79	42	566	—	—	14	6	—	2	7
$22\frac{7}{15}$	216,5	2917	—	—	11	2	—	10	4
24	$202\frac{2}{3}$	2730	18	6	3	8	6	18	1
26,151	186—	2506	22	—	—	—	7	8	11
—	—	—	—	—	—	—	1	1	2

Münzsorten.

Catalonische Rechn. Libras zu 10 Real od. 240 Diner.
Chevalliers od. ⊙ alte Franz Ld'or mit Malthes. Kreuz
Chinasche Rechn. Lyangs od. Taels zu 10 Mos oder 100 Condorins
Cöllner Rechn. Thaler Spec. zu $1\frac{1}{2}$ fl. 80 Alb. od. 90 Xr. Cour.
Cour. zu $1\frac{1}{2}$ fl 78 Alb od. $78\frac{3}{4}$ Xr Cour.
Gulden Species zu $53\frac{1}{3}$ Alb od. 60 Xr. Cour.
Constantinopolitanische Rechn. Piaster zu 100 Mines od. Aspers
Conventions-Münzfuß-Sorten, bestehen in
☽ Species-Thlr. zu $1\frac{1}{3}$ Thlr. 2 Rfl 32 ggr. od. 48 Mgr. od. 120 Xr.

$\frac{1}{2}$er od. Gulden zu 16 ggr. —
$\frac{1}{4}$tel od. $\frac{1}{3}$e = zu 8 = —
Kopfstück zu 20 Xr. — —
Siebenzehner zu 17 Xr. — —
$\frac{1}{2}$e Kopfstücke zu 10 Xr — —
Siebener zu 7 Xr. — —
Groschen zu 3 Xr. — —

Courent-Geld, Preußisches
☽ Thaler zu 24 Groschen —
$\frac{1}{2}$ = = 12 = — —
$\frac{1}{4}$ = = 6 = — —
$\frac{1}{3}$ = = 8 = — —
$\frac{1}{6}$ = = 4 = — —
$\frac{1}{12}$ = = 2 = — —

Crusados novos ☽ Portug. zu 480 Rees seit 1750. nach Tableau du pair

Eine rauhe od. legirte Mark enthält	Gewicht von Ein Stück in		Gehalt in				Werth von Ein Stück in Preuß. Courent.		
			Gold		Silber				
Stück.	Holl. As	Richtpf	Kar	Grän.	Loth	Grän	Thl	gr	pf.
—	—	—	—	—	—	—	—	8	10
24,08	202	2721	21	8	—	—	7	[illegible]	10
—	—	—	—	—	—	—	2	5	11
—	—	—	—	—	—	—	—	20	11
—	—	—	—	—	—	—	—	20	4
—	—	—	—	—	—	—	—	13	11
—	—	—	—	—	—	—	—	18	1
8$\frac{1}{3}$	583,7	7864	—	—	13	6	1	9	7
16$\frac{2}{3}$	291,8	3932	—	—	13	6	—	16	9
33$\frac{1}{3}$	145,9	1966	—	—	13	6	—	8	4
35	138,9	1872	—	—	9	6	—	5	7
38$\frac{4}{7}$	127	1714	—	—	8	12	—	4	9
60	81	1092	—	—	8	—	—	2	9
72$\frac{1}{4}$	67$\frac{1}{2}$	909	—	—	6	13	—	1	11
137$\frac{1}{2}$	35,3	476	—	—	5	9	—	—	10
10$\frac{1}{2}$	463,2	6241	—	—	12	—	1	—	—
21	231,6	3120	—	—	12	—	—	12	—
42	115,8	1560	—	—	12	—	—	6	—
28	173,7	2340	—	—	10	12	—	8	—
43$\frac{3}{4}$	111$\frac{1}{6}$	1498	—	—	8	6	—	4	—
63	77,2	1047	—	—	6	—	—	2	—
15,915	305,6	4118	—	—	14	9	—	19	1
16	304	4096	—	—	14	7	—	18	10

Münzsorten.

Curassausche Rechnungs-Pesos zu 8 sl. od. 48 stbr.

D.

Dänische Rechnungs-Thaler zu 6 Mk. oder 96 sl.
Kronen-Valuta
Courent —
⊙ Court. Ducaten, alte von 1714 - 1717
zu 12 Mk.
1727 und 1757 auf 10 Mk. reduc.
☽ Species-Thaler à 96 sl. Dän. Species
½de à 48 sl. —
Kronen à 4 Mk. feine von 1618 - 1726
von 1699 - 1726
grobe von 1643 - 1645
von 1650 - 1771
24 Schilling-Stück —
16 Schilling-Stück —
12 Schilling-Stück —
Amerikanische 12 Schilling-Stück —

Danziger Rechn. Thaler zu 3 fl. oder 90 gr. Preuß.
nach dem Ducaten-Preis
zu 4 Thlr.
Gulden zu 30 Prgr. —
Dergleichen nach dem Ducaten-Preis

Dobraones ⊙ Portugiesische zu 24000 Rees —

Dobras ⊙ Portugiesische zu 12800 Rees —

Doppien ⊙ Savoysche, neue, seit 1755. —
seit 1786. —
⊙ Spanische, s. Spanische Doblones.

Ducaten, Dänische, alte von 1714 - 1717. —
neue, seit 1757. —

Ducaten,

Eine rauhe od. legirte Mark enthält	Gewicht von Ein Stück in		Gehalt in				Werth von Ein Stück in Preuß. Courant		
			Gold		Silber				
Stück	Holl. As	Richtpf	Kar.	Grän	Loth	Grän	Thl	gr	pf.
—	—	—	—	—	—	—	1	4	3
—	—	—	—	—	—	—	1	8	3
—	—	—	—	—	—	—	1	5	7
81½	59,6	804	21	2	—	—	2	6	7
8 3/32	601	8097	—	—	14	—	1	12	3
16 3/16	300	4048	—	—	14	—	—	18	1
13 8/9	350,2	4719	—	—	13	13½	—	20	9
13	374,2	5041	—	—	13	6	—	21	6
10½	463,2	6242	—	—	9	9	—	18	11
10½	463,2	6242	—	—	10	13⅓	—	21	6
26⅝	182,7	2461	—	—	9	—	—	7	1
46	105,7	1425	—	—	9	17	—	4	6
61	79,7	1074	—	—	8	15	—	3	—
36,71	132,5	1785	—	—	7	17½	—	4	6
—	—	—	—	—	—	—	—	18	11
—	—	—	—	—	—	—	—	18	—
—	—	—	—	—	—	—	—	7	1
—	—	—	—	—	—	—	—	6	—
4,3457	1119,4	15080	22	—	—	—	44	8	8
8,148	597	8043	22	—	—	—	23	15	10
24,286	200¼	2698	21	9	—	—	7	20	4
25⅝	189,8	2557	21	9	—	—	7	10	6
81,07	60	808	21	2	—	—	2	6	10
75,06	64,8	873	21	1	—	—	2	11	—

Münzsorten.

Ducaten, Dänische, von feinerm Golde —
Holländische, — —
nach dem Remedio —
Russische gute Ducaten —
Andreas-Ducaten von 2 Rubel
Schwedische Ducaten —
Ducati di Regno) Neapolitanische —
Venediger) — —
Ducatons) Holländische, gesetzmäßige —
nach dem Remedio —
Niederländische neue seit 1749, gesetzmäßig zu
Remedium zu
Durchschnitt zu
Duynkirchner Rechn. Liv. vls zu 20 ßl. od 240 pf. vls
Ecu od. Thl. zu 8 ßl. vls od. 48 stb.
Gulden zu 20 stb. oder 40 pf. vls
Livres zu 20 Sous —

E.

Ecu d'Argent) französische, s. Laubthaler.
Savoyische seit 1755. —
$\frac{1}{2}$be — —
$\frac{1}{4}$tel — —
$\frac{1}{8}$tel — —
Emdener, s. Preußisch-Brandenburgische Münzen.
Engelots ⊙ Englische alte — —
Englische Rechn. Pfund Sterl. zu 20 ßl od. 240 pf. strl.
) Cronen, gesetzmäßige zu —
nach der gewöhnl. Annahme zu
halbe Cronen — —

Eine rauhe od. legirte Mark enthält	Gewicht von Ein Stuck in		Gehalt in				Werth von Ein Stück in Preuß. Courent.		
			Gold		Silber				
Stück	Holl. As	Richtpf	kar.	Grän	Loth	Grän	thl	gr	pf.
67	72,6	978	23	6	—	—	3	1	9
$66\frac{1}{2}$	73	$985\frac{1}{2}$	23	8	—	—	3	2	10
66,918	72,7	$979\frac{1}{4}$	23	7	—	—	3	2	1
$67\frac{1}{7}$	$72\frac{1}{8}$	972	23	3	—	—	3	-	6
$57\frac{1}{7}$	85,1	1147	18	9	—	—	2	21	—
67	72,6	978	23	5	—	—	3	1	6
10,733	453,2	6106	—	—	14	$10\frac{4}{5}$	1	4	6
10,259	474,1	6388	—	—	13	4	1	3	—
$7\frac{1}{8}$	682,7	9198	—	—	15	1	1	20	4
7,17	678,4	9140	—	—	15	—	1	9	11
6,982	696,6	9385	—	—	13	$17\frac{1}{2}$	1	18	—
7,026	692,2	9327	—	—	13	$16\frac{1}{2}$	1	17	7
7,004	694,4	9356	—	—	13	17	1	17	9
—	—	—	—	—	—	—	2	-	1
—	—	—	—	—	—	—	—	19	3
—	—	—	—	—	—	—	—	8	—
—	—	—	—	—	—	—	—	6	5
6,643	732,2	9865	—	—	14	9	1	21	9
13,286	366,1	$4932\frac{1}{2}$	—	—	14	9	—	22	10
26,572	183	2466	—	—	14	9	—	11	5
53,144	91,5	1233	—	—	14	9	—	5	8
46,016	105,7	1424	23	8	—	—	4	12	2
—	—	—	—	—	—	—	6	15	4
7,766	626,3	8439	—	—	14	$14\frac{2}{5}$	1	16	—
7,8	623,6	8402	—	—	14	12	1	15	5
15,6	311,8	4201	—	—	14	12	—	19	8

Münzsorten.

Englische ☽ Schillinge, gesetzmäßig
nach gewöhnl. Annahme zu
Escudos ⊙ Portugiesische zu 1600 Rees —
Spanische ältere vor 1772. —
neuere seit 1772. —

F.

Feine Zweydrittel, s. Zweydrittel.
Filippi di Milano ☽ Mailändsche zu
Florenus Aureus oder Goldgulden von 1252. —
Florentinische Rechn. Scudi d'oro zu $7\frac{1}{2}$ Lire —
Scudi Court. zu 7 Lire —
Pezzi zu $5\frac{3}{4}$ Lire —
Lire zu $1\frac{1}{2}$ Paoli —
Francesini oder ☽ $\frac{2}{7}$ Toscanische Francesconi —
Frankfurt a. M. Rechn. Thaler zu $22\frac{1}{2}$ Batzen oder
90 Xr. Wechselgeld
Louisd'or
Convent. Courent
Münze od. Waarenzahl
Gulden zu 15 Batzen od. 60 Xr Conv. Cour.
Münze

Französische Rechn. Münzen
a) vor den neuen Münzfuß von Anno 1785
Ecû zu 3 Livres oder 60 Sous —
Livre zu 20 Sous —
b) seit dem neuen Münzfuß von Anno 1785
Ecû zu 3 Livres oder 60 Sous —
Livre zu 20 Sous —
⊙ Schild-Louisd'or von 1726 bis incl. 1784 ausgeprägte einfache

Eine rauhe od legirte Mark enthält	Gewicht von Ein Stück in		Gehalt in				Werth von Ein Stück in Preuß. Courent		
			Gold		Silber				
Stuck	Holl. As	Richtpf	Kar	Grän	Loth	Grän	thl.	gr	pf.
38, 83	125, 3	1688	—	—	14	$14\frac{2}{5}$	-	8	—
39 –	124, 7	1680	—	—	14	12	--	7	10
65, 185	74, 6	1005	22	—	—	—	2	22	11
69	70, 4	$949\frac{3}{4}$	22	—	—	—	2	19	—
69 —	70, 4	949	21	8	—	—	2	18	—
8, 386	580 —	7815	—	—	15	4	1	14	1
67 –	72, 6	978	24	—	—	—	3	3	4
—	—	—	—	—	—	—	1	16	8
—	—	—	—	—	—	—	1	13	11
—	—	—	—	—	—	—	1	7	2
—	—	—	—	—	—	—		5	5
17, 212	282, 6	3807	—	—	14	12	—	17	10
—	—	—	—	—	—	—	—	23	9
—	—	—	—	—	—	—	1	1	—
—	—	—	—	—	—	—	1	1	2
—	—	—	—	—	—	—		20	11
—	—	—	—	—	—	-	—	16	9
—	—	—	—	—	—	—	—	14	—
—	—	—	—	—	—	—	—	19	3
—	—	—	—	—	—	—	—	6	5
—	—	—	—	—	—	—	—	18	9
—	—	—	—	—	—	—	—	6	3

Münzsorten.

gesetzmäßige zu —
nach dem Remedio zu —
im Durchschnitt zu —
nach Tableau du pair —
nach Regenspurger Probe —
nach Augsburger Probe zu —
nach Berliner Probe, Stück 1745
1782
ganz neue Louisd'or seit 1785 nach dem neuen Münzfuß ausgeprägt —
☽ Laubthaler seit 1726 bis 1784 à 6 Livres
gesetzmäßig zu — —
nach dem Remedio —
im Durchschnitt —
nach Tableau du pair —
nach Regenspurger Probe —
nach Befinden von 1786 und gewöhn. Annahme der ganzen vor 1784 —
seit 1784
im Durchschnitt —
24 Sous = Stücke, nach Regenspurger Probe
12 = = nach derselben —
Friedrichsd'or ☉ Preußische zu 5 Thl. gesetzmäßig zu
vom Passirgewicht zu

G.

Genfer Rechnungs = Thaler, Ecû Patagon, zu 3 Livres
60 Sous od. 126 Genfer Sous
Gulden zu 12 Genfer Sous
☉ Pistolen seit 1752 — —
☽ Patagons, nach Tableau du pair —
dergleichen von 1722 u. 1723 nach Regens. Probe

Eine rauhe od. legirte Mark enthält	Gewicht von Ein Stück in		Gehalt in				Werth von Ein Stück in Preuß. Courent.		
			Gold		Silber				
Stück	Holl. As	Richtpf	Kar	Grän	Loth	Grän	thl.	gr.	pf.
28,65	$169\frac{3}{4}$	2287	22	—	—	—	6	17	5
28,747	169,2	2280	21	$7\frac{1}{2}$	—	—	6	4	2
28,696	169,5	2283	21	$9\frac{3}{4}$	—	—	6	15	10
28,65	169,8	2287	21	9	—	—	6	15	7
28,75	169,1	2279	21	8	—	—	6	14	5
28,75	169,1	2279	21	7	—	—	6	13	10
28,693	169,5	2284	21	10	—	—	6	16	—
$28\frac{2}{3}$	$169\frac{2}{3}$	2286	21	$8\frac{1}{2}$	—	—	6	15	3
$30\frac{2}{3}$	158,6	2137	21	8	—	—	6	4	7
7,926	$613\frac{1}{2}$	8268	—	—	14	12	1	14	10
7,989	$608\frac{3}{4}$	8203	—	—	14	9	1	14	1
7,958	$611\frac{1}{4}$	8235	—	—	14	$10\frac{1}{2}$	1	14	5
7,926	$613\frac{1}{2}$	8268	—	—	14	9	1	14	5
8 —	608	8192	—	—	14	11	1	14	4
8 —	608	8192	—	—	14	9	1	14	—
8 —	608	8192	—	—	14	6	1	13	7
8 —	608	8192	—	—	14	$7\frac{1}{2}$	1	13	10
$40\frac{1}{3}$	120,6	1598	—	—	14	10	—	7	6
$82\frac{1}{2}$	58,9	794	—	—	14	10	—	3	8
35	138,9	1872	21	9	—	—	5	10	8
$35\frac{1}{2}$	137 —	1847	21	8	—	—	5	8	4
—	—	—	—	—	—	—	1	8	4
—	—	—	-	—	—	—	—	3	1
$41\frac{13}{60}$	117,2	1578	22	—	—	—	4	15	3
8,655	562	7572	—	—	13	6	1	8	4
$8\frac{5}{8}$	563,9	7598	—	—	13	8	1	8	8

Münzsorten.

---

halbe Livres zu 21 Genfer Sous —
Genueser Rechn. Scudi d'oro marche in fuori di Banco
Scudi d'argento zu $174\frac{1}{5}$ Soldi fuori di Banco
Pezzi von 5 Lire di Banco —
von $5\frac{3}{4}$ Lire fuori di Banco
Lire zu 20 Soldi fuori di Banco
☉ **neue Genovinen zu** —
☽ silberne Genovinen, nach Tableau du pair
Scudi di St. Giambatista —
Madoninas **doppelte** —
Giorgini — —
Georgsd'or ☉ Hannöversche —
Gigliati ☉ Florentinische —
Giustini ☽ Venediger zu — —
Goldgulden ☉ Hannöversche, gesetzmäßige —
Rheinische —
☽ Holländische, zu 28 stbr. gesetzmäßig
nach Newtons Probe
zu 26 stbr.
1ste Sorte n. Newtons Probe
2te Sorte n. Newtons Probe
Kronen oder ☉ Französische Ecu d'or —
Grouch ☽ Türkische Piaster —
Guineen ☉ Englische, gesetzmäßige zu —
halbe —
2fache —
5fache —
Gulden=Grosche
☽ Holländsche einfache nach dem Remed. zu
nach Regensp. Pr. zu

Eine rauhe od. legirte Mark enthält	Gewicht von Ein Stück in		Gehalt in				Werth von Ein Stück in Preuß. Courent.		
			Gold		Silber				
Stück.	Holl. As	Richtpf	Kar.	Grän.	Loth	Grän.	Thl	gr	pf.
$49\frac{1}{38}$	99,2	1336	—	—	12	—	—	5	1
—	—	—	—	—	—	—	2		—
—	—	—	—	—	—	—	2	—	3
—	—	—	—	—	—	—	1	10	5
—	—	—	—	—	—	—	1	7	9
—	—	—	—	—	—	—	—	5	6
8,286	587 —	7909	21	$10\frac{1}{2}$	—	—	23	3	2
6,08	800 —	10779	—	—	15	3	2	4	4
11,207	434 —	5848	—	—	14	13	1	3	7
25,735	189 —	2546	—	—	13	8	—	10	11
39,544	123 —	1657	—	—	13	14	—	7	3
35 —	138,9	1872	21	9	—	—	5	10	8
67 —	72,6	978	23	$10\frac{1}{2}$	—	—	3	3	3
8,329	584 —	7869	—	—	14	12	1	12	11
72	67,5	910	18	10	3	8	2	7	—
72	67,5	910	18	6	3	8	2	6	—
11,951	407 —	5484	—	—	11	—	—	19	4
12,536	388 —	5228	—	—	11	11	—	19	4
13,663	356	4797	—	—	11	11	—	17	9
11,749	414	5578	—	—	9	$14\frac{1}{2}$	—	17	5
—	—	—	—	—	—	—	2	18	3
12,9	377	5080	—	—	8	—	—	13	—
27,871	$174\frac{1}{2}$	2351	22	—	—	—	6	22	—
55,742	87,2	1175	22	—	—	—	3	11	—
13,935	349 —	4702	22	—	—	—	13	20	—
5,574	$872\frac{1}{2}$	11755	22	—	—	—	34	14	—
22,159	219,5	$2957\frac{1}{2}$	—	—	14	$10\frac{1}{2}$	—	13	9
$22\frac{1}{4}$	218,6	2945	—	—	14	9	—	13	8

Münzsorten.

Gulden-Gr. D Holländsche anderthalbe oder Daalder
nach dem Remedio zu
doppelte nach demselben
dreyfache nach demselben
Kayserliche von Leopold, —
von Josepho —
von Carolo —
Oesterreichische neue seit 1750. Conv. G.
halbe dergleichen —
⊙ Rheinische — —

H.

Hamburger Rechn. Thaler zu 8 ßl. vls, 48 ßl. Lüb. od
96 pf. vls Banco
Courent
Wechsel-Thaler zu 2 Mk. 32 ßl. Lüb. od.
64 pf. vls Banco
. Mark zu 16 ßl. Lüb. Banco —
D Banco-Thaler, die schwersten und besten
Mark-Stück à 2 Mk. Courent —
1 Mk. Courent =
Schilling-Stück zu 8 ßl. Lüb. —
4 ßl. = —
2 ßl. = —
1 ßl. = —
Sechslinge zu 6 pf. Lüb. —
Dreylinge zu 3 pf. Lübisch —
Hannöversche Rechnungs-Thaler zu 36 Mariengr.
Cassen-Geld
Georgsd'or oder 5 Thaler-Stücken

Eine rauhe od. legirte Mark enthält	Gewicht von Ein Stück in		Gehalt in				Werth von Ein Stück in Preuß. Courent		
			Gold		Silber				
Stück	Holl. As	Cölln. Richtpf.	Kar.	Grän	Loth	Grän	thl.	gr	pf.
14,818	328,2	4422	—	—	14	12	—	20	9
11,113	437,7	5897	—	—	14	12	1	3	8
7,409	656,5	8845	—	—	14	12	1	17	6
—	—	—	—	—	—	—	—	18	—
—	—	—	—	—	—	—	—	17	10
—	—	—	—	—	—	—	—	18	2
16⅔	291,8	3932	—	—	13	6	—	16	9
33⅓	145,9	1966	—	—	13	6	—	8	4
—	—	—	—	—	—	—	2	8	7
—	—	—	—	—	—	—	1	12	6
—	—	—	—	—	—	—	1	5	7
—	—	—	—	—	—	—	1	—	4
—	—	—	—	—	—	—	—	12	2
8 —	608	8192	—	—	14	4	1	13	4
12¾	381,5	5140	—	—	12	—	—	19	9
25½	190,7	2570	—	—	12	—	—	9	10
42½	114 —	1542	—	—	10	—	—	4	11
76½	63,5	856	—	—	9	—	—	2	5
119 —	40,8	550	—	—	7	—	—	1	2
216 —	22,5	303	—	—	6	—	—	—	7
304 —	16 —	215	—	—	4	—	—	—	3
456 —	10⅔	143	—	—	3	—	—	—	1
—	—	—	—	—	—	—	1	4	—
—	—	—	—	—	—	—	1	1	2

Münzsorten.

Heinrichs-Nobel ⊙ alte Englische =
Hildesheimer, sind Conventions-Münzen.
Holländische Rechnungs-Münzen, s. Amsterdamer.
⊙ Ducaten, s. Ducaten.
☽ Banco-Thaler, nach dem Remedio =
Courent oder Albertthaler, Ducatons, Gold-Gulden und Gulden, s. Albertsthaler ꝛc.
Löwenthaler, gesetzmäßige =
nach dem Remedio =
nach Newtons Probe =
½ be nach Verhältniß.
Schillinge, gute, zu 6 Stüber =
verminderte zu 5½ Stüber =

J.

Jacobiner ⊙ alte Englische = =
Imperiales ⊙ Russische, von 10 Rubel, vor 1764.
seit 1764.
von 5 Rubel, vor 1764.
seit 1764.
Irrländsche Rechn. Pfund zu 20 ßl. od. 240 pf. Irrisch

K.

Königsberger, s. Preuß Brandenburg. Münzen.
Kopenhagner, s. Dänische Münzen.
Kopfstück ☽ ganze, von 20 Xr. Convent. Münze =
halbe, von 10 Xr. = =
Kronen ☽ Dänische und Englische, s. Dänische und Englische Kronen.
Thaler, ältere Französische, seit 1709.

Eine rauhe od. legirte Mark enthält	Gewicht von Ein Stuck in		Gehalt in				Werth von Ein Stuck in Preuß. Courent		
			Gold		Silber				
Stück	Holl. As	Cölln Richtpf.	Kar.	Grän	Loth	Grän	thl.	gr.	pf.
35,503	137	1846	22	10	—	—	5	15	3
8⅛	598,6	8066	—	—	14	2	1	12	5
8⅘	576—	7761	—	—	12	—	1	5	10
8,533	570—	7680	—	—	11	16½	1	5	3
8,533	570—	7680	—	—	11	16	1	5	3
48⅖	100,5	1354	—	—	9	9	—	4	1
50,14	97—	1307	—	—	9	—	—	3	9
26,151	186	2506	22	—	—	—	7	8	11
14,118	344,5	4641	22	—	—	—	13	15	8
17,879	272—	3665½	22	—	—	—	10	18	9
28,236	172¼	2320	22	—	—	—	6	19	10
35,758	136	1832¼	22	—	—	—	5	9	4
—	—	—	—	—	—	—	6	3	1
35—	138,9	1872	—	—	9	6	—	5	7
60—	81—	—	—	—	8	—	—	2	9

Münzsorten.

Kronen=Thaler, ältere Französische, gesetzmäßige zu
nach dem Remedio
nach Regensp. Probe
Kron=Pistolen oder ⊙ ältere Französische Noailles
Louisd'or
nach gewöhnlicher Annahme
nach Regensp. Probe =

L.

Lanterninen, s. Livorninen della Torre.
Laubthaler, s. Französische ☽ neue oder Laubthaler.
Leipziger Rechn. Thaler zu 24 ggr. Convent. Courent
Ld'or oder 5 Thaler=Stücke
Lissabon und Lisboninen, s. Portugiesische Münzen.
Livonesen ☽ Rußisch=Livländische von 1757.
zu 96 Kopeken
zu 48 Kopeken
zu 24 Kopeken
Livorner Rechn. Pezzi da otto Reali zu 6 Lire 9 Paoli
oder 72 Craz.
Moneta lunga
Lire zu 1½ Paoli 12 Crazie oder 20 Soldi
Moneta buona
Moneta lunga
Livorninen della Torre oder ☽ Toscan. Laterninen
von Ferdinand III. Newtons Probe
v. Cosmus III. u. Joh. Gasto zu 6 Lire
zu 3 Lire
zu 1½ Lire
zu ½ Lire
dello Rosa ☽ Toscanische von Cosmo III.
Newtons Probe

Eine rauhe od legirte Mark enthält	Gewicht von Ein Stück in		Gehalt in				Werth von Ein Stück in Preuß. Courent.		
			Gold		Silber				
Stück	Holl. As	Cölln. Richtpf	Kar.	Grän	Loth	Grän	thl.	gr.	pf.
7,64	636,6	8578		—	14	12	1	16	3
7,7	631,6	8511	—	—	14	9	1	15	6
$7\frac{1}{4}$	670,9	9039	—	—	14	11	1	18	3
19	256	3449	21	8	—	—	9	23	10
$19\frac{4}{8}$	254,3	3427	21	8	—	—	9	22	3
—	—	—	—	—	—	—	1	1	2
—	—	—	—	—	—	—	1	1	—
$8\frac{7}{8}$	548	7384	—	—	12	—	1	4	4
$17\frac{3}{4}$	274	3692	—	—	12	—	—	14	2
$35\frac{37}{60}$	$136\frac{1}{2}$	1840	—	—	12	—	—	7	—
—	—	—	—	—	—	—	1	7	2
—	—	—	—	—	—	—	—	5	5
—	—	—	—	—	—	—	—	5	2
8,594	566	7626	—	—	14	13	1	11	11
8,606	565,2	7615	—	—	14	12	1	11	9
17,212	282,6	3807	—	—	14	12	—	17	10
34,424	141,3	1903	—	—	14	12	—	8	11
103,272	47,1	634	—	—	14	12	—	2	11
8,974	542	7303	—	—	14	13	1	10	5

Münzsorten.

Jl Louisd'or alte Französische ☉ ꞉
Thlr. od. alte ☽ Französische Bidet neuf, seit 1723.
Ganze, gesetzmäßig ꞉
nach dem Remedio
im Durchschnitt
$\frac{1}{4}$tel nach dem Remedio ꞉
$\frac{1}{10}$tel nach demselben ꞉
Löwenthaler ☽ Holländsche, nach dem Remedio u.
Newtons Probe
Londner, s. Engl. Münze.
Louisblanc Thaler ☽ alte Französische gesetzmäßige
nach dem Remedio
nach Tableau du pair
nach Regensp. Probe
nach jetziger Annahme
halbe nach Regensp. Probe ꞉
viertel nach derselben ꞉
$\frac{1}{12}$tel nach gewöhnlicher Annahme
Louis d'Argent, s. Laubthaler.
Louisd'or ☉ alte Französische gemeine vor 1726.
Einfache, gesetzmäßig ꞉
nach dem Remedio
im Durchschnitt ꞉
nach gewöhnl. Ann.
höchstes oder
nach Regensp. Probe
halbe, nach derselben ꞉
doppelte, nach derselben
JL bemerkte ꞉ ꞉
mit Malthes. Kreutz od. Stern
mit 4 Wappen, Noailles gen.

Louisd'or,

Eine rauhe od. legirte Mark enthält	Gewicht von Ein Stück in		Gehalt in				Werth von Ein Stück in Preuß. Courent		
			Gold		Silber				
Stück	Holl. As	Richtpf	Kar.	Grän	Loth	Grän	thl.	g	pf.
24, 32	200	2693	21	8	—	—	7	19	4
9, 906	491	6615	—	—	14	12	1	7	2
9, 967	488	6575	—	—	14	9	1	6	6
9, 937	489½	6595	—	—	14	10½	1	6	10
39, 868	122	1644	—	—	14	9		7	7
99, 67	48, 8	657½	—	—	14	9	—	3	—
8, 533	570 —	7680	—	—	11	16	1	5	3
8, 518	571 —	7694	—	—	14	12	1	12	2
8, 594	566 —	7626	—	—	14	10	1	11	6
8, 518	571 —	7694	—	—	14	10	1	11	10
8, 7	559 —	7532	—	—	14	12	1	11	4
9 —	540½	7282	—	—	14	11	1	10	—
17, 675	275, 2	3705	—	—	14	11	—	17	4
36⅔	132⅔	1792	—	—	14	11	-	8	4
108 —	45 —	607	—	—	14	11	—	2	10
34, 617	140, 5	1893	22	—	—	—	5	13	7
34, 7	140⅙	1888	21	9	—	—	5	11	9
34⅔ od.	140, 3	1890	21	10½	—	—	5	12	8
35	138, 9	1872	21	9	—	—	5	10	8
35⅗	136, 6	1841	21	8	—	—	5	8	—
35	139, 9	1872	21	10	—	—	5	11	2
70½	69 —	929	21	10	—	—	2	17	1
17¼	281, 9	3799	21	9	—	—	11	1	2
24, 32	200	2693	21	8	—	—	7	19	4
24 —	202⅔	2730	21	8	—	—	7	21	10
19 —	256	3449	21	8	—	—	9	23	10

Münzsorten.

Louisd'or, neue französische, s. französische ⊙ neue oder Schild=Louisd'or.
Luccasche Rechn. Scudi d'oro zu $7\frac{1}{2}$ Lire 20 Soldi oder 150 Soldi di Lira
Ducati della Seta zu 7 Lire 18 Soldi
Lire zu 20 Soldi =
Lütticher Rechn. Thaler oder Patagon zu 4 fl. 8 ßl. oder 80 stbr.
Gulden zu 2 ßl. oder 20 stbr.

M.

Madoninnen ☽ doppelte Genneser nach Krusen und Tableau du pair
nach dem Pariser Alm de Mon
Einfache von 1750. nach französ. Probe
Madrasische Rechnungs = Pagoden zu 26 Fanams oder Fanoins
Rupien zu 10 Fanams =
Madriter und Malagasche, s. Spanische Münzen.
Max d'or ⊙ Bayersche, gesetzmäßige zu =
dergl. doppelte und halbe nach Verhältniß
Mecklenburgische Rechn. Thaler zu 3 Mk. od. 48 ßl. Courent
Mark zu 16 ßl. Courent
schwere ☽ Schilling=Stück
von 1764. zu 2 Mk. Lüb.
zu 1 Mk. =
zu 8 ßl. =
zu 4 ßl. =
zu 2 ßl. =
von 1774. zu 12 ßl. Lüb.

Eine rauhe od. legirte Mark enthält	Gewicht von Ein Stück in		Gehalt in				Werth von Ein Stück in Preuß. Courent.		
			Gold		Silber				
Stück	Holl. As	Richtpf	Kar.	Grän	Loth	Grän	Thl	gr.	pf.
—	—	—	—	—	—	—	1	12	11
—	—	—	—	—	—	—	1	15	—
—	—	—	—	—	—	—	—	4	11
—	—	—	—	—	—	—	1	10	—
—	—	—	—	—	—	—	—	8	6
25,735	189	2546	—	—	13	8	—	10	11
25,713	189,1	2547	—	—	13	2	—	10	8
53,66	90,6	1221	—	—	13	5	—	5	2
—	—	—	—	—	—	—	2	13	5
—	—	—	—	—	—	—	—	16	5
36 —	135,1	1820	18	6	4	—	4	12	—
—	—	—	—	—	—	—	1	5	7
—	—	—	—	—	—	-	—	9	10
12¾	381,5	5140	—	—	12	—	—	19	9
25½	190,7	2570	—	—	12	—	—	9	10
42½	114—	1542	—	—	10	—	—	4	11
76[illegible]	63,5	856	—	—	9	—	—	2	5
119	40,8	550	—	—	7	—	-	1	2
26⅗	182⅚	2463	—	—	9	—	—	7	1

Münzsorten.

Mexicanische Rechn. Pesos zu 8 Real oder 34 Mexic. Maravedis de platta
Milaneser Rechn. Scudi Imperiales zu 117 Soldi Imperiales
corrent zu 115 Soldi corrent
Lire 5 Stück od. 100 Soldi imper. corrent
Mirletons, alte ☉ französische, nach Regensp. Probe
nach gewöhnl. Annahme
Modenasche Rechn. Liren zu 20 Soldi =
Moed'or, od. ☉ Portugiesische Lisboninen von 4800 Rees gesetzmäßig
nach Newtons Probe
Münchener Rechn. Thaler zu $1\frac{1}{2}$ fl. oder 90 Xr. =
Gulden zu 20 Gr. 24 Landmünzen oder 60 Xr.

N.

Nancy od. Lothringer Rechn. Livre zu 20 Sous Lothr.
Navarra Thaler, ☽ alte Franz. seit 1718. gesetzmäßig
nach dem Remedio
nach Regensp. Probe
$\frac{1}{8}$tel nach dem Remedio
$\frac{1}{12}$tel nach demselben.
Navarrisch Span. Rechn. Ducaten zu 392 Maravedis
Libras zu 60 Maravedis
Neapolitanische Rechn. Ducati di Regno zu 5 Tari
☽ Ducati Regno nach Newtons Probe
Neue französische Thaler, s. Laubthaler.
Zweydrittel, nach dem Leipziger Fuß von 1690. zu 16 gute oder 24 Mariengroschen

Eine rauhe od legirte Mark enthält	Gewicht von Ein Stück in		Gehalt in				Werth von Ein Stück in Preuß. Courent		
			Gold		Silber				
Stück	Holl. As	Cölln. Richtpf	Kar.	Grän	Loth	Grän	thl.	gr	pf.
—	—	—	—	—	—	—	1	10	9
—	—	—	—	—	—	—	1	18	1
—	—	—	—	—	—	—	1	5	2
—	—	—	—	—	—	—	1	11	11
—	—	—	—	—	—	—	1	1	5
36 —	135,1	1820	21	$6\frac{1}{2}$	—	—	5	5	10
$35\frac{5}{8}$	136,5	1840	21	9	—	—	5	8	4
—	—	—	—	—	—	—	—	2	6
21,7284	223,8	3016	22	—	—	—	8	20	11
21,735	223,7	3015	21	$11\frac{1}{4}$	—	—	8	20	3
—	—	—	—	—	—	—	—	21	—
—	—	—	—	—	—	—	—	14	—
—	—	—	—	—	—	—	—	4	11
9,556	509 —	6858	—	—	14	12	1	8	2
9,593	507 —	6832	—	—	14	10	1	7	10
$8\frac{5}{8}$	564 —	7598	—	—	14	10	1	11	5
57,558	84,5	1138	—	—	14	10	—	5	3
115,116	42,2	569	—	—	14	10	—	2	7
—	—	—	—	—	—	—	1	11	7
—	—	—	—	—	—	—	—	5	5
—	—	—	—	—	—	—	1	4	7
10,733	453,2	6106	—	—	14	$10\frac{4}{5}$	1	4	6
$13\frac{1}{2}$	$360\frac{1}{4}$	4854	—	—	12	—	—	18	8

Münzsorten.

Niederländisch-Oesterreichische } Ducatons, s. Ducatons.

Silberkronen seit 1755.
Ganze zu 63 Stüber Courent
gesetzmäßig -
nach dem Remedio
im Durchschnitt
nach Krusen -
Halbe à $31\frac{1}{2}$ stb. n. d. Remed.
Viertel à $15\frac{3}{4}$ stb. nach dems.
Schillings seit 1749. gesetzm.
nach dem Remedio
5 Stüver-Stücke seit 1749.
gesetzmäßig -
nach dem Remedio
$2\frac{1}{2}$ Stüver-Stücke seit 1749.
gesetzmäßig -
nach dem Remedio
Plaquetten seit 1755. gesetzm.
nach dem Remedio

Noailles-Louisd'or, alte ☉ Französische -

Nove od. Novische Rechn. Scudi d'oro marche Banco
Fuori di Banco

Nürnberger Rechn. Thaler zu $1\frac{1}{2}$ fl. 30 Kgr. oder 90 Xr. Courent
Louisd'or oder Doppien
Münze - -
Gulden zu 20 Kgr. od. 60 Xr. Court.
Louisd'or oder Doppien
Moneta d'oro -
Münze - -

Eine rauhe od. legirte Mark enthält.	Gewicht von Ein Stück in		Gehalt in				Werth von Ein Stück in Preuß. Courent.		
			Gold		Silber				
Stück	Holl. As	Richtpf	Kar	Grän	Loth	Grän	thl.	gr.	pf.
7,885	616,9	8311	—	—	13	17½	1	13	2
7,934	613 —	8260	—	—	13	16½	1	12	10
7,91	614,9	8285	—	—	13	17	1	13	-
7,896	616 —	8300	—	—	13	16	1	12	11
15,868	306,5	4130	—	—	13	16½	—	18	5
31,736	153,2	2065	—	—	13	16½	—	9	2
46,6	104,4	1406	—	—	9	5½	—	4	2
47,04	103,4	1393	—	—	9	4	—	4	1
48½	100,3	1351	—	—	6	12	—	2	10
49½	98,4	1325	—	—	6	10	—	2	9
97 —	50,1	675	—	—	6	12	—	1	5
99 —	49,2	662	—	—	6	10	—	1	4
85,56	59¼	798	—	—	8	2	—	1	11
87 —	55,9	753	—	—	8	—	—	1	11
19⅛	254,3	3427	21	8	—	—	9	22	3
—	—	—	—	—	—	—	2	16	2
—	—	—	—	—	—	—	2	11	—
—	—	—	—	—	—	—	1	1	2
—	—	—	—	—	—	—	1	1	2
—	—	—	—	—	—	—	—	21	—
—	—	—	—	—	—	—	—	16	9
—	—	—	—	—	—	—	—	16	9
—	—	—	—	—	—	—	—	15	9
—	—	—	—	—	—	—	—	14	—

Münzsorten.

O.

Oesterreichische seit 1750. ausgeprägte neue oder Conventions-Münzen, s. Conventions-Münzfuß-Sorten.

Onzen, ☉ Sicilianische zu 30 Tari =

P.

Pagoden von Madras, ☉ Englische =

Pariser, s. Französische Münzen.

Parmasche Rechnungs-Lire zu 20 Soldi =

Patagons ☽ Genfer, nach Tableau du pair =

nach Regensp. Probe =

Lütticher = =

Permis-Schillinge ☽ Brabantsche =

Pernauer Rechn. Rubel zu 10 Grieven od. 100 Kopeken

Thaler zu 64 Witten od. 80 Kopecken

Pesetas ☽ Spanische zu 4 Reales de Vellon gesetzmäßig

nach Regensp. Probe

Pesos duros oder fuertes ☽ Spanische ältere vor 1772. zu

neueste seit 1772. zu

Pezzas della Rosa ☽ Toscanische v. Cosmo III. nach Newtons Probe

Philipps-Thaler ☽ nach dem Burgundischen Fuß

Piaster ☽ Spanische seit 1772.

ganze zu 8 Mex Real od. 20 Real de Vellon

½be zu 4 Mex. Real od. 10 Real de Vellon

¼tel oder Pesetes Mex. zu 5 = = =

⅛tel od. Reales Mex. zu 2½ = = =

$\frac{1}{16}$tel od. Realito Mex. zu 1¼ = = =

Piaster ☉ Genfer seit 1752. = =

Eine rauhe od legirte Mark enthält	Gewicht von Ein Stuck in		Gehalt in				Werth von Ein Stück in Preuß. Courent		
			Gold		Silber				
Stück	Holl. As	Cölln. Richtpf	Kar.	Grän	Loth	Grän	thl.	gr.	pf.
53, 1	91, 6	1234	21	9	—	—	3	14	1
$68\frac{5}{16}$	71, 2	959	20	$8\frac{2}{3}$	—	—	2	15	8
—	—	—	—	—	—	—	—	1	9
8, 655	562—	7572	—	—	13	6	1	8	4
$8\frac{5}{8}$	563, 9	7598	—	—	13	8	1	8	8
$8\frac{2}{3}$	583, 7	7864	—	—	14	—	1	11	3
50	97, 3	1311	—	—	9	2	—	3	9
—	—	—	—	—	—	—	1	6	2
—	—	—	—	—	—	—	1	—	2
$38\frac{1}{16}$	127, 7	1721	—	—	13	6	—	7	4
39—	124, 7	1680	—	—	13	5	—	7	1
$8\frac{5}{8}$	564—	7598	—	—	14	9	1	11	3
$8\frac{2}{3}$	561, 2	7562	—	—	14	6	1	10	8
8, 974	542	7303	—	—	14	13	1	10	5
6, 784	717	9661	—	—	13	$4\frac{1}{2}$	1	17	—
$8\frac{2}{3}$	561, 2	7562	—	—	14	6	1	10	8
$17\frac{1}{3}$	280, 6	3781	—	—	14	6	—	17	4
$34\frac{2}{3}$	140, 3	1890	—	—	14	6	—	8	8
$69\frac{1}{3}$	70, 1	945	—	—	14	6	—	4	4
$138\frac{2}{3}$	35—	472	—	—	14	6	—	2	2
$41\frac{7}{32}$	118—	1590	22	—	—	—	4	16	3

Münzsorten.

Piaster ☉ Savoysche neue seit 1755. =
Spanische, s. Spanische ☉ Doblones.
Plaquetten ☽ Niederländsche seit 1755. =
Pohlnische Rechnungs-Thaler zu 3 fl. Preußisch oder 6 fl. Pohlnisch
Gulden zu 30 gr. Preußisch
zu 30 gr. Pohlnisch
☽ harte Thaler zu 8 fl. Pohlnisch seit 1766.
gesetzmäßig
nach dem Remedio
½e Thaler zu 4 fl. Pohlnisch gesetzmäßig
nach dem Remedio
¼ Thaler zu 2 fl Pohlnisch gesetzmäßig
nach dem Remedio
Gulden Pohlnisch gesetzmäßig =
nach dem Remedio
½ Gulden gesetzmäßig =
nach dem Remedio
¼tel gesetzmäßig = =
nach dem Remedio
Pondycherysche Rechn. Pagoden zu 24 Fanams od. Fanoins
Rupien zu 16 Annas od. 30 Sous
Portugiesische Rechn. Millerees zu 10 Tostons, 25 Real, 50 Vintems od. 1000 Rees
Crusados zu 4 Tostons, 10 Real, 20 Vintems od. 400 Rees
☉ vor 1722. geprägte Dobraons
zu 24000 Rees
½ dergleichen
zu 12000 Rees

Eine rauhe od. legirte Mark enthält	Gewicht von Ein Stück in		Gehalt in				Werth von Ein Stück in Preuß. Courent.		
			Gold		Silber				
Stück.	Holl As	Richtpf	Kar.	Grän	Loth	Grän	Thl	gr.	pf.
24,31	200,1	2696	21	9	—	—	7	20	2
87 —	55,9	753	—	—	8	—	—	1	11
—	—	—	—	—	—	—	1	1	2
—	—	—	—	—	—	—	—	8	5
—	—	—	—	—	—	—	—	4	2
$8\frac{1}{3}$	583,7	7864	—	—	13	6	1	9	7
$8\frac{7}{18}$	582,2	7845	—	—	13	5	1	9	5
$16\frac{1}{3}$	291,8	3932	—	—	13	6	—	16	9
$16\frac{17}{24}$	291,1	$3922\frac{1}{2}$	—	—	13	$5\frac{1}{2}$	—	16	8
25	194,5	2621	—	—	10	—	—	8	4
$25\frac{1}{12}$	193,9	2613	—	—	9	$17\frac{1}{2}$	—	8	4
$43\frac{1}{3}$	112,2	1512	—	—	8	12	—	4	2
$43\frac{11}{26}$	111,7	1505	—	—	8	$11\frac{1}{2}$	—	4	2
70 —	69,5	936	—	—	7	—	—	2	1
$70\frac{17}{24}$	68,8	927	—	—	6	$17\frac{1}{2}$	—	2	—
$117\frac{8}{9}$	41,3	557	—	—	5	16	—	1	—
$118\frac{3}{3}$	40,9	551	—	—	5	$15\frac{1}{2}$	—	1	—
—	—	—	—	—	—	—	2	12	7
—	—	—	—	—	—	—	—	15	10
—	—	—	—	—	—	—	1	15	10
—	—	—	—	—	—	—	—	15	11
4,3457	1119,4	15080	22	—	—	—	44	8	8
8,6914	559,7	7540	22	—	—	—	22	4	4

Münzsorten.

Portugiesische ⊙ vor 1722. geprägte Lisboninen od. Moed'or zu 4800 Rees
½ dergleichen zu 2400 Rees
¼ dergleichen zu 1200 Rees
Crusados Novos zu 480 Rees =
nach 1722. geprägte Dobras zu 12800 Rees
½de zu 6400 Rees
¼tel zu 3200 Rees
Escudos zu 1600 Rees
½de zu 800 Rees
Crusados velhos zu 400 Rees
☽ Crusados von 1706. und 1707. nach Newtons Probe
Crusados novos von 480 Rees seit 1750. nach Tableau du pair
½e zu 240 Rees =
¼tel zu 120 Rees =
⅛tel zu 60 Rees =
Prager Rechn. Thaler zu 1½ fl. 30 Kgr. od. Böhmen 90 Xr.
Gulden zu 20 Kgr. oder 60 Xr. =
Preußisch=Brandenburgische
Rechn. Pfund od. Livres Banco zu 24 ggr. Banco oder 31½ gr. Pr. Court.
Thaler zu 1½ Rfl. 3 Pr. fl. 24 ggr. 30 Silbgr. oder 90 Xr.
in Friedrichsd'or
in Preuß. Courent
⊙ Friedrichsd'or zu 5 Thlr. gesetzmäßig zu =
nach dem Passirgewicht

Eine rauhe od. legirte Mark enthält	Gewicht von Ein Stück in		Gehalt in				Werth von Ein Stück in Preuß. Courent.		
			Gold		Silber				
Stück	Holl. As	Richtpf	Kar.	Grän	Loth	Grän	thl	gr	pf.
21,7284	223,8	3016	22	—	—	—	8	20	11
43,4567	111,9	1508	22	—	—	—	4	10	5
86,91	55,9	754	22	—	—	—	2	5	2
217,28	22,3	301	22	—	—	—	—	21	3
8,148	597 —	8043	22	—	—	—	23	15	10
16,296	298,5	4021	22	—	—	—	11	19	11
32,592	149,2	2011	22	—	—	—	5	21	11
65,185	74,6	1005	22	—	—	—	2	22	11
130,37	37,3	502	22	—	—	—	1	11	5
260,74	18$\frac{2}{3}$	251	22	—	—	—	—	17	8
13$\frac{4}{9}$	361 —	4874	—	—	14	12	—	22	10
15,915	305,6	4118	—	—	14	9	—	19	1
16 —	304 —	4096	—	—	14	7	—	18	10
32,592	149,2	2010	—	—	14	12	—	9	5
65,185	74,6	1005	—	—	14	12	—	4	8
130,37	37,3	502	—	—	14	12	—	2	4
—	—	—	—	—	—	—	1	1	2
—	—	—	—	—	—	—	—	16	9
—	—	—	—	—	—	—	1	7	6
—	—	—	—	—	—	—	1	1	2
—	—	—	—	—	—	—	1	—	—
35	138,9	1872	21	9	—	—	5	10	8
35$\frac{1}{2}$	137 —	1847	21	8	—	—	5	8	4

Münzsorten.

⊙ Frd'or, ganze und halbe nach Verhältniß
☽ Courent Thaler 1 Mark fein 14 Thlr. gesetzmäßig
nach dem Remedio
$\frac{1}{2}$be dergleichen zu 12 ggr. — gesetzmäßig
nach dem Remedio
$\frac{1}{4}$tel = zu 6 ggr. — gesetzmäßig =
nach dem Remedio
$\frac{1}{3}$tel = zu 8 ggr. — gesetzmäßig =
nach dem Remedio
$\frac{1}{6}$tel = zu 4 ggr. — gesetzmäßig =
nach dem Remedio
$\frac{1}{12}$tel = zu 2 ggr. — gesetzmäßig =
nach dem Remedio
Timpfe, 5 auf 1 Thaler — gesetzmäßig =
nach dem Remedio

Q.

Quadrupel ⊙, s. Spanische vierfache Doblons od. Pistolen.

R.

Reales ⊙ alte der Spanischen Niederlande =
Rechn. Spanische, s Spanien.
Regenspurger Rechn. Thaler zu 1½ fl. oder 90 Xr.
Courent
seit 1606 in Münze
Reichs=Münzfuß,
Rechn. Thaler zu 24 ggr. oder 90 Xr. =
Gulden zu 16 ggr. oder 60 Xr. =
Gulden ☽ nach dem Leipziger Fuß =
nach dem Conventions=Fuß =
Revalsche Rechnungs=Rubel zu 10 Griven oder 100 Kopecken

Eine rauhe od legirte Mark enthält	Gewicht von Ein Stück in		Gehalt in				Werth von Ein Stück in Preuß. Courent.		
			Gold		Silber				
Stück	Holl. As	Cölln. Richtpf	Kar.	Grän	Loth	Grän	thl	gr.	pf.
$10\frac{1}{2}$	463,2	6241	—	—	12	—	1	—	—
$10\frac{11}{20}$	461—	6212	—	—	12	—	—	23	10
21—	231,6	3120	—	—	12	—	—	12	—
$21\frac{1}{10}$	230,5	3106	—	—	12	—	—	11	11
42—	115,8	1560	—	—	12	—	—	6	—
$42\frac{1}{5}$	115,2	1553	—	—	12	—	—	5	11
28	173,7	2340	—	—	10	12	—	8	—
$28\frac{3}{20}$	$172\frac{3}{4}$	2328	—	—	10	12	—	7	11
$43\frac{3}{4}$	$111\frac{1}{6}$	1498	—	—	8	6	—	4	—
$44\frac{2}{23}$	$110\frac{1}{3}$	1887	—	—	8	6	—	3	11
63—	77,2	1047	—	—	6	—	—	2	—
63,57	76,5	1031	—	—	6	—	—	1	11
$39\frac{3}{8}$	123,5	1664	—	—	9	—	—	4	9
$39\frac{13}{20}$	$122\frac{2}{3}$	1653	—	—	9	—	—	4	9
43,69	$111\frac{1}{3}$	1500	23	6	—	—	4	17	1
—	—	—	—	—	—	—	1	1	2
—	—	—	—	—	—	—	—	20	11
—	—	—	—	—	—	—	1	4	—
—	—	—	—	—	—	—	—	18	8
$13\frac{1}{2}$	$360\frac{1}{4}$	4854	—	—	12	—	—	18	8
$16\frac{2}{3}$	291,8	3932	—	—	13	6	—	16	9
—	—	—	—	—	—	—	1	15	6

Münzsorten.

Rheinische Gold-Gulden = =
Rigasche Rechn. Thaler zu 3 fl. 15 Mk. oder 90 gr.
Alberts
Rosenoble alte ⊙ Englische =
Römische Rechnungs-Scudi di Stampa d'oro zu
1523 Mezzi Quattrini
zu 1525 = =
Moneta oder Romani zu 10 Paoli
od. 100 Bajocchi
☽ Scudi novo zu 10 Paoli von 1753. =
halbe dergleichen =
Papetten zu 2 Paoli =
Ruponi d'oro oder Tosc. Florent. ⊙ Rusponi nach
Tableau du pair
Rubel ☽ Russische von Peter I. von 1704. =
von Elisabeth 1742 = 1761. =
von Catharina II. seit 1764. =
Rupien ☽ Arcatesche = =
Bombaische = =
Madrassche = =
Sicca Mogolsche =
Masulipatamsche =
Pondicherische = =
⊙ Mogolsche = =
Rußische Rechn. Rubel zu 10 Griven od. 100 Kopecken
seit 1764.
⊙ Ducaten und Imperialen, s. Ducaten
und Imperialen.
☽ Rubel, s. Rubel.
Ruyder ⊙ Holländsche, gesetzmäßig zu =
nach dem Remedio =

Eine rauhe od. legirte Mark enthält	Gewicht von Ein Stück in		Gehalt in				Werth von Ein Stück in Preuß. Courent.		
			Gold		Silber				
Stück	Holl. As	Richtpf	Kar.	Grän	Loth	Grän	thl	gr	pf.
72	67,5	910	18	10	3	8	2	7	—
—	—	—	—	—	—	—	1	11	—
30,784	158 —	2129	23	10	—	—	6	18	9
—	—	—	—	—	—	—	2	5	2
—	—	—	—	—	—	—	2	5	3
—	—	—	—	—	—	—	1	10	11
8,828	551	7424	—	—	14	12	1	10	10
17,656	275,5	3712	—	—	14	12	—	17	5
44,14	110,2	1484	—	—	14	12	—	6	11
22,363	217,5	2930	23	$10\frac{1}{2}$	—	—	9	8	6
8,300	586	7896	—	—	13	14	1	10	10
9,049	537,5	7242	—	—	12	15	1	5	9
9,753	$498\frac{3}{4}$	6720	—	—	12	—	1	1	10
$20\frac{7}{20}$	239 —	3220	—	—	15	$3\frac{3}{5}$	—	15	8
$20\frac{4}{15}$	240 —	3234	—	—	15	9	—	16	—
20,168	$241\frac{1}{6}$	3249	—	—	15	$13\frac{2}{3}$	—	16	4
20,016	243	3274	—	—	15	16	—	16	8
$20\frac{7}{20}$	239	3220	—	—	15	9	—	15	11
$20\frac{7}{20}$	239	3220	—	—	15	$7\frac{1}{5}$	-	15	10
21,056	231	3112	23	9	—	—	9	21	2
—	—	—	—	—	—	—	1	1	10
23,385	208	$2802\frac{1}{2}$	22	1	—	—	8	6	7
23,494	207	$2789\frac{1}{2}$	22	—	—	—	8	4	11

Münzsorten.

Ruyder ☉ Holländische, im Durchschnitt =
nach Tableau du pair =
Ryßler, s. Duynkirchner Münzen.

S.

Sächsische ☽ Species=Thaler =
feine Gulden oder $\frac{2}{3}$tel Stücke =
Sächsisches neues Courent, ist seit 1764. Conv. Münze.
St. Galler Rechn. Gulden zu 10 ßl. 15 Batzen oder 60 Xr. Wechsel=Geld
Courent =
☽ Thaler Regensp. Probe =
Kreuzer=Stücke zu 15 Xr. v. 1724 = 37.
ditto Probe
St. Remosche Rechn. Lire zu 20 Soldi =
Sardinische Rechn. Liren zu 20 Soldi =
Savoyische ☉ Pistolen alte von 1741. =
neue seit 1755. =
☽ Ducatonen = =
Scudi von 1733 = 35. =
Scudi novo seit 1755. gesetzmäßig ausgeprägte
ganze zu 6 Lire =
$\frac{1}{2}$be zu 3 Lire =
$\frac{1}{4}$tel zu $1\frac{1}{2}$ Lire =
$\frac{1}{8}$tel zu $\frac{3}{4}$ Lire =
Schafhäuser ☽ Thaler von 1621 = 23. Regensp. Probe
Schiffnobel ☉ alte Englische zu =
Schild=Ld'or, s. Französische ☉ neue od. Schild=Ld'or.
Schillinge ☽ Englische = =
Holländische zu 6 stbr. =
zu $5\frac{1}{2}$ stbr. =

Eine rauhe od. legirte Mark enthält	Gewicht von Ein Stück in		Gehalt in				Werth von Ein Stück in Preuß. Courent		
			Gold		Silber				
Stück	Holl. As	Richtpf	Kar	Grän	Loth	Grän	thl.	gr.	pf.
23, 441	207½	2796	22	—	—	—	8	5	9
23, 611	206 —	2775½	22	—	—	—	8	3	1
8	608	8192	—	—	14	4	1	3	4
17	286	3855	—	—	15	2		18	8
—	—	—	—	—	—	—		18	4
—	—	—	—	—	—	—	—	15	2
8⅝	563, 9	7598	—	—	13	16	1	9	9
46 —	105, 7	1424	—	—	8	11	—	3	11
—	—	—	—	—	—	—	—	5	7
—	—	—	—	—	—	—	—	7	8
32, 593	149¼	2011	22	3	—	—	5	23	6
24, 31	200, 1	2696	21	9	—	—	7	20	2
7, 345	662, 2	8923	—	—	15	6	1	19	10
7, 845	620 —	8354	—	—	14	11	1	15	1
6, 643	732, 2	9865	—	—	14	9	1	21	9
13, 286	366, 1	4932½	—	—	14	9	—	22	10
26, 572	183 —	2466	—	—	14	9	—	11	5
53, 144	91, 5	1233	—	—	14	9	—	5	8
8½	572, 2	7710	—	—	13	15	1	10	2
35, 503	137	1846	22	10	—	—	5	15	3
39	124, 7	1680	—	—	14	12	—	7	10
48⅖	100, 5	1354	—	—	9	9	—	4	1
50, 14	97 —	1307	—	—	9	—	—	3	9

Münzsorten.

Schillinge ☽ Niederländische neuere seit 1749. =
Schottische, s. Engl. Münzen.
Schwedische Rechn. Thaler zu 4 Mk. und 32 Oere
Silbermünze
Kupfermünze
Schillinge Species =
☉ Ducaten = =
☽ Species=Reichs=Thaler zu 48 ßl. Spec.
⅔tel desselben zu 32 ßl. Spec. =
⅓tel = = 16 = = =
⅙tel = = 8 = = =
$\frac{1}{12}$tel = = 4 = = =
$\frac{1}{24}$tel = = 2 = = =
Ducatons gesetzmäßige zu =
Carolins = =
10 Oer=Stücke =
5 Oer=Stücke = =
4 Oer=Stücke = =
1 Oer=Stück = =
Scudi d'Argento ☽ Genueser nach Tableau du pair
Savoyische ältere von 1733 = 35.
neue seit 1755. =
Römische neue seit 1753. =
della Croze, Venediger =

Severins, oder Souvereyns, Niederl. ☉ doppelte
gesetzmäßig zu =
nach dem Remedio
im Durchschnitt =
nach gewöhnl. Ann.
Einfache nach Tableau du pair

Eine rauhe od legirte Mark enthält	Gewicht von Ein Stück in		Gehalt in				Werth von Ein Stück in Preuß. Courent.		
			Gold		Silber				
Stück	Holl. As	Cölln. Richtpf	Kar.	Grän	Loth	Grän	thl.	gr.	pf.
47,04	103,4	1393	—	—	9	4	—	4	1
—	—	—	—	—	—	—	—	6	2
—	—	—	—	—	—	—	—	2	—
—	—	—	—	—	—	—	—	—	9
67,	72,6	978	23	.5	—	—	3	1	6
7,988	608,9	8204	—	—	14	1	1	12	11
11,982	405,9	5469	—	—	14	1	1	—	7
23,964	203—	2734$\frac{1}{2}$	—	—	14	1	—	12	3
37$\frac{29}{40}$	128,9	1737	—	—	11	1	—	6	1
55$\frac{19}{40}$	87,7	1181	—	—	8	2	—	3	—
84$\frac{13}{40}$	57,7	777	—	—	6	2	—	1	6
7,454	652,5	8792	—	—	14	12	1	17	3
22$\frac{7}{15}$	216,5	2917	—	—	11	2	—	10	4
33$\frac{17}{60}$	146,1	1969	—	—	7	2	—	4	5
66$\frac{17}{30}$	73	984	—	—	7	2	—	2	2
94$\frac{13}{15}$	51,3	691	—	—	5	—	—	1	1
195$\frac{4}{15}$	24,9	336	—	—	3	2	—	—	4
6,08	800—	10779	—	—	15	3	2	4	4
7,845	620—	8354	—	—	14	11	1	15	1
6,643	732,2	9865	—	—	14	9	1	21	9
8,828	551—	7424	—	—	14	12	1	10	10
7,352	661,6	8914	—	—	14	12	1	17	10
20,977	231$\frac{7}{8}$	3124	22	— $\frac{3}{4}$	—	—	9	5	2
21,076	230,8	3110	22	—	—	—	9	3	6
21,027	231$\frac{1}{3}$	3117	22	— $\frac{3}{8}$	—	—	9	4	4
21$\frac{1}{4}$	228,9	3084	22	—	—	—	9	1	8
41,931	116—	1563	22	—	—	—	4	14	4

Münzsorten.

Siamsche Rechn. Ticals zu 4 Mayons, 8 Touangs, 16 Pises od. Sompajes Gold
Silber
Sicilianische Rechn. Onzen zu 30 Tari, 60 Carlini oder 600 Grani
Scudi zu 12 Tari, 24 Carlini oder 240 Grani
Siebener ☽ Oesterreichische neue =
Siebenzehner ☽ Oesterreichische neue =
Silberkronen Niederländsche, seit 1755. gesetzmäßig
nach dem Remedio
im Durchschnitt
nach Krusen =
Smirnasche Rechn. Löwenthaler zu 100 Mines =
Sonnen Louisd'or ☉ alte Französ. nach d. Remedio
nach Regensp. Probe
Spanische Rechn. Doblones de Plata zu 1088 Maravedis de Plata
Ducatos de Cambio zu 375 Maravedis de Plata
de Vellon zu 374 Maravedis de Vellon
Pesos de Plata zu 272 Maravedis de Plata
Reales zu 34 Marav. de Plata
de Vellon
☉ vor 1772. ausgemünzte Doblons, zu 8 Escudos d'oro, od. Quadrupel, 4fache
4 dergl. Doppien od. doppelte Pistolen
2 dergl. od. einfache Doppien od. Pistol.
1 dergl. oder halbe Pistolen =

Eine rauhe od. legirte Mark enthält	Gewicht von Ein Stück in		Gehalt in				Werth von Ein Stück in Preuß. Courent.		
			Gold		Silber				
Stück.	Holl. As	Richtpf	Kar.	Grän	Loth	Grän	Thl	gr	pf.
—	—	—	—	—	—	—	12	4	2
—	—	—	—	—	—	—	1	1	8
—	—	—	—	—	—	—	3	13	8
—	—	—	—	—	—	—	1	10	3
$72\frac{1}{12}$	$67\frac{1}{2}$	909	—	—	6	13	—	1	11
$38\frac{4}{17}$	127 —	1714	—	—	8	12	—	4	9
7,885	616,9	8311	—	—	13	$17\frac{1}{2}$	1	13	2
7,934	613 —	8260	—	—	13	$16\frac{1}{2}$	1	12	10
7,91	614, 9	8285	—	—	13	17	1	13	—
7,896	616 —	8300	—	—	13	16	1	12	11
—	—	—	—	—	—	—	—	18	3
28,724	$169\frac{1}{3}$	2281	21	$8\frac{1}{4}$	—	—	6	14	9
$28\frac{3}{4}$	$169\frac{1}{6}$	2279	21	6	—	—	6	13	3
—	—	—	—	—	—	—	4	8	8
—	—	—	—	—	—	—	1	12	1
—	—	—	—	—	—	—	—	19	1
—	—	—	—	—	—	—	1	2	2
—	—	—	—	—	—	—	—	3	3
—	—	—	—	—	—	—	—	1	9
$8\frac{5}{8}$	563,9	7598	21	8	—	—	22	—	3
$17\frac{1}{4}$	281,9	3799	21	8	—	—	11	—	1
$34\frac{1}{2}$	140,9	1899	21	8	—	—	5	12	1
69	70,4	949	21	8	—	—	2	18	—

Münzsorten.

Spanische D Pesos duros oder Piaster seit 1772.
ganze zu 8 Mexic. Real oder 20 Real de Vellon
½be zu 4 Mexic. Real od. 10 Real de Vellon
¼tel od. Pesetes Mexic. zu 5 Real de Vellon
⅛tel od. Reales Mex zu 2½ Real de Vellon
$\frac{1}{16}$tel oder Realito Mexic. zu 1¼ Real de Vellon
Pesetas zu 4 Reales de Vellon =

Species Reichsthaler D alte nach der Constitution von 1566.
neue, nach der Convention von 1753.

Stralsunder Rechn. Thaler zu 2 fl. Pomm. oder 6 Mark Sundisch
Reichs=Gulden zu 4 Mk. Sundisch
Gulden Pomm. zu 3 Mk. Sundisch

Strasburger Rechn. Thaler oder Ecu zu 1½ fl. 3 Liv. 15 ßl. 60 Sous 90 Xr.
Gulden zu 2 Liv. 10 ßl. 15 Batz. 40 Sous 60 Xr.

Stück von Achten, s. Spanische D Pesos duros od. Piaster.

Sultanin Türkische, seit 1723. =

Sundische Schillinge, s. Schillinge.

Suratsche Rechnungs = Rupien zu 16 Annas od. 32 Ponnes

Surinamsche Rechn. Gulden zu 20 Stüver =

Eine rauhe oder legirte Mark enthält	Gewicht von Ein Stück in		Gehalt in				Werth von Ein Stück in Preuß. Courent		
			Gold		Silber				
Stück	Holl. As	Cölln. Richtpf	Kar	Grän	Loth	Grän	thl.	gr.	pf.
8⅔	561, 2	7562	—	—	14	6	1	10	8
17⅓	280, 6	3781	—	—	14	6	—	17	4
34⅔	140, 3	1890	—	—	14	6	—	8	8
69⅓	70, 1	945	—	—	14	6	—	4	4
138⅔	35—	472	—	—	14	6	—	2	2
39	124, 7	1680	—	—	13	5	—	7	1
8	608	8192	—	—	14	4	1	13	4
8⅓	583, 7	7864	—	—	13	6	1	9	7
—	—	—	—	—	—	—	1	4	—
—	—	—	—	—	—	—		18	8
—	—	—	—	—	—	—	—	14	—
—	—	—	—	—	—	—	—	19	3
—	—	—	—	—	—	—	—	12	10
—	—	—	—	—	—	—	2	14	7
—	—	—	—	—	—	—	—	16	5
—	—	—	—	—	—	—	—	11	6

Münzsorten.

T.

Tallaros Florent. Toscanische, nach Newtons Probe
Tarinos Neapolitanische, nach Französ. Probe
Testones Römische alte, nach Genueser Probe
neue = =
Thaler Courent Rechn. Holländ. Valuta =
nach Zinnischen Fuß von 1667.
nach Hamburger, Lübecker, Dänischer, Hollsteinscher u. Mecklenburger Valuta =
nach dem Leipziger Fuß v. 1690
n. alt. Franz. ganz. Louisblanc
halben dergleichen
$\frac{1}{4}$tel dergl. =
in Conventions-Gelde =
in Preuß. Courent von 1764.
in Sächsischen Steuer-Gelde 1753-55.
Tarolos Türkische zu = =
Triester Rechn. Gulden zu 5 Lire 60 Xr. od. 100 Soldi
Wiener Courant
Triester Courant
Lire zu 12 Xr. od. 20 Soldi = =
Turiner Rechn. Lire zu 20 Soldi Piemontesi

V.

Valenzianische Rechnungs-Libras
zu 10 Real, 20 Sueldos oder 256 Dineros
Venediger Rechn. Ducati zu 24 Grossi od. 124 Soldi
Banco
Courent
Piccoli

Eine rauhe od legirte Mark enthält	Gewicht von Ein Stück in		Gehalt in				Werth von Ein Stück in Preuß. Courent		
			Gold		Silber				
Stück	Holl. As	Cölln Richtpf	Kar.	Grän	Loth	Grän	thl.	gr.	pf.
8,594	566	7626	—	—	14	13	1	10	5
53,66	$90\frac{5}{8}$	1221	—	—	14	10	—	5	8
25,487	190,8	2571	—	—	14	9	—	11	11
27,686	175,7	2367	—	—	14	12	—	11	1
—	—	—	—	—	—	—*	1	10	6
—	—	—	—	—	—	—	1	8	—
—	—	—	—	—	—	—	1	5	7
—	—	—	—	—	—	—	1	3	11
—	—	—	—	—	—	—	1	2	6
—	—	—	—	—	—	—	1	1	11
—	—	—	—	—	—	—	1	1	1
—	—	—	—	—	—	—	1	1	2
—	—	—	—	—	—	—	1	—	—
—	—	—	—	—	—	—	—	23	10
—	—	—	—	—	—	—	—	22	3
—	—	—	—	—	—	—	—	16	9
—	—	—	—	—	—	—	—	15	11
—	—	—	—	—	—	—	—	3	2
—	—	—	—	—	—	—	—	7	8
—	—	—	—	—	—	—	1	2	2
—	—	—	—	—	—	—	1	8	5
—	—	—	—	—	—	—	1	3	—
—	—	—	—	—	—	—	—	20	11

Münzsorten.

Venediger Rechn. Lire zu 20 Soldi Banco =
Courent =
Piccoli =
☽ Ducati, = =
Scudi della Croce =
Giustini =

W.

Wiener Rechn. Thaler zu 30 Kgr. oder 90 Xr.
a) vor Erhöhung der Gold=Münzen v. 12 Jan. 1786.
b) seit Erhöhung derselben
1) nach dem Ducaten=Preis von $4\frac{1}{2}$ fl. Conv. Geld
2) nach dem Preis der feinen Wiener Mark Gold
zu $359\frac{1}{2}$ fl. Convent. Geld =

Z.

Zantesche Rechn. Realen zu 10 Lire oder 100 Soldi
Zecchinen ⊙ Florentinische, Toscanische =
Genuesische = =
Römische zu = =
Savoyische zu = =
Venediger zu = =
Zürcher Rechn. Thaler zu $1\frac{4}{5}$ Zfl. 72 ßl. oder 108 Xr.
Wechsel=Geld.
Gulden zu 40 ßl. od. 60 Xr. Wechs. Geld
Courent =
Münze =
☽ Thaler = = =
20 Xr=Stücke = =
15 Xr=Stücke = =
Zweydrittel ☽ alte feine Lüneburger =
Sächsische =

Eine rauhe od. legirte Mark enthält.	Gewicht von Ein Stück in		Gehalt in				Werth von Ein Stück in Preuß. Courent.		
			Gold		Silber				
Stück	Holl. As	Richtpf	Kar	Grän	Loth	Grän	thl.	gr.	pf.
—	—	—	—	—	—	—	—	5	3
—	—	—	—	—	—	—	—	4	4
—	—	—	—	—	—	—	—	3	4
10,283	473 —	6373	—	—	13	4	1	3	—
7,37	660 —	8893	—	—	14	12	1	17	9
8,329	584 —	7869	—	—	14	12	1	12	11
—	—	—	—	—	—	—	1	1	2
—	—	—	—	—	—	—	1	1	2
—	—	—	—	—	—	—	1	1	2
—	—	—	—	—	—	—	1	3	—
67,05	72,5	977	23	11½	—	—	3	3	1
66,905	72,7	979½	23	10½	—	—	3	3	—
67,367	72,2	973 —	23	6	—	—	3	1	4
67,35	72¼	973 —	23	6	—	—	3	1	4
67 —	72,6	978 —	23	10½	—	—	3	2	11
—	—	—	—	—	—	—	1	8	6
—	—	—	—	—	—	—	—	18	—
—	—	—	—	—	—	—	—	16	5
—	—	—	—	—	—	—	—	14	8
8¼	589,5	7944	—	—	13	14	1	11	—
46½	104,6	1409	—	—	8	16	—	4	—
48	101,3	1365	—	—	8	14	—	3	10
17⅞	272 —	3666	—	—	15	16	—	18	8
17	286 —	3855	—	—	15	2	—	18	8

Gold- und Silber-Calculationes.

Gold aus Amsterdam.

10 Mk. Troys-Gewicht betragen à 355 fl. Bo.		Bo. fl. 3550. —. —
Agio 8 pCt.		284. —. —
		C. fl. 3834. —. —
Courtage à 1 pro Mille	C. fl. 3. 17. —	
Postporto bis Arnheim	9. 3. —	
		13. —. —
		C. fl. 3847. —. —
Provision in Amsterdam 1 pCt.		38. 9. —
		C. fl. 3885. 9. —
kleine Unkosten ½ pCt.		19. 11. —
kosten also 10 Mk. fein Gold franco Arnheim		C. fl. 3905. —. —
hiervor wird der Rembours à 147½ pCt. gemacht, beträgt		C. Thl. 2303. 23. —
hierzu das Porto von Arnheim nach der Victualien-Taxe, und Münzprobe		4. 11. —
		Pr. C. Thl. 2308. —. —
diese à 10 pCt in Frdd'or		Thl. 2098. 4. —
Da nun obige 10 Mk. fein Troys-Gewicht à 19 Mk. Troys pro 20 Mk. Cöllnisch gerechnet, produciren f. Mk. 10. 12. 7, wornach also die feine Mk. Cöllnisch in Frdd'or zu stehen kommt		199 Thl. 8 gr.

Gold aus Londen.

100 Onces aus Londen kosten à 4 Liv. Strl. = = L. Strl. 400. —. —
Courtage 1 pro Mille L. Strl. —. 8 ßl. —
Porto nach Holland —. 12 = —
Assecuranz ½ pCt. 2. — = —

3. —. —

L. Strl. 403. —. —
hiezu Provision 1 pCt. 2. —. —

kosten also 100 Onces Gold franco Amsterdam = L. Strl. 405. —. —

diese à 6½ Thl. Pr. C. = Pr. C. Thl. 2632. 12. —
hiezu Porto von Amsterdam = 12. 12. —

kosten 100 Onces franco Berlin Pr. C. Thl. 2645. —. —

diese à 10 pCt. Frd'or Thl. 2404. 7. —

Obige 100 Onces produciren allhier à 20 Onces pro 167 Stk. Ducat. und 67 Stk. Duc. pro 1 Mk. Bto, Bto Mk. 12. 11. 1. à 23 Kar. 6 Grän. feine Cölln. Mk. 12. 5. 6, wornach die feine Mark zu stehen kommt 196 Thl. 14 gr. in Frd'or.

Gold aus Hamburg.

670 Stk. Duc. aus Hamburg à 96 ßl. Bo. = = Bo. Mk. 4020. —. —
hierzu
Courtage 1 pro Mille Bo. Mk. 4. —. —
kleine Unkosten 2. 8. —

6. 8. —

Transp. Bo. Mk. 4026. 8. —

	Trsp. Bo. Mk. 4026. 8.—
Provision à 1 pCt.	= 40. 4.—
kosten also 670 Duc. al marco franco Hamburg =	Bo. Mk 4066. 12.—
die à 154 pCt. betragen	Pr. C. Thl. 2087. 14.—
hierzu	
Porto von Hamburg und Münz-Probe = =	1. 10.—
	Pr. C. Thl. 2089. —.—
diese à 10 pCt. in =	Frd'or Thl. 1899. 2.—

Vorstehende 670 Stk. Dukaten produciren à 67 Stk. Duc. pro 1 Mk Bto, Bto Mk. 10 — à 23 Karat 6 Gran fein, feine Mk. 9. 19 Kar. wornach also die feine Mk. kosten würde 194 Thl. 1 gr. in Frd'or.

Gold aus Wien.

338 Stk. Souv. d'or à 8 Thl. 72 Xr.		
	Wiener Cour.	Thl. 2974. 36 Xr.
Provision ½ pCt. =		14. 80 =
		Thl. 2989. 26 =
Porto bis Breslau	Thl. 8. 16 Xr.	
kleine Unkosten	—. 48 =	
		9. 64 =
	Wien. Cour.	Thl. 2999. —
die zu 4 pCt. remittirt betragen	Pr. C.	Thl 3119. —.—
hierzu kleine Unkosten und Münzprobe		1. 8.—
Porto bis Berlin = =		2. 16.—
	Pr Cour.	Thl. 3123. —.—
	à 10 pCt. in Frd'or	Thl. 2839. 2 —

Obige 338 Stk. Souv d'or produciren in Berlin à 21⅛ Stk. pr. 1 Mk. Bto, Bto Mk. 16 — à 22 Karat f. Mk.

14.

14. 16. wornach die feine Mark zu stehen kommt 193 Thl. 14 gr. in Frd'or.

Silber aus Amsterdam.

100 Mk. Bto Piasters so 14 Loth 9 Grän fein Silber halten die Mk. Bto. à 22 fl. 17 stbr. Bo. betragen dieselben	=	Bo. fl. 2215. —. —
Banco-Agio 1 pCt.	=	22. 17. —
		C. fl. 2307. 17. —
Courtage 1 pro Mille C. fl. 2. 6. —		
Porto bis Arnheim = 9. —. —		
kleine Unkosten = 3. 7. —		
		14. 13. —
		C. fl. 2322. 10. —
Provision 1 pCt.		23. 4. —
		C. fl. 2345. 14. —
diese zu 148 pCt. remittirt		Pr. C. Thl. 1388. 16. —
hierzu das Porto von Arnheim und kleine Unkosten	=	6. 8. —
kosten also 100 Mk. Piasters franco Berlin	=	Pr. C. Thl. 1395. —. —

Obige 100 Mk. Bto Troys-Gewicht betragen in Cöllnische Mk. Bto 105. 4 à 14 Loth 9 Grän fein, feine Mk. 95. 6. 2 und es kommt hiernach die feine Mk. zu stehen auf Pr. C. Thl. 14. 15 gr.

Silber aus Amsterdam.

3000 Stück neue Holl. Reichsthaler à 50 stb.	= =	C. fl. 7500. —
Agio à 1⅞ pCt.	=	140 14
		C. fl. 7640. 14

Trsp. C. fl. 7640. 14

ans Haus und Post zu bringen	C. fl. —. 6	
fürs Faß =	1. —	
Courtage ½ pro mille	3. 16	
Porto bis Arnheim	7. 4	
		12. 6
		C. fl. 7653. —
Provision ⅓ pCt.		25. 10
		C. fl. 7678 10
diese zu 149 pCt. remittirt betragen		Pr. C. Thl. 4576. 9
hierzu das Porto von Arnheim und kleine Spesen	=	23. 15
		C. Thl 4600. —

Obige 3000 Stk. Alb. Thaler wiegen, wenn 100 St. 11 Mk. 13¾ Loth Bto. wiegen, 355 Mk. 12½ Loth Bto. à 13 Loth 16 Gr. fein, feine Mk. 308. 13 Loth, mithin kommt die feine Mark zu stehen auf 14 Thl. 21 gr. C.

Silber aus Hamburg.

100 Mk. fein à 27 Mk. 12 ßl. Bo. betragen		Bo. Mk. 2775. —
Courtage 1 pro mille	Bo. Mk. 2. 12	
Inscription und Emballage	3. 8	
		6. 4
		Bo. Mk. 2781. 4
Provision 1 pCt.		27. 12
kosten also 100 Mk. Silber franco Hamburg		Pr. C. Thl. 1460. 16

	Trsp. Pr. C. Thl.	1460. 16. —
Porto von Hamburg und Münzkosten		3 8 —
kosten also 100 Mk. fein Silber in Berlin	Pr. C. Thl.	1464. —. —.

und es kommt hiernach die feine Mark zu stehen 14 Thl. 15 gr. Pr. C.

Silber aus Londen.

812 Onces fein Silber à 5 ßl. 7¾ pf.	L. Strl.	229. 4. 5
Courtage 1 pro mille L. Strl. —. 4. 9		
Porto nach Amsterdam —. 5. —		
		9. 9
	L. Strl.	229. 14. 2
Provision 1 pCt.		2. 5. 10
kosten also 812 Onces fein Silber franco Amsterdam	L. Strl.	232. —. —
diese à 6½ Thl. Pr. C. remittirt betragen	Pr C. Thl.	1508. —. —
Porto nach Arnheim C. Thl. 3. 21. —		
Assecurance in Londen 7. 3. —		
Porto von Arnheim bis hieher 4. —. —		
		15. —. —
kosten also 812 Onces fein Silber franco Berlin	Pr. C. Thl.	1523. —. —

Da nun 481 Onces Troys-Gewicht 64 Mk. Cöllnisch ausmachen, so betragen hiernach obige 812 Onces, 108 Mk. fein, und es kommt die feine Mk. auf 14 Thlr. 2 gr. Pr. C. circa zu stehen.

Silber aus Cadix.

500 Stk. Piasters à 10⅝ Reales de plata und 1 pCt. pro Ausgang	Real	5365. 5	Quart.
Commission 1 pCt.	=	53. 5	=
Courtage der Tratte	=	10. 6	=
kleine Unkosten		2. —	=
kosten also 500 Piasters in Cadix	Real D	5432. —	=

diese auf Amsterdam zu 95 pf. vls trassirt	Bo. fl.	1169. 14. —
Agio à 1½ pCt.		17. 11. —
	C. fl.	1187. 5. —

diese zu 150 pCt. remittirt betragen	Pr. C. Thl.	706. 8. —
Assecuranz 2 pCt.	C. fl. 14. 2. —	
Fracht nach Hamburg	12. 16. —	
Provision in Amsterdam und Hamburg	7. 1. —	
Porto von Hamburg	3. 8. —	
kleine Unkosten	1. 13. —	
		38. 16.
	Pr. C. Thl.	745. —. —

Obige 500 Stk. Piasters à 8⅔ Stk. pro 1 Mk. Bto. betragen 57 Mk. 11 Loth Bto. à 14 Loth 9 Grän fein, feine Mk. 52. 5. 6. und kommt hiernach die feine Mark auf 15 Thl. 6 gr. Pr. C. circa zu stehen.

Calculation

über eine Parthey Silber, so man in Berlin einkaufen, und dasselbe nach Wien senden könnte, um sich die Retour in Souveraind'or dafür anzuschaffen.

1641 Mk. Silber betragen à $14\frac{1}{8}$ Thl. Cour. C. Thl. 23179. 3

hierzu

Porto bis Neustadt C. Thl. 24. —

von da bis Wien incl. Wiener Unkosten 77. —

101. —

Kosten des Einkaufs Pr. C. Thl. 23280. 3

1641 Mk. Berliner Silber sind in Wien f. Mk. 1365. 13. 1. à 24 fl. Cour. verkauft, betragen Wien. C. Thl. 32779. 35

dieses Wiener Cour. in Souverainsd'or à $12\frac{3}{8}$ fl. anhero remittirt, betragen Souveraind'or Stk. $2648\frac{5}{6}$

$21\frac{1}{8}$ Stk. gehen auf die rauhe Mk. Cöllnisch, betragen also $2648\frac{5}{6}$ Stk. Bto. Mk. 125 Mk. 6 Kar. à 22 Kar. fein, f. Mk. 114. $19\frac{1}{2}$ Karat à 192 Thl. in Fdd'or = Fdd'or Thl. 22044. —

Agio à 8 pCt. = 1763. 12

C. Thl. 23807. 12

ab hiervon

Provision in Wien 1 pCt. C. Thl. 238. —

Porto bis Neustadt 55. —

von Neustadt bis Berlin 22. 12

315. 12

würde also aus dem Golde gelöset Thl. 23492. —

ab hiervon die Kosten des Silbereinkaufs = 23280. 3

verbleibt reiner Gewinn C. Thl. 211. 21

Die vorhergegangenen Calculationen über Gold und Silber aus verschiedenen Handelsplätzen haben demnach gezeigt, wie man bey vorkommenden Fällen den wohlfeilsten Preis zu wählen hat.

Von der Regel Allegationis.

Unter Allegiren verstehet man eine Zusammensetzung oder Vermischung mehrerer Arten Gold oder Silber von unterschiedenen Gehalt oder Werth; und es werden unter diesem Titel besonders zweyerley Arten von Vermischungen abgehandelt.

Die erste Art lehret, wie man aus dem gegebenen Gehalt oder Werth verschiedener Arten Gold oder Silber, nebst einer jeden ihrer Quantität, den Gehalt oder Werth der daraus entstandenen Vermischung erfahren soll.

z. B. Es schmelzet Jemand 30 Mk. $10\frac{1}{2}$ löthiges, 20 Mk. 13löthiges und 15 Mk. 15löthiges Silber zusammen. Es frägt sich nunmehro, wie viel löthig diese vermischte Masse geworden sey?

Die andere Art hingegen zeiget, wie man aus dem gegebenen Gehalt oder Werth verschiedener Arten Gold oder Silber, die Quantitäten, wie viel nämlich oder wie groß von jedem derselben zu solcher Vermischung zu nehmen sey, damit ein gewisser verlangter Gehalt oder Werth daraus entstehen möge, finden kann.

z. B. Jemand verlangt zu einem Werke ein 14löthiges Silber, da er aber nur ein 11 und 15löthiges hat, so will man wissen, wie viel von solchem schlechtern oder bessern Silber zusammen zu setzen sey, damit das verlangte 14löthige entstehe.

Leztere Art wird bey den Münzmeistern, auch Gold- und Silber-Arbeitern die Beschickung des Tiegels genannt, und wird darunter verstanden, den Tiegel dergestalt mit den Metallen von verschiednen Gehalt zu beschicken, damit ein verlangter Gehalt daraus entstehen könne.

Die Folge der Beyspiele wird aber auch zeigen, daß diese Regel Allegationis nicht einzig und allein bey Gold- oder Silber-Vermischungen anzubringen ist, sondern auch auf mehrere Vermischungen extendiret werden kann.

z. Ex. Das gegebene Beyspiel der ersten Art, nemlich, wo Jemand 30 Mk. $10\frac{1}{2}$ löthiges, 20 Mk. 13löthiges, und 15 Mk. 15löthiges Silber zusammenschmelzt, und wissen will, wie viel löthig das Silber geworden ist?

30 Mk.	à $10\frac{1}{2}$ Loth	fein	betragen	315	Loth
20 =	à 13	=	= =	260	=
15 =	à 15	=	= =	225	=
65				800	
			65)	$12\frac{4}{13}$	löthig Antw.

Allhier ist jede Quantität mit ihrem Gehalt multipliciret, die Producte sowohl, wie die gegebenen Quantitäten, zusammen addiret, und die Summe der Producte durch die Summe der Quantitäten dividiret worden.

z. B. Es werden 12 Mk. 9löthiges und 24 Mk. 12 löthiges Silber nebst 6 Mk. Kupfer zusammengeschmolzen; wie viel löthig muß solche Masse werden?

12 Mk. à 9 Loth fein betragen 108 Loth
24 Mk. à 12 Loth = = 228 Loth
6 Mk. Kupfer = = —

42 ... 336

42) 336 / 8löthig Antwort.

z. B. Es kauft Jemand 1 Mk. fein Silber zu 14 Thl. und läßt dasselbe auf Seide spinnen, dergestalt, daß zu jeder Mark fein Silber 24 Loth Seide genommen werden. Da nun das Pfund Seide 10 Thlr. gilt; so frägt sich: Wie hoch das Loth des gesponnenen Silbers (ohne Arbeitslohn) zu stehen kommt?

Man berechnet erstlich, was 24 Loth Seide das Pfund à 10 Thlr. zu stehen kommen:

1 Pfund — 10 Thlr. — 24 Loth?
5 16 = 2
2 = 12 8 = 2

Antw. 7 Thl. 12 gr.

Ferner:

1 Mk. od. 16 Lt. Silber à 14 Thl. — 14 Thl.
24 Lt. Seide — — 7. 12

40 Loth 21 Th. 12 gr.

40) 21 Th. 12 gr. / 12 gr. $10\frac{4}{5}$ pf. Antw.

und so viel kommt das Loth des gesponnenen Silbers zu stehen.

z. B. 4 Oxthoft Wein zu 25 Thlr., 6 Faß à 20 Thlr. und 8 Faß à 16 Thlr. werden zusammen in ein Stück Faß gezogen; es frägt sich daher: Wie viel das Oxthoft solches vermischten Weines werth sey?

4 Oxthoft	à 25 Thlr.	betragen	100 Thlr.
6 "	à 20 "	"	120 "
8 "	à 16 "	"	128 "
18			348

18) 19⅓ Thl. das Oxthoft.

z. B. Es hat Jemand viererley Roggen, als 25 Winspel zu 30 Thlr., 20 Winspel zu 32 Thlr., 15 Winspel zu 35 Thlr. und 5 Winspel zu 36 Thlr., er lässet selbigen zusammenschütten, und will nun wissen, wie viel ihm der Winspel zu stehen käme?

25 Winspel	à 30 Thlr.	=	750 Thlr.
20 "	à 32 "	=	640 "
15 "	à 35 "	=	525 "
5 "	à 36 "	=	180 "
65			2095

65) $32\frac{3}{13}$ Thlr. der Winspel.

Es könnten noch viele Beyspiele zu der erst gedachten Art von Vorfällen hierher gesetzt werden; allein diese wenige gezeigten Aufgaben werden bey vorkommender Gelegenheit die Auflösung derselben erleichtern, und es wird daher nützlicher seyn, der gedachten zweyten Art näher zu kommen, wozu das gegebene Beyspiel oben angeführt ist, nemlich:

Wo Jemand zu einem Werke ein 14löthiges Silber verlangt, dagegen aber nur ein 11 und 15löthiges hat, und daher wissen will, wie viel von jeder Sorte zu nehmen sey, damit das verlangte 14löthige entstehe?

$$14 \left\{ \begin{matrix} 11 \\ 15 \end{matrix} \right. \left| \begin{matrix} \text{Diff. } 1 \\ \text{" } 3 \end{matrix} \right.$$

Die Regeln hierzu sind folgende; nemlich, man schreibet den gegebenen bessern und schlechtern Gehalt unter einander, und den verlangten Mittelgehalt zur linken Seite; alsdann subtrahiret man den Mittelgehalt von den bessern, und schreibt die kommende Differenz neben den schlechtern hinter eine Scheidelinie zur Rechten, desgleichen ziehet man den schlechtern Gehalt von dem Mittelgehalt, und setzt die Differenz neben den bessern; so zeigen diese Differenzen, wie viel Mark, Loth u. s. w., oder überhaupt, wie viel Theile von jedem zu nehmen seyen? als:

Die Differenz zwischen 11 und 14 ist 3: diese setze man neben der 15. Die Differenz zwischen 14 und 15 ist 1, solche setze man neben die 11. So zeigen gedachte Differenze, daß so oft als man von dem 11löthigen 1 Mark oder 1 Loth nimmt, eben so oft muß von dem 15löthigen 3 Mark oder 3 Loth ꝛc. genommen werden. Dieses ist aus folgenden zu sehen, als:

1 Mk. à 11 Loth = 11
3 Mk. à 15 Loth = 45
4 — 56
4) 14 Loth das verlangte Silber.

z. B. Es hat Jemand ein 19 und ein 23karatiges Gold, und will daraus ein 22karatiges haben; so ist die Frage: Wie viel er von jeder Sorte zu nehmen habe?

22 {	19	Diff.	1
	23	"	3

als 1 zu 19 = 19
3 zu 23 = 69
4 — 88
4) 22 Karat das verlangte Gold.

Wenn aber die Vermischung durch dreyerley Metalle geschehen soll, so sind die Regeln dazu folgendergestalt: Man setze es auf, wie bey dem vorigen Beyspiel, alsdann merke man sich, welcher Gehalt besser oder schlechter, als der begehrte Gehalt ist, und suche die verlangten Theile oder Differenzen erstlich zu einem bessern und einem schlechtern, hernach abermals zu einem bessern und einem schlechtern, jederzeit auf eben dieselbe Art, wie bereits oben gezeigt worden, bis alle gehörige Differenzen hinter der Scheidelinie gefunden sind. Es werden dann die Differenze, welche bey einem Silber sich mehr als einmal befinden, zusammen addiret, woraus dann die gesuchten Theile entstehen.

z. B. Es sollen dreyerley Silber, als ein 8löthiges, ein 10löthiges und ein 14löthiges zusammengeschmolzen werden, dergestalt, daß daraus ein 12löthiges entstehe: so ist die Frage: Wie viel von einem jeden genommen werden müsse?

12 {	8	2		2
	10	2		2
	14	4	2	6

Nemlich, wenn das 8 und 14löthige vermischet wird, kommt vom erstern 2, und vom andern 4. Wenn man aber ferner das 10löthige mit dem 14löthigen vermischet, so kommen ebenfalls von jenem 2, und von diesem auch 2. Daher addiret man die 4 und die nebenstehende 2 zusammen, so kommen von denselben 6. Folglich hat man die gesuchten Theile 2, 2, 6, welches folgende Berechnung näher erläutern wird:

2 —	zu 8 Loth	=	16
2 —	zu 10 "	=	20
6 —	zu 14 "	=	84
10			120

10) 12 Loth das verlangte Gehalt.

z. B. Einer hat viererley Silber, nemlich ein 7, 10, 14 und 15löthiges Silber, will aber von jedem Silber so viel nehmen, daß daraus ein 13 löthiges entstehe: Wie viel muß demnach von jedem genommen werden?

13	7	1	2	3
	10	1		1
	14	6	3	9
	15	6		6

Allhier ist das 7 mit 14 und 15löthige, und 10 mit 14löthige allein legirt.

Zur Probe dienet folgende Ausrechnung.

3	zu 7 Loth	=	21
1	zu 10 "	=	10
9	zu 14 "	=	126
6	zu 15 "	=	90
19			247

19) 13 Loth das begehrte Gehalt.

z. B. Ein Kornhändler hat viererley Hafer, nemlich zu 12, 14, 16 und 20 gr. den Scheffel, davon will er 100 Scheffel mischen, dergestalt, daß der Scheffel 15 gr. zu stehen kommen soll; es ist also die Frage: Wie viel er von jeder Sorte zu nehmen habe?

15 gr.	12 gr.	1
	14 gr.	5
	16 gr.	3
	20 gr.	1
		10 Theile.

zu 10 Scheff.	1 Scheff.	?	auf	100 × 10 à 12 gr.	—	120 gr.
10 =	5	=	=	= 100 × 50 à 14	= —	700 =
10 =	3	=	=	= 100 × 30 à 16	= —	480 =
10 =	1	=	=	= 100 × 10 à 20	= —	200 =
				100 Scheffel		1500 gr.
					100)	15 gr.

Wenn man die oben gegebenen Regeln recht inne hat, so wird man wohl den Unterschied zwischen der eben gezeigten Regel Allegationis und der sogenannten Regel Cöci, welche nun folgen soll, erkennen und einsehen können.

Von der Regel Cöci.

Gegenwärtige Regel, welche auch von einigen die **Regel Virginum** genannt wird, hat mit der Regel Allegationis, nemlich nach der zweyten Vermischungs-Art eine genaue Verwandschaft, indem sie eben diejenigen Aufgaben berechnen kann, welche durch jene berechnet werden. In verschiedenen Fällen aber ist die Antwort dennoch leichter und besser nach der Regel Allegationis als nach gegenwärtiger Regel zu finden, und es hat daher jeder Rechner sich vorzusehen, damit er die Vortheile einer Rechnungsart mit der andern nicht verwechsele.

z. B. Man wollte die Zahl 24 in 2 verschiedene Theile dergestalt theilen, daß wenn man einen derselben mit 8, und den andern mit 16 multipliciret, und beyde Producte addiret, die Summe der Zahl 248 gleich sey.

Die Regeln hierzu sind folgende, nemlich:

1) Man multipliciret die zu Theilen gegebene Zahl mit dem kleinen Factore (8).

2) Subtrahiret das kommende Product (192) von der gegebenen Zahl (248).

3) Dividiret den Rest (56) durch die Differenz beyder Factoren (8); so kommt derjenige Theil, welcher mit dem grösten Factore multipliciret wird. Endlich

4) Subtrahiret man diesen gefundenen Theil von der zu Theilen gegebenen Zahl, so zeiget der Rest den begehrten andern Theil.

	Factores	Diff.	
	16	8	
24	8		248 die Summe
192 (8			192 abgezogen
			Rest 56. so mit 8 dividiret, 7 zur Antwort bringt.

Diese gefundene 7 von 24 abgezogen, bleiben 17, folglich sind die gesuchten Theile 7 und 17, welche eben die Eigenschaft haben, so verlangt worden.

7	mit 16 multipliciret, betragen	112
17	8 =	136
24 Summa		248 Summa, welche begehrt worden.

Wenn man aber eine gegebene Zahl auf vorgedachte Art in mehr als 2 verschiedene Theile theilen wollte, so dienet folgendes Beyspiel und Regeln:

z. B. Die Zahl 24 soll in 3 unterschiedene Theile getheilt werden, dergestalt, daß wenn man einen derselben mit 4, den andern mit 8, und den dritten mit 16 multipliciret, und die drey Producte addiret, die Summa der Zahl 248 gleich sey.

1) Man verfähret eben so, als in der ersten Regel ad 1 und 2 gesagt worden.

2) Subtrahiret den gegebenen kleinsten Factorem (4) von jedem der größern Factorum (8 und 16), so hat man die Differenze (12 und 4). Alsdann muß man

3) Den vorhin im 3ten Artikel der ersten Regel gedachten Rest in eben so viel Stücke, als Differenz vorhanden, das ist, allhier in 2 zertheilen, damit man eines derselben in die größere Differenz (12), und das andere in die kleinere (4) dividiren kann; so zeiget jener Quotient den Theil, welcher mit dem größten Factore (16); und dieser den Theil, welcher mit dem andern kleinern Factore (4) zu multipliciren ist.

4) Man addiret diese Quotienten oder gefundene Theile zusammen, und subtrahiret ihre Summe von der zu Theilen gegebenen Zahl (24), so kommt im Rest der verlangte 3te Theil, welcher mit dem kleinsten Factore (4) zu multipliciren ist.

5) Hat man wohl zu merken, daß, wenn gleich die vorher im 3ten Artikel erwähnten Stücke nach eigenem Willkühr angesetzt werden können, daß man dieselben doch dergestalt ansetzet, damit die Summe ihrer Quotienten, oder der verlangten beyden ersten Theile, von der zu Theilen ge-

gebenen Zahl (24) subtrahiret, noch etwas für den gesuchten dritten Theil übrig lasse, nicht weniger

6) Im Falle die gesuchten Theile in lauter ganzen Zahlen begehrt worden, daß man gedachte Stücke (wenn es möglich ist,) auch eben so nehmen müsse, damit sie in den Quotienten ganze Zahlen geben.

		Diff.	
	16	12	
24	8	4	248
96 (4	4		96
			Rest 152

Diesen Rest (152) in 2 Stücke z. B. in 96 und 56 getheilt; man dividire also die Differenz 12 in 96, und die Differenz 4 in 56, so kommen in jenem Quotienten 8 für den begehrten Theil, welcher mit 16 zu multipliciren ist, und in diesem 14 für den andern Theil, der mit 8 zu multipliciren ist. Man subtrahire alsdann 8 und 14 zusammen von 24, bleiben 2 für den dritten Theil, welcher mit 4 zu multipliciren ist. Folgende Untersuchung wird die Richtigkeit dieser Verfahrungsart bestimmen.

8	mit 16	multipl.	beträgt	128
14	= 8	=	=	112
2	= 4	=	=	8
24 Summa				248 Summa, wie verlangt worden.

z. B. Es hat Jemand dreyerley Silber, nemlich ein 14, 12 und 8löthiges, will aber ein Werk von 40 Mk. verfertigen, so 13löthig seyn soll, jedoch aber von jeder Sorte lauter ganze Mark dazu nehmen;

nehmen; es frägt sich also: Wie viel von jedem genommen werden müsse?

			Diff.
		14	6
40		12	4
320	(8	8	

40 Mk. à 13 Loth fein
520 Loth fein
÷ 320
Rest 200

Diese in 180 und 20 getheilt, als:
6 in 180 geben 30 vom 14löthigen = 420
4 in 20 „ 5 „ 12 „ = 60
5 „ 8 „ = 40
40 520 Loth, die verlangte Antwort.

z. B. Es kauft Jemand 100 Stück Vieh um 200 Thaler, nemlich 1 Ochs zu 11 Thlr., 1 Kuh zu 6 Thlr., 1 Kalb um 3 Thlr. und 1 Schaaf um $1\frac{1}{2}$ Thaler; es frägt sich nun, wie viel Ochsen, Kühe, Kälber und Schaafe es gewesen sind?

		2 Diff.	
	11	22	19
	6	12	9
100	3	6	3
	$1\frac{1}{2}$	3	

200
÷ 100
Rest 100

Dieser Rest wird in 19, 72 und 9 zertheilt, als:
19 in 19 geben 1 Ochs à 11 Thl. = 11 Thl.
9 in 72 „ 8 Kühe à 6 Thl. = 48 Thl.
3 in 9 „ 3 Kälber à 3 Thl. = 9 Thl.
88 Schaafe à $1\frac{1}{2}$ = 132 Thl.
100 Stück 200 Thl. wie begehrt.

z. B. Es kauft Jemand eine viererley Waare für 400 Thaler, davon 1 Pfund 1, 3, 4 und 5 Thlr. kostet, und empfängt 300 Pfund, von jeder Sorte lauter ganze Pfund; es frägt sich also: Wie viel Pfund von jeder Gattung gewesen sind?

		Diff.	
	5	4	
	4	3	
300 Pfund	3	2	400 Thlr.
	1		÷ 300
			Rest 100

Diesen Rest in 24, 30 und 46 zertheilt, also:

Diff. 4 in 24 giebt	6 Pfund	à 5 Thl.	=	30 Thl.	
3 in 30 =	10 =	à 4 =	=	40 =	
2 in 46 =	23 =	à 3 =	=	69 =	
	261 =	à 1 =	=	261 =	
	300 Pfund			400 Thlr. wie verlangt worden.	

Vorgedachte Beyspiele werden einem jeden Rechner zur hinlänglichen Richtschnur dienen können, um vorkommenden Falls dergleichen Aufgaben aufzulösen, und es wäre daher überflüßig, mehrere Fälle anzuführen, indem alle Regeln so beschaffen sind, daß ein Jeder bey einigem Nachdenken sich wird leicht helfen können.

Uebrigens beschließt gegenwärtige Regel Cōci dieses Rechenbuch, ohnerachtet in den meisten Rechenbüchern, mehrere zur Arithmethic gehörige Abtheilungen, als die Ausziehung der Quadrat- und Cubic-Wurzel, Progressionen, Logarithmen rc. angeführet sind; da aber dieses ausführlich zu lehren, ein besonders weitläuftiges Werk erforderlich seyn würde, und überhaupt sich dieses Buch nur auf den würklichen Nutzen für Kaufleute, Oeconomen ꝛc. eingeschränkt, keinesweges aber für Mathematici geschrieben ist, so sind denn auch diese Abhandlungen weggelassen, um der eigentlichen Bestimmung nicht zu verfehlen.

Statt dessen folgen die Beschreibungen von Gewicht und Maaß eines jeden Handelsortes nebst ihren Vergleichungen in alphabethischer Ordnung, weil diese Dinge dem Kaufmann und Oekonomen unentbehrlich sind, und dem Zweck dieses Lehrbuchs mehr entsprechen.

Vergleichungen von Maaß und Gewicht.

A a ch e n.

Eine freye Reichs- und Handelsstadt im Westphälischen Kreise hat folgendes Maaß und Gewicht.

Das **Ellenmaaß** ist 296 Französische Linien lang; es vergleichen sich also

29 Aachner Ellen mit 28 Brabanter Ellen
100 dergleichen mit 100⅛ Berliner und 118¼ Leipziger Ellen,

Das **Fußmaaß** von 12 Zoll à 12 Linien ist 128½ Franz. Linien lang, und es vergleichen sich

13 Aachner Fuß mit 12 Rheinländsche Fuß
34 dergl. □ = mit 29 dergl. □ Fuß
33 dergl. Cubic-Fuß mit 26 dergl. Cub. Fuß.

Beym **Getraidemaaß** hält der Malter Korn 6 Faß à 4 Kopf, oder 24 Kopf; das Faß aber soll 1699

Aachner oder 1027 Französische Cub. Zoll Inhalt haben, und es vergleichen sich hiernach

100 Berliner Scheffel mit $227\frac{1}{8}$ Aachner Faß.

Das **Maaß Hafer** hält 6 Kopf.

Beym **Weinmaaß** wird der Ahm zu 130 Kannen gerechnet.

Beym **Handelsgewicht** rechnet man

1 Schiffpfd. zu 3 Ctr. oder 300 Pfd., zur Fracht aber 318 Pfd.

1 Ctr. zu 100 Pfd., zur Fracht aber 106 Pfd.

Das Pfd. wird noch nicht $\frac{1}{16}$ pCt. schwerer als Berliner und $\frac{3}{8}$ pCt. schwerer als Leipziger angegeben.

1 Pfd. Butter soll 52 Loth wiegen.

Alicante.

Eine See- und Handelsstadt der Spanischen Provinz Valenzia, handelt vorzüglich mit Annies, Mandeln, Weine, Saffran, Suda, Citronen und Pommeranzen in Früchten und Schalen, Rosinen, Brandwein, Seide 2c. hat folgendes Maaß und Gewicht:

Das **Längenmaaß** ist unter Valenzia beschrieben.

Die **hiesige Vara** hat 4 Palmen, es vergleichen sich

100 Alicant. Varas mit $113\frac{7}{8}$ Berliner und $134\frac{5}{8}$ Leipz. Ellen.

10 dergleichen mit 11 Brabanter Ellen.

Beym **Getraidemaaß** wird der Cahiz oder Caffise Korn für 16 Barsellas angegeben. Er soll aber nur 12 Barsellas enthalten, und 116 Caffises sollen

100 Engl. Quarters seyn, wornach der Cahiz 4½ Scheffel circa enthalten würde.

Das **Maaß flüßiger Waaren** wird eingetheilt

1 Tonnelada			
od. Tonne zu 2 Pipen,	80 Arrobas,	100 Cantaros	
1 =	40 =	50	=
	1 =	$1\frac{1}{4}$	=

Die **Pipe** soll 75 Amsterdammer Viertel halten und 1000 Pfd. Holl. circa an Oehl wiegen, welches $474\frac{9}{16}$ Berl. Quart beträgt, wornach die Pipe 1055 Pfd. Berliner wiegen würde.

Der **Contaro** ist das eigentliche Wein- Brannt- wein- und Essigmaaß, welches ohngefehr mit 9 Amsterdammer Mingelen oder 3 Hbr. Stübgen gleich seyn soll. Hiernach würde der Cantaro circa $9\frac{5}{16}$ bis $9\frac{7}{16}$ Berl. Quart enthalten.

Das Both Wein von Alicante beträgt 120 bis 130 Hamb. Stübgen, welche mit 377 bis 409 Berl. Quart gleich gerechnet werden können.

Das Gewicht wird eingetheilt

1 Carga, Last hat			
$2\frac{1}{2}$, Quintal, Ctr. hat	10 Arrobas	240 gr. Pf.	360 kl. Pf.
1	4	96	144
	1	24	36
		1	$1\frac{1}{2}$

Der **Quintal** oder Ctr. soll 108 Pfd. Castil. Gewicht haben, und also $106\frac{1}{4}$ Pf. Berl. wiegen.

Mandeln, Annies, Wolle, frische Fische und andere Eßwaaren, ausser frisch Fleisch und Speck, werden mit großen und schweren Gewicht das Pfd. zu 18 Unzen gewogen, man vergleichet

100 Alic. große Pfd. mit $110\frac{11}{16}$ Berl. und $111\frac{1}{16}$ Leipziger Pfd. circa.

Saffran, Nelken, Zimmt, Pfeffer und dergl. Specerey-Waaren, werden mit dem kleinen Pfd. von 12 Unzen gewogen, und vergleichen sich

100 Berl. Pfd. mit $135\frac{2}{16}$ Alic. kl. Pfd. circa.

Bey **Befrachtungen** rechnet man 36 Quintal Mandeln für 1 Schiffslast.

Altona.

Eine Dänische im Niedersächsischen Kreise nahe bey Hamburg an der Elbe gelegene Handelsstadt, hat folgendes Maaß und Gewicht.

Das **Ellenmaaß** ist dem Hamburger gleich, und es sind daher

100 Berliner Ellen = $116\frac{3}{8}$ Altonaer Ellen

100 Brabanter Ellen = $103\frac{11}{16}$ Berliner Ellen.

Nach dem **Flächen- oder Quadratmaaß** im Hollsteinschen, muß Ein Faden Holz aus 3 Altonaer Ellen im □ bestehen, und 100 Hollsteinsche Faden werden für 81 Hamburger Faden Holz gerechnet.

Beym **Getraide und Früchten** soll in ganz Hollstein das gewöhnliche Dänische Maaß die Tonne zu 8 Scheffel à 4 Viertel gerechnet, gebraucht werden, und es vergleichen sich

100 Hollsteinsche Tonnen mit $255\frac{13}{16}$ Berl. Scheffel.

Wenn aber das Altonaer Getraidemaaß dem Hamburger gleich geachtet wird, so vergleichen sich

100 Berl. Scheffel mit $103\frac{3}{16}$ Altonaer Faß.

Mehl und Hopfen wird allhier nicht gemessen, sondern gewogen.

Die Maaße zu **flüßigen** Waaren, insonderheit zu **Wein und Branntwein**, sind wie in Hamburg, und es vergleichen sich also

100 Berl. Quart mit $128\frac{1}{8}$ Quartier in Altona.

Die **Biertonne** dagegen soll 128 Hamburger Quartier enthalten, wornach solche also 50 pCt. kleiner als die Hamburger Biertonne ist.

Das **Handelsgewicht** ist das **Lübische**

1 Schiffpfd	zu 20 Liespfd.	à 14 Pfd.	oder 280 Pfd.
1 Ctr.	zu 8	=	oder 112 Pfd.

es vergleichen sich übrigens

100 Pfd. Hollsteiner mit $103\frac{3}{16}$ Berliner.

Das **Gold- und Silbergewicht** in ganz Hollstein ist das Cöllnische Markgewicht.

Das **Apothekergewicht** im **kleinen** ist das gewöhnliche deutsche Apothekergewicht; im **großen** bedienet man sich des Lübischen Gewichts.

Amsterdam.

Eine der beträchtlichsten Handelsstädte in Europa, in Südholland am Y belegen, hat folgende Maaße und Gewichte:

Das **Längenmaaß** ist das Ellen- Fuß- und Meilenmaaß.

Die Amsterdammer **Elle**, welche in den mehresten Städten gebräuchlich ist, hat folgendes Verhältniß:

105 Amsterd. Ellen	sind	102 Vlaamsche Ellen.			
613	=	=	612 Brabant.		=
36 Vlaamsche	=	=	37	=	=
100 Amsterd	=	=	$103\frac{1}{2}$ Berl.		=
100 Vlaamsche	=	=	$106\frac{9}{16}$	=	=

Der **Amsterdammer Fuß** ist in 11 Däumen oder Zoll à 4 Quartier oder 8 Theile, getheilt, wenn

Masten in der Runde gemessen werden, auch in 3 Palmen à 41⅝ Franz. Linien. Es vergleichet sich übrigens

51 Amsterd. Fuß	mit	46 Rheinländsche Fuß	
70 =	=	= 61 Franz.	Fuß
14 =	=	= 13 Engl.	=

1 Ruthe hält	6½ Faden,	13 Fuß oder	143 Däume
	1	6	66
		1	11

Auf 19 **holländische Meilen**, werden 15 deutsche oder geographische **Meilen** gerechnet.

Beym **Flächen = Quadrat = und Landmaaß** hält

1 □ Ruthe 169 □ Fuß à 121 □ Däume oder 109⅜ Französische □ Zoll, und man vergleichet

43 Amsterd. □ Fuß	mit	35 Rheinländ. □ Fuß	
79 dergl.	=	= 60 Französ. □	=

Die **Körpermaaße zu trocknen Waaren**, deren man sich beym Korn in Amsterdam, Edam, Monnikendam und Purmerent bedienet, haben folgendes Verhältniß:

Last.	Tonnen.	Mudden.	Säcke.	Scheepels.	Vierdevats.	Kops.
1 hat	21⅗	27	36	108	432	3456
	1	1¼	1⅔	5	20	160
		1	1⅓	4	16	128
			1	3	12	96
				1	4	32
					1	8

100 Säcke vergleichen sich mit 149 $\frac{1}{10}$ Berl. Scheffel.

Die Amsterdammer Last wird auch um 8⅓ pCt. kleiner als die Hamburger gehalten.

In andern holländischen Orten hat das Getraidemaaß eine von vorher angegebener abweichende Eintheilung, und die Amsterdammer Last beträgt:

Zu Hoorn, Enkhuysen, Muyden, Narden und Weesp, 22 Mudden à 2 Sack à 2 Scheepel à 4 Taakel.

Zu Leyden 44 Sack à 2 Agelen.

Zu Harlem 38 Sack.

Zu Rotterdam, Delft, Schiedam 29 Sack oder $2\frac{2}{3}\frac{3}{2}$ Hoedt à $10\frac{2}{3}$ Sack à 3 Achtendeelen.

Zu Alkmar 36 Sack à 3 Scheepels.

Zu Gouda 28 Sack oder $2\frac{5}{8}$ Hoedt à $10\frac{2}{3}$ Sack à 3 Scheepels

Zu Dordrecht 3 Hoedt à 8 Sack oder Vaat à 4 Achtendeelen.

Zu Gorcum 2 Hoedt 5 Achtendeelen.

Zu Breda $33\frac{1}{2}$ Viertelen hart Korn und 29 Viertel Hafer.

Zu Utrecht 25 Mudden.

Zu Amersfort 64 Scheppel oder 16 Mudden à 4 Scheepels.

Zu Middelburg $41\frac{1}{2}$ Sacken à 2 Achtendeelen.

Zu Vlissingen und Ter-Veer, 39 Saacken.

Zu Zierikzee, Ter-Goes, Bommene, Ter-Toolen, Stavenes und Duyvelandt, $37\frac{1}{2}$ Sacken.

Zu Sommelsdyk, Dirksland, Middelharnes, Oeltjesplaat, Putten und Briel $38\frac{1}{2}$ Sacken.

Zu ganz Vriesland 18 Tonnen oder 33 Mudden à 36 Loopers.

Zu Gröningen 33 Mudden oder 3 Hoedt à 11 Mudden.

Zu Deventer 36 Mudden à 4 Scheepels.

Grob Seesalz wird nach Hundert zu 404 Maaten, die ohngefehr 7 Last oder 4000 Pfd. oder 208 Säcke ausmachen, verkauft. In Hamburg beträgt es circa $7\frac{1}{3}$ Last oder 132 Tonnen, in St. Ubes 25 Moog, und in Danzig rechnet man es zu $6\frac{2}{3}$ Last

Danziger, 5⅘ Last Königsberger, 6 Last Rigaer, und 5 Revalsche oder Liebauer Lasten.

Steinkohlen werden nach Hoed zu 38 Maaten verkauft, und 9 Hoed sollen 5 Chaldrons zu Newcastle, 6 Hoed aber 5 Chaldrons zu London ausmachen.

Die **große Kalktonne** hält 90 Mingelen.

Die **Körper-Maaße zu flüßigen Waaren**, besonders Rhein- und Mosel-Wein, nebst Kornbrandtwein haben folgendes Verhältniß:

Ahm.	Anker.	Stekannen.	Viertel.	Stoopen.	Mingelen.	Pinten.	Musjes
1	4	8	21	64	128	256	1024
	1	2	$5\frac{1}{4}$	16	32	64	256
		1	$2\frac{5}{8}$	8	16	32	128
			1	$3\frac{1}{21}$	$6\frac{2}{21}$	$12\frac{4}{21}$	$48\frac{16}{21}$
				1	2	4	16
					1	2	8
						1	4

Der Anker wird auch zu 44 Flaschen gerechnet, und es vergleichen sich

100 Amsterdammer Mingelen mit $103\frac{15}{16}$ Berl. Quart.

Die **Tonne Bier** ist dem Ahm gleich und hält 128 Mingelen oder $132\frac{7}{16}$ Berl. Quart.

Das **Faß Franzwein** hat 4 Oxthofte oder 6 Tierzen, und der Oxthoft soll $12\frac{1}{2}$ Stekannen, oder 200 Mingelen halten, wird aber nur zu 180 Mingelen, und die Tierze zu 120 Mingelen, das ist circa 186 und 124 Berl. Quart gerechnet.

Die **Spanischen und Portugiesischen Weine** werden nach den dortigen Boothen und Pipen verkauft, die Pipe hält 340 Mingelen oder 351$\frac{1}{4}$ Berl. Quart.

Brandtwein wird nach 30 Viertels verkauft, welche 420 Pfd. Amsterd. Trois = Gewicht wiegen, das Bourdeauxer Viertel rechnet man zu 6$\frac{2}{3}$ Mingelen oder circa 6$\frac{7}{18}$ Berl. Quart.

Das Faß **Baumöhl** wird zu 717 Mingelen gerechnet, die in Hamburg 1620 Pfd. circa wiegen, der Mingel wiegt also circa 2$\frac{1}{3}$ Pfd. Berliner.

Hanf, Lein, Raep = oder Rüböhl wird nach den Ahm zu 7$\frac{1}{2}$ Stekannen oder 120 Mingelen verkauft, die in Hamburg 266 Pfd. circa, in Berlin aber 275 Pfd circa wiegen.

Thran ist in Quarteelen von 18 und 21 Stekan, wird aber zu 12 Stekan von 16 Mingelen verkauft, und 6 Stekan rechnet man auf 1 Schmaltonne, 97 Stekan werden auf 16 Tonnen von 32 Stübgen Thran in Hamburg gerechnet.

Das Handelsgewicht hat im **Großen** folgendes Verhältniß:

1 Schiffpfd.	3 Ct.	20 Lispfd.	37$\frac{1}{2}$ Stein	300 Pfd.
	1	6$\frac{2}{3}$	12$\frac{1}{2}$	100
		1	1$\frac{7}{8}$	15
			1	8

und im Kleinen

1 Pfd.	2 Mk.	16 Unzen.	32 Loth.	128 Dragmas.
	1	8	16	64
		1	2	8
			1	4

100 Pfd. Amsterd. Handelsgew. sind 105$\frac{7}{18}$ Pfd. Berl.

Das **Ostindische Compagnie = Gewicht** soll noch schwerer als vorgedachtes Gewicht seyn, und man vergleichet 100 Pfd. dergl. Gewicht mit 103$\frac{1}{7}$ Hamburger, oder 107 Berliner Pfd.

Butter wird nach ganzen, ½ben, ¼tel, ⅛tel und $\frac{1}{16}$tel Tonnen verkauft.

1 Tonne Leidsche wiegt	320,	das Vierendeel	80 Pfd.
1 = Vriesische =	328,	= =	82 =
1 = Mastenbröcker	400,	= =	100 =
1 Vierendeel gemeine Holländische			84 =

Man verkauft das ¼tel Hollsteinsche Butter mit, die Leidensche aber ohne Holz, und die Butterfässer müssen jährlich geeichet und gebrannt werden.

Eine Last Heringe, so wie er aus der See kommt, hat 14 Tonnen, man verkauft sie indessen zu 12 auch 13 Tonnen.

Eine Last Pech hält 12, Theer aber 13 Tonnen.

Eine Last zur Schiffsfracht wird zu 8 Oxthoft Wein, 5 Stück Brandtwein und Pflaumen, 14 Stk. mit Heringen, 12 Last Pech, 13 Faß Theer, 7 Quartel Thran, 4 Pipen Baumöhl, 20 Kisten Citronen, 4000 Pfd. Reis, Eisen, Kupfer ꝛc., 3000 Pfd. Mandeln, 2000 Pfd. Wolle und Federn, 2400 Pfd. Pomeranzen=Schalen, 2000 Pfd. Specerey ꝛc. Die Weitzenlast wird bey der Fracht 10 pCt. höher als die Rockenlast, und diese 20 pCt. höher als die Hafer, und 10 pCt. höher als die Saatlast gerechnet. Ausserdem stehet diese Frachtlast von 4000 Pfd. mit 2 Tonnen in England und Frankreich gleich.

Eine Last Ballast hat nur 2000 Pfd.

100 **Felle** machen 104 Stk.

100 **Planken** von Westerwyk haben 124, von Christiana 126, und die Nordischen und Kopperwykschen 132 Stk.

Ancona.

Eine Päbstliche im mittlern Italien und dem Kirchenstaat am Adriatischen Meere gelegene Handelsstadt, hat folgendes Maaß und Gewicht:

Das **Ellenmaaß** ist die Braccio, und es vergleichen sich

14 Brazzen mit 13 Brabanter Ellen.
100 Berl. Ellen mit $103\frac{13}{16}$ Brazzen.
100 Brazzen mit $113\frac{2}{3}$ Leipziger Ellen.

10 **Füße** gehen auf die **Perche** oder Ruthe, und es vergleichen sich

1 Ruthe mit 12,028 Pariser Fuß
100 Fuß = 120, 28 dergl.
100 dergl. = $124\frac{1}{2}$ Rheinländ. Fuß circa.

Beym **Land- oder Feldmaaß** hält

Der Rubbio oder Soma 850 □ Ruthen = 2,541 Der mittlere Rubbio 700 dergl. = 2,092 Der kleine Rubbio 625 dergl. = 1,8681	Französische gesetzmäßige Arpens von 100 Perches à 22 Fuß.

Beym **Getraidemaaß** soll der Rubbio 8 Lappe halten, und mit $5\frac{1}{48}$ Berliner Scheffel gleich seyn.

Nach dem **Maaße flüßiger Waaren** soll der Soma 48 Boccali halten, letzterer aber 4 Pfd. Ancon an Brandtwein wiegen, und es vergleichen sich

100 Boccali mit $124\frac{1}{8}$ Berl. Quart.

Von hiesigen **Gewichten** sollen 100 Pfd., in Livorno 98 Pfd. wiegen, und es vergleichen sich

100 Berl. Pfd. mit $139\frac{3}{16}$ Pfd. in Ancona.

Anhalt.

Berenburg, Dessau, Cöthen und Zerbste Länder haben folgendes Maaß.

Die Cöthensche Elle soll $\frac{1}{8}$tel größer, als die Leipziger seyn, und es vergleichen sich

100 Berl. Ellen mit $104\frac{3}{8}$ Cöthner Ellen.

Der Cöthensche Getraide-Scheffel soll die Hälfte des Dresdner Scheffels seyn, hiernach sind

100 Berliner Scheffel = $102\frac{11}{16}$ oder $101\frac{7}{16}$ Köthner Scheffel.

Anspach und Bayreuth,

oder die in deutschen Fränkischen Kreise gelegenen Marggräfl. Brandenburgischen Fürstenthümer Culmbach und Onolzbach, mit den Städten Bayreuth, Anspach, Hof, Erlangen, Schwabach, und dem Handelsflecken Furth, haben folgende Maaße und Gewichte.

Die **Anspacher Elle** ist $8\frac{9}{16}$ pro Cent länger, und die Bayreuther Elle $6\frac{1}{4}$ pro Cent länger, als die Leipziger Elle, und es vergleichen sich

100 Anspacher Ellen mit $102\frac{3}{16}$ Bayreuther Ellen, u.
100 Berliner Ellen mit $108\frac{11}{16}$ Anspacher und $111\frac{1}{16}$ Bayreuther Ellen.
100 Berliner Ellen mit $104\frac{5}{8}$ Hofer Ellen.

Das **Anspacher Fußmaaß** vergleichet sich
100 Rheinl. Fuß mit $105\frac{5}{12}$ Anspacher Fuß.

Das gewöhnliche Anspachische Getraidemaaß soll der Simra, und bey der rauhen Frucht, darunter man Gerste, Hafer und Dünkel rechnet, noch einmal so groß, als bey der glatten Frucht, seyn.

Der Simra Korn oder glatte Frucht soll ohngefähr 420 Pfund wiegen, und der Simra Korn von Dünkel, wenn er gegerbt ist, wiegt etwa 442 Pfund, es vergliche sich also ohngefähr der Simmer mit $5\frac{5}{8}$ bis 6 Scheffel Berliner.

Das Gewicht vergleichet sich folgendergestalt:

100 Pfund Bayreuther mit $101\frac{1}{2}$ Pfund Anspacher,
100 Pfund Anspacher mit $108\frac{3}{4}$ Pfund Berliner,
100 Pfund Bayreuther mit $110\frac{7}{16}$ Pfund Berliner.

Arragonien.

Eine Spanische, unter der Benennung eines Königreichs bekannte Provinz, hat folgendes Maaß und Gewicht.

Die hiesige **Elle** oder **Vara** soll $\frac{1}{2}$ kleiner, als die Castilianische seyn, so daß 13 Arragonische 12 Castilianische Varas betragen, und es vergleichen sich daher

100 Arragon. Varas mit $117\frac{3}{16}$ Berliner Ellen.

Das **Getraidemaaß** hat folgende Eintheilung:

1 Cahiz		
8 Fannegas	24 Quartales	96 Almudas oder Celemines
1	3	12
	1	4

100 Berliner Scheffel sollen $231\frac{3}{8}$ Arragon. Fannegas gleich seyn.

Beym **Maaß flüssiger Waaren** hält der Nietro oder Carga Wein 16 Cantaaras, und die Cantara oder Arobe wiegt 28 Arragonische oder

21 Castilianische Pfund, und enthält $8\frac{1}{4}$ Berliner Quart circa.

Oel und Honig werden nach dem Gewicht verkauft.

Das Gewicht hat folgende Eintheilung:

1 Quintal oder Centner			oder Unzen
4 Arroben	108 Castil. Pfd.	144 Arrag. Pfd.	1728 Oncas
1	27	36	432
	1	$1\frac{1}{3}$	16
		1	12

Man vergleichet

100 Pfd. Berliner mit $135\frac{1}{2}$ Arragon. Pfd.

Das Pfund, womit Fleisch und Fische gewogen werden, hat 36 Unzen, nnd ist $70\frac{13}{16}$ Berliner Loth schwer.

Augsburg.

Eine freye Reichs- und Handelsstadt des schwäbischen Kreises in Deutschland, und hat folgende Maaße und Gewichte.

Man hat allhier zweyerley **Ellenmaaß**, davon die große oder **Kramer-Elle** $7\frac{13}{16}$ pro Cent, und die **kleine** oder **Barchet- und Leinewand Elle** $4\frac{4}{5}$ pro Cent größer als die Leipziger seyn soll; es vergleichen sich hiernach:

35 große Augsb. Ellen mit 36 kleinen Augsb. Ellen
17 dergleichen = = 15 Brabant. =
7 kleine dergl. = = 6 = =
100 Berliner Ellen mit $109\frac{3}{8}$ große / $112\frac{9}{16}$ kleine } Augsburger Ellen.

Das **Fußmaaß** oder der hiesige Stadt- und Werkschuh vergleichet sich

mit 18 Augsb. Fuß gegen 17 Rheinl. Fuß

Beym

Beym Getraidemaaß soll der Schaff $4\frac{3}{16}$ Berl. Scheffel Inhalt haben, und es vergleichen sich

100 Augsb. Schaff mit $377\frac{7}{16}$ Berlin. Scheffel

1 Schaff Korn hat

Metzen	Vierling	Viertel	Mäßle
8	32	128	512
1	4	16	64
	1	4	16
		1	4

Das **Weinmaaß** hat folgende Eintheilung:

Fuder.	Jetz.	Muids.	Besons.	Maaß.	Seidel.	Quärtel.	Achtele
1	8	16	96	768	1536	3072	6144
	1	2	12	96	192	384	768
		1	6	48	96	192	384
			1	8	16	32	64
				1	2	4	8
					1	2	4
						1	2

Bey dem **Biermaaß** wird der Augsburger Eymer zu 64 Visirmaaß und 72 Schenkmaaß gerechnet.

Beym Gewicht hat der Centner 100 Pfund. Die **Pfunde** aber sind **Grose** oder **Frohngewicht**, und **Klein** oder **Kramergewicht**, welches circa $3\frac{20}{32}$ pro Cent differiret.

Das Pfund Frohngewicht wiegt 1 Pfund 1 Loth 1 Quent. Kramergewicht, das Pfund Kramergewicht aber 2 Mark $\frac{5}{8}$ Pfennige Augsburger Silbergewicht; es vergleichen sich

100 Pfd. Augsb. Frohngewicht mit $104\frac{13}{16}$ Berl. Pfd.
100 Pfd. dergl. Kramergewicht mit $107\frac{1}{8}$ Berlin. Pfd.

Bamberg.

Die Hauptstadt des Hochstifts gleiches Namens im Fränkischen Kreise, hat folgendes Maaß und Gewicht.

Die Bamberger Elle soll $1\frac{7}{16}$ pro Cent kleiner, als die Berliner Elle seyn.

Das Getraidemaaß ist folgendermaßen eingetheilet:

1 Malter			
4 Summer,	8 Metzen,	16 Sechter,	64 Gescheid
1	2	4	16
	1	2	8
		1	4

Der Bamberger Centner wird zu 100 Pfund gerechnet, es vergleichen sich übrigens

100 Bamberger Pfund mit $103\frac{5}{8}$ Pfund Berliner.

Barcelona.

Eine Haupt= See= und Handelsstadt des Spanischen Fürstenthums Catalonien, am Mittländischen Meere gelegen, hat folgendes Maaß und Gewicht:

Beym Längenmaaß soll die Cane zu 2 Varas oder 8 Palmos gerechnet werden, und 7 Canen 16 Brabanter Ellen gleich seyn, es vergleichen sich übrigens

100 Barcell. Canen mit $237\frac{1}{8}$ Berliner Ellen
100 dergleichen Varras mit $118\frac{9}{16}$ dergleichen.

Das **Getraidemaaß** hat folgende Eintheilung:

1 Salma	$1\frac{3}{5}$ Carga	4 Quartera	48 Cortanes
	1	$2\frac{1}{2}$	20
		1	12

100 Quartera sind gleich 125 Berliner Scheffel.

Das **Maaß flüssiger Waaren** hat folgendes Verhältniß:

1 Carga	16 Cortanes	32 Quarteras	128 Quartos
	1	2	8
		1	4

Die **Carga Wein** oder **Brandtwein** wird auch zu 12 Arroben von 26 Pfund à 12 Unzen gerechnet. 4 Cargas betragen 1 ordin. Pipe Wein.

Die **Carga Oehl** hält 11 Arroben, 30 Cortanes oder 120 Quartos, welche, da die Arrobe $22\frac{3}{4}$ Pfund Castil. Gewicht schwer seyn soll, $246\frac{1}{4}$ Pfund Berliner betragen würden.

Eine richtige Pipe Oehl von Majorca enthält 107 Cortas oder Cortanes.

Das Handelsgewicht hat folgende Eintheilung:

1 Quintal	4 Arroben	104 Pfund	1248 Unzen
	1	26	312
		1	12

100 Pfund Berliner sollen mit $114\frac{9}{16}$ Pfund Barcell. gleich seyn.

Basel.

Ein Canton, Ort und Stadt der Schweizerischen Eydgenossenschaft, am Rhein gelegen, hat folgendes Maaß und Gewicht.

Das **Ellenmaaß** ist hier zweyerley, davon die große Elle Aune, und die kleine Braccio, genennet wird.

6 Baseler Aunes sind gleich mit 13 Baseler Bracci
17 dergleichen sind gleich mit 29 Brab. Ellen
61 Baseler Bracci sind gleich mit 48 dergl.
100 Baseler Aunen sind gleich mit $176\frac{4}{5}$ Berlin. Ellen
100 Berl. Ellen sind gleich mit $122\frac{9}{18}$ Basel. Brazzen.

Beym **Stadt- und Feldschuhmaaß** vergleichen sich

20 Baseler Schuh mit 19 Rheinl. Fuß
61 dergleichen mit 56 Französ. Schuh
38 Baseler □ Ruthen mit 61 Rheinl. □ Ruthen.

Beym **Getraidemaaß** hat der Sack, welcher 200 Pfund wiegen soll, folgende Eintheilung:

1 Sack	8 Mütte od. Scheffel	32 Küpflein	64 Becher
	1	4	8
		1	2

100 Basel. Sack sind gleich mit $237\frac{1}{4}$ Berlin. Scheffel.

Beym **Weinmaaß** soll der Ohm 100 Baseler Pfund wiegen, oder $43\frac{1}{2}$ Berl. Quart halten, und hat folgende Eintheilung:

1 Saum	3 Ohm	96 alte oder	120 neue Pott.
	1	32	40
		1	$1\frac{1}{4}$

Beym **Handelsgewicht** sollen

100 Pfund Baseler mit $104\frac{1}{2}$ Pfund Berliner übereinkommen.

Bayonne.

Eine Französische See- und Handelsstadt, im westlichen Theile von Frankreich, und der zum Departement Gascogne gehörigen Landschaft Labour, am Ausflusse des Adour in das Biscaische Meer, hat folgende Maaße und Gewichte.

Beym **Ellenmaaß** vergleichen sich
100 Bay. Aunen mit $132\frac{8}{18}$ Berliner Ellen
18 dergleichen mit 23 Brabant. Ellen.

Getraide wird nach den Sac von 2 Conques gemessen, und $38\frac{1}{2}$ Sac betragen 1 Last in Hamburg, 70 Conques aber eine Last zur Fracht.
100 Bay. Sac sind 151 Berlin. Scheffel.

Beym **Maaß zu flüssigen Waaren** hält das Faß Wein 4 Oxthoft, die 5 Oxthoft in Bourdeaux betragen, und 1 Bay. Oxthoft wird zu $251\frac{1}{4}$ Berlin. Quart gerechnet.

Das Faß oder die **Pipe Brandewein** hat circa 80 Veltes oder Viertel; man verkauft aber diese Waare nach 32 Vierteln, und beträgt die Velte $6\frac{2}{3}$ Berliner Quart circa.

Das **Bayonner Gewicht** vergleichet sich
100 Pfund Bayonner mit $104\frac{1}{2}$ Pfund Berliner.

Bergamo.

Eine in Ober-Italien gelegene, der Republik Venedig zuständige Handelsstadt, hat folgendes Maaß und Gewicht.

Das **Ellenmaaß** oder **Braccio** ist in $\frac{1}{2}$be, $\frac{1}{4}$tel, $\frac{1}{8}$tel und $\frac{1}{16}$tel eingetheilet, und es vergleichen sich
19 Brazzen mit 18 Brabanter Ellen
100 Berliner Ellen mit 101$\frac{3}{4}$ Brazzen.

Beym **Fußmaaß** vergleichen sich
100 Berg. Fuß mit 138$\frac{15}{16}$ Rheinländ. Fuß.

Das **Maaß zu trocknen Waaren und Getraide** hat folgendes Verhältniß:

1 Carro			
10 Soma od. Sacco	80 Sataro	120 Quartes	480 Copelli
1	8	12	48
	1	1$\frac{1}{2}$	6
		1	4

Es vergleichen sich übrigens
100 Berliner Scheffel mit 263$\frac{1}{8}$ Bergamer Staja.

Das **Handelsgewicht** ist allhier zweyerley, nemlich

Das **große** oder die **Lira** von 30 Unzen, womit grobe Waaren gewogen werden.

Das **kleine** oder die **Liretta** von 12 Unzen, womit feine Waaren gewogen werden.

Die Onca oder Unze beyder Gewichte sind gleich schwer, und werden in 24 Denari à 24 Grani eingetheilt; es vergleichen sich
2 Lira schwer Gewicht mit 5 Liretta leicht Gewicht.
100 dergl. schwer Gewicht mit 173$\frac{3}{32}$ Berl. Pfund.
100 Pfund Berliner mit 143$\frac{11}{16}$ Liretta leicht Gew.

Berlin.

Eine Königl. Preuß. Hauptstadt der Mark Brandenburg im Obersächsischen Kreise, hat folgende Maaße und Gewichte.

Die **Berliner Elle** ist in ½be, ¼tel, ⅛tel und ⅙tel vertheilt, und es vergleichen sich
28 Berliner Ellen mit 27 Brabanter Ellen.

Zum **Fußmaaß** wird der Rheinländsche Fuß gebraucht.

Beym **Berliner Flächen- oder Quadratmaaß** wird sowohl der Berliner als Rheinländische □ Fuß in 144 Zoll vertheilet. Es vergleichen sich
37 Rheinländsche mit 38 Berl. □ Fuß.

Der **große Morgen** von 400 Quadrat-Ruthen ist nicht mehr gebräuchlich. Der kleine Morgen von 180 Rheinländischen Quadrat-Ruthen oder 25920 Quadrat-Fuß ist zum allgemeinen Feldmaaß in allen Königl. Preuß. Staaten angenommen.

Die **große Hufe Land** hat 30 große und 66⅔ kleine Morgen. Die Hacken-Hufe aber nur 2, und die **Landhufe** 1 großen Morgen; 9 Berliner große Morgen sind 20 Berliner kleine Morgen.

Beym **Getraidemaaß** wird die Last gemeiniglich zu 3 Winspel, bey Hafer und Gerste aber nur zu 2 Winspel gerechnet. Das übrige Verhältniß ist:

1 Winspel					Mäßgen.
2 Malter	24 Scheffel	96 Viertel	384 Metzen		1536
1	12	48	192		768
	1	4	16		64
		1	4		16
			1		4

Beym **Salzmaaß** wird die Last von 60 Berliner Scheffel zu 8 Tonnen à 405 Pfund Netto, oder zu 3240 Pfund Netto gerechnet.

Das **Weinmaaß** hat folgende Eintheilung:

1 Fuder					Oeßel.
4 Oxthoft	6 Ohm	12 Eimer	24 Anker	768 Quart	1536
1	$1\frac{1}{2}$	3	6	192	384
	1	2	4	128	256
		1	2	64	128
			1	32	64
				1	2

Außerdem rechnet man noch hier

das Stückfaß Rheinwein — zu 1000 Quart.
die Zulast Rheinwein — = 500 —
das Bot Mallagawein — = 400 —
das Stück Roquemaure od. Clairait = 240 —
das Oxthoft rothen Franzwein, Medoc ꝛc. — zu 200 —
das Oxthoft weißen Franzwein — = 200 —
das Oxthoft Muscatenwein — = 200 —
das Oxthoft rothen Franzwein, Cahors ꝛc. — zu 180 —

Das **Biermaaß** hat folgende Eintheilung:

Gebräude.	Küpen.	Faß.	Tonnen.	Oehmgen.	Quart.	Oeßel.
1	9	18	36	144	3456	6912
	1	2	4	16	384	768
		1	2	8	192	384
			1	4	96	192
				1	24	48
					1	2

Bey dem **Handelsgewicht** hat
die Last 12 Schiffpfund à 20 Lispfund à 14 Pfund od. 3360 Pfund.
Die Last Salz aber hat 3240 Pfund.
Der Centner hat 5 schwere Stein à 22 Pfund, oder 10 leichte Stein à 11 Pfund, also 110 Pfund.

Beym **Fleischgewicht** rechnet man 10 Pfund Fleischgewicht auf 11 Pfund Handels- oder Kramergewicht, wornach also das Fleischgewicht 10 pro Cent schwerer, als das Handelsgewicht ist.

Bern.

Stadt, Canton, Ort, desgleichen das Hochstift oder Bisthum Basel, hat folgendes Maaß und Gewicht.

Die **Berner Elle** ist in ½be, ⅓tel, ¼tel, ⅛tel und ⅛tel eingetheilt, und es vergleichen sich
60 Berner Ellen mit 47 Brabanter Ellen
100 Berliner Ellen mit 123⅛ Berner Ellen.

Der gewöhnliche Fuß wird in 12 Zoll à 12 Linien à 10 Secunden vertheilt.

Der Steinbrecher Fuß hingegen hat 13 Zoll.
13 Bern. gewöhnl. Fuß mit 12 Bern. Steinbrecher Fuß
61 dergleichen — mit 57 Rheinländsche Fuß.

Die Maaße zu Getraide und andern trocknen Waaren haben folgendes Verhältniß:

1 Mütt	12 Mäß	48 Immi	96 Achterli od.	192 Sechzenerli
	1	4	8	16
		1	2	4
			1	2

100 Berner Mütt mit 309$\frac{3}{16}$ Berliner Scheffel, auch nach einigen mit 291¼ dergl.

Vom Getränk- und flüßiger Waaren-Maaß ist das Verhältniß:

Landfaß	gemein Faß	Saum	Eimer od. Brente	Maaß
1	1½	6	24	600
	1	4	16	400
		1	4	100
			1	25

100 Berner Maaß oder Vinten mit $145\frac{1}{3}$ Berl. Quart und nach einigen $143\frac{2}{7}$ Berl Quart.

Beym Handels- oder Eisen Gewicht hält der Centner 100 Pfd., das Pfund aber hat folgende Eintheilung:

1 Pfd.	16 Unzen	32 Loth	128 Quart	512 Pfen.
	1	2	8	32
		1	4	16
			1	4

100 Pfd. Berner Handelsgewicht sind 111 Pfd. Berliner Gewicht.

Bilbao.

Eine in nordlichen Spanien und der Herrschaft Biscaya gelegenen Handelsort, hat folgendes Maaß und Gewicht:

Die hiesige **Vara** oder **Elle** vergleichet sich
100 Varas Bilbaoer mit $127\frac{9}{14}$ Berliner Ellen.

Beym Getraidemaaß wird der Fanega zu 12 Celemines gerechnet, und es vergleichen sich
100 Bilbaoer Fanegas mit $110\frac{5}{8}$ Berl. Scheffel.

Beym Handelsgewicht kommen 2erley Quintal oder Centner vor, davon der grosse Quintal Machow, womit Eisen gewogen wird, 155 Spanische Pfnud schwer seyn soll, der kleine Quintal hingegen soll nur 100 Pfd. Bilbaoer Gewicht enthalten.

100 Pfd Bilbaoer sind $104\frac{1}{2}$ Pfd. Berliner.
100 Pfd. Berliner sind $101\frac{5}{8}$ Pfd. klein oder Castilianisches Gewicht.

Bologna.

Eine ansehnliche Päbstliche Handelsstadt des Römischen Gebiets vom Kirchenstaat im mittlern Italien, hat folgende Maaße und Gewicht:

Das **Ellenmaaß**, **Braccio** genannt, wird in $\frac{1}{2}$be, 4tel, 8tel, 16tel, $\frac{1}{3}$tel, $\frac{1}{6}$tel und $\frac{1}{12}$tel vertheilt, und es vergleichen sich

100 Berliner Ellen mit 103$\frac{1}{3}$ Bologneser Brazzen.

ferner

37 Brazzen in Wolle mit 34 Brab. Ellen.
36 dergl. zu Seide = 31 dergl.
100 Berl. Ellen = 105 wollene } Brazzen.
112 seidene }

Der **Bologneser Fuß** ist zu 5 auf einen Schritt und 10 auf die Ruthe gerechnet, angegeben, und es vergleichen sich

67 Bologn. Fuß mit 81 Rheinländsche Fuß.

Beym **Getraidemaaß** hält

1 Corba

2 Stari	8 Quarteroni od. Quartiroli	32 Quarticeni
1	4 —	16
	1 —	4

Beym **Weinmaaß** soll die **Corba** von 60 Boccali 200 Pfd., der Boccale aber an Wein 40 Unzen wiegen, es vergleichen sich übrigens

100 Boccali mit 106$\frac{9}{10}$ Berl. Quart.

Das **Handelsgewicht = Pfd.**, wornach Seide und andere Waaren verkauft werden, ist folgendergestalt eingetheilet:

1 Libra	12 Onces	192 Ferlini	1920 Carati	7680 Grani
	1	16	160	640
		1	10	40
			1	4

100 Pfd. Berliner sind gleich $129\frac{5}{12}$ Bologn. Pfd.

Bourdeaux.

Eine der ansehnlichen Französischen See- und Handelsstädte, im westlichen Theile von Frankreich, hat folgendes Maaß und Gewicht:

Das hiesige **Ellenmaaß** (Aune) vergleichet sich
100 Aunen mit $178\frac{5}{8}$ Berliner Ellen
18 dergl. mit 31 Brabanter Ellen.

Getraide und andere trockene Waaren werden nach den ganzen, $\frac{1}{2}$ben, $\frac{1}{4}$tel, $\frac{1}{8}$tel und $\frac{1}{16}$tel Boisseaux gemessen, und es vergleichen sich
100 Boisseaux mit $141\frac{1}{16}$ Berliner Scheffel.

Der Boisseaux Weitzen wiegt 122 Pfd. circa in Bourdeaux

Der Boisseaux Castanien wiegt 110 Pfd. netto in Hamburg.

Von Maaßen zu Wein und Brandtwein soll die Tonneau 4 Bariquen, 128 Velten oder 440 Pots halten, und mit Holz circa 2000 Pfd. wiegen, das übrige Verhältniß wird folgendermaassen bestimmt:

Tonneau	Barriques.	Tierçons.	Veltes.	Pots.	Pariser Pinten.
1	4	6	144	400	864
	1	$1\frac{1}{2}$	36	100	216
		1	24	$66\frac{2}{3}$	144
			1	$2\frac{7}{9}$	6
				1	$2\frac{4}{25}$

Beym **Handelsgewicht** enthält der Quintal 100 Pfd. à 2 Mk. à 8 Unzen à 576 Grän, und es vergleichen sich

100 Pfd. Bourdeauxer mit $104\frac{7}{8}$ Pfd. Berliner.

Braunschweig.

Die Hauptstadt der Herzoglich = Braunschweig = Wolfenbüttelschen Fürstenthümer Wolfenbüttel und Blankenburg im Niedersächsischen Kreise gelegen, hat folgende Maaße und Gewichte:

Das **Längenmaaß** ist folgendermaassen eingetheilt:

1 Ruthe	8 Ellen	16 Schuh od. Fuß u.	192 Zoll
	1	2	24
		1	12

Beym **Ellenmaaß** vergleichen sich

6 Braunschw. mit 5 Brabanter Ellen
100 Berliner mit $116\frac{2}{3}$ Braunschw. Ellen.

Das **Getraidemaaß** hat folgende Eintheilung:

Wispel Korn.	Scheffel.	Himten.	Vierfaß. od. Löcher.	
1	4	40	160	640
	1	10	40	160
		1	4	16
			1	4

100 Berl. Scheffel sind gleich $175\frac{3}{8}$ Braunschw. Himt.

Das **Maaß flüßiger Waaren** hat das Verhältniß wie in Hannover, 1 Fuder Wein zu 4 Oxthoft, 6 Ahm, 240 Stübgen, 960 Quartier, 1920 Nössel, und es vergleichen sich

100 Berl. Quart mit $125\frac{5}{18}$ Braunschw. Quartier.

1 Faß Bier hat

4 Tonnen	108 Stübgen	432 Quartier od.	864 Nössel.
1	27	108	216
	1	4	8
		1	2

1 Faß Mumme hat nur 100 Stübgen oder 400 Quartier.

Beym Handelsgewicht wird gerechnet

das Schiffpfd. zu 20 Lispfd. à 14 Pfd. oder zu 280 Pfd.
der Centner zu 114 Pfd. à 32 Loth.
der Stein zu 10 auch 11 Pfd.
100 Berl. Pfd. sind gleich 100$\frac{3}{8}$ Pfd. in Braunschw.

Die **Tonne Butter groß Band** wird zu 280 Pfd. Netto, **klein Band** aber nur zu 224 Pfd. Netto gerechnet.

Bremen.

Eine freye Reichs- See- und Handelsstadt des Niedersächsischen Kreises, hat folgende Maaße und Gewichte:

Das **Längenmaaß** hat folgende Eintheilung:

1 Ruthe	2$\frac{2}{3}$ Klafter	8 Ellen	16 Fuß	32 Quartier	192 Zoll
	1	3	6	12	72
		1	2	4	24
			1	2	12
				1	6

Die **Bremer Elle** hält 2 Fuß oder 4 Quartier, und es vergleichen sich

6 Bremer Ellen mit 5 Brabanter Ellen,
100 Berliner Ellen mit 115$\frac{1}{2}$ Bremer Ellen.

Das **Fußmaaß** vergleichet sich

51 Bremer Fuß mit 47 Rheinländsche Fuß.

Das **Getraide- oder Fruchtmaaß** hat folgende Eintheilung.

1 Last	4 Quart	40 Scheffel	160 Viertel	oder 640 Spint
	1	10	40	160
		1	4	16
			1	4

100 Bremer Scheffel sind gleich $103\frac{3}{4}$ Berl. Scheffel.

Bey **Maaß zu flüßigen Waaren** hält 1 Ahm oder Ohm 4 Anker à 5 Viertel oder 20 Viertel.

Der Raths-Weinkeller liefert den Rheinwein

1 Ahm zu 45 Stübgen,	180 Quart	oder 720 Mengeln
1	4	16
	1	4

Bey den Franzwein-Händlern aber hält

1 Ahm 44 Stübgen, 176 Quart oder 704 Mengeln.

1 Viertel Franzwein hält $2\frac{1}{5}$ Stübgen oder $8\frac{4}{5}$ Quartier.

1 Viertel Rheinwein hält $2\frac{1}{4}$ Stübgen oder 9 Quartier.

1 Faß Wein von Bourdeaux hat 4 Oxthoft oder 6 Tierzen.

1 Oxthoft aber hält $1\frac{1}{2}$ Tierzen oder Ahm, 6 Anker, 30 Viertel oder 264 Quart

100 Bremer Stübgen sind gleich $275\frac{7}{8}$ Berliner Quart.

Beym Handelsgewicht hat

Das **Pfund Bremer schwer Gewicht** 300 Pfund.

Die Wage Eisen hält 120 Pfund.

Der Stein Uelzner Flachs 20 Pfund, Wolle aber nur 10 Pfund.

100 Pfund Bremer sind gleich $106\frac{7}{18}$ Berliner Pfund.

Von zählenden Gütern rechnet man in Bremen Häringe, Salz, Steinkohlen nach Lasten zu 12 Tonnen, Bücklinge nach Lasten zu 20 Stroh.

1 Riem Pack-Papier hat 2 Rieß.
1 Buch weiß oder grau Maculatur oder Löschpappier zu 18 Bogen.
1 Stroh Bücklinge hat 125 Stück.
1 Tonne Häringe 800 bis 900 Stück.
1 Zehnling Fuchsbälge u. s. w. 10 Stück.
1 Last Salz wird zu 4000 Pfund gerechnet.

Breslau.

Eine Haupt- und Handelsstadt des Königl. Preuß. Antheils im Herzogthum Schlesien, hat folgende Maaße und Gewichte.

Beym **Ellenmaaß** vergleichen sich
6 Schlesische Ellen mit 5 Brabanter Ellen,
100 Berliner Ellen mit $115\frac{13}{16}$ Schlesischen, oder
44 dergleichen Ellen mit 51 Schlesischen.

Beym **Fußmaaß** vrrgleichen sich
100 Rheinländische Fuß mit $110\frac{5}{12}$ Bresl. Fuß.

Das **Getraidemaaß** hat folgende Eintheilung:

1 Malter	12 Scheffel	48 Viertel	192 Metzen	768 Mäßel
	1	4	16	64
		1	4	16
			1	4

100 Bresl. Scheffel sind gleich $128\frac{9}{16}$ Berl. Scheffel.

Das **Getränkmaaß** hat folgendes Verhältniß:

1 Eymer Wein	20 Topf	80 Quart od.	320 Quartierlein
	1	4	16
		1	4

Vier

Vier dieser Eymer sollen 3 Ungarische Eymer ausmachen.

100 Berl. Quart sind gleich mit $165\frac{5}{7}$ Bresl. Quart.

Beym Handels-Gewicht hat

das Schiffpfund 3 Centner, $16\frac{1}{2}$ Stein od. 396 Pfund.

Der Centner $5\frac{1}{2}$ Stein oder 132 Pfund.

Der Stein oder Laep 24 Pfund.

Das Pfund 16 Unzen, 32 Loth, 128 Quint und 512 Denar.

100 Berliner Pfund sind gleich $115\frac{5}{8}$ Breslauer Pfd.

Von zählenden Gütern ist zu merken:

1 Zimmer Füchße 20 einzelne Stück, Zobel 20 Paar oder 40 Stück.

1 Stück Garn hat

4 Strähn,	12 Zaspeln,	240 Gebinde,	4800 Faden.
1	3	60	1200
	1	20	400
		1	20

Cadix.

Eine im südlichen Spanien und dem Königreiche Andalusien und Sevilla, am Ende einer in die Atlandische See gehenden Erdzunge gelegene ansehnliche See- und Handelsstadt, hat das unter Spanien beschriebene Castilianische Maaß und Gewicht, es vergleichen sich aber davon

100 Varas mit $127\frac{3}{16}$ Berliner Ellen.

10 Fuß mit 9 Rheinländischen Fuß.

1 Last Spanisch Salz mit $50\frac{2}{5}$ Berliner Scheffel.

100 Fanegas Getraide mit $105\frac{1}{16}$ Berlin. Scheffel.

1 Wein-Arobe mit $13\frac{4}{16}$ Berliner Quart.

1 Oehl-Arrobe mit 24 Berliner Pfund.

1 Both Wein mit 390 bis 400 Quart Berliner.
1 Pipe Oehl mit 828 Berliner Pfund.
$101\frac{5}{8}$ Spanische Pfund mit 100 Pfund Berliner.

Cassel.

Die Hauptstadt der Landgräflich Hessen-Casselschen Lande des Oberrheinischen Kreises, in Niederhessen gelegen, hat folgende Maaße und Gewichte:

Das **Ellenmaaß** vergleichet sich
69 Caßler Ellen mit 56 Brabanter Ellen.
100 Berliner Ellen mit $118\frac{3}{16}$ Caßler Ellen.

Beym **Getraide-Maaß** hat

1 Viertel	4 Himten	16 Metzen	64 Mäßgen
	1	4	16
		1	4

100 Caßler Viertel sind gleich $262\frac{1}{2}$ Berliner Scheffel.

Das **Wein-Maaß** hat folgende Eintheilung:

1 Fuder	6 Ohm	120 Quärtlein od. Viertel	480 Maaß
	1	20	80
		1	4

100 Cassler Maaß sind gleich $177\frac{9}{16}$ Berliner Quart.

Beym **Handelsgewicht** hat
der Centner 108 Pfund, der Clewder Wolle 21 Pfund, übrigens vergleichen sich
100 Pfund Caßler Handelsgewicht mit $103\frac{3}{4}$ Pfund Berliner.

Cleve.

Ein Königl. Preuß. Herzogthum des Westphälischen Kreises, hat folgendes Maaß und Gewicht:

Zum Längenmaaß wird in Cleve die Cöllnische Elle unbedingterweise, wenn es aber besonders bedungen wird, die Berliner Elle gebraucht, und es vergleichen sich

7 Cöllnische Ellen mit 6 Berliner Ellen, auch
8 Cöllnische Ellen mit 7 Berliner Ellen, und
6 dergleichen — mit 5 Brabanter Ellen.

Beym Fußmaaß vergleichen sich
100 Rheinländische mit $106\frac{1}{6}$ Clevischen Fuß.

Das Getraidemaaß hat folgende Eintheilung:
1 Last Korn hat

15 Malter	60 Scheffel	240 Viertel od.	2880 Kannen
1	4	16	192
	1	4	48
		1	12

100 Clevische Malter sind gleich $329\frac{15}{16}$ Berl. Scheffel.

Beym Maaß zu flüßigen Waaren und Weinen hat

1 Ohm	4 Anker oder	120 Kannen.
	1 —	30 =

100 Clevische Kannen sind gleich $112\frac{3}{4}$ Berl. Quart.

Beym Handelsgewicht hat
der Centner 110 Pfund zu 32 Loth, und es vergleichen sich
100 Berlin. Pfund mit $100\frac{1}{2}$ Pfund Clevisches Gew.

Cölln am Rhein.

Eine freye Reichsstadt des Westphälischen Kreises, hat folgendes Maaß und Gewicht:

Das Ellenmaaß ist hier zweyerley, nemlich das große und kleine, und es vergleichen sich

19 große Cöllnische Ellen mit 23 kleinen Cöllnischen Ellen.
204 dergl. — — mit 205 Brabanter Ellen.
53 kleine dergleichen — mit 44 dergleichen.
100 große Cöllnische Ellen mit $104\frac{3}{16}$ Berliner Ellen.
100 Berliner Ellen mit $116\frac{1}{8}$ kleinen Cöllnischen Ellen.

Beym Fußmaaß vergleichen sich
65 Cöllnische Fuß mit 57 Rheinländsche Fuß.

Beym Getraidemaaß hat

1 Last	20 Malter	oder 480 Faß
	1 —	24 =

100 Cöllnische Malter sind gleich $298\frac{1}{16}$ Berl. Scheffel.

Beym Weinmaaß hat

1 Ohm	26 Viertel	104 Maaß	416 Pintger
	1	4	16
		1	4

100 Cöllner Maaß sind $130\frac{3}{16}$ Berliner Quart.
1 Tonne hat 160 Viertel oder 640 Maaß.

Beym Cöllnischen Handelsgewicht hat der Centner 106 Pfund, und es vergleichen sich
100 Pfund Berliner mit $100\frac{}{4}$ Pfund Cöllnisch.

Constantinopel.

Die Hauptstadt der Türkischen Staaten in Europa, hat folgendes Maaß und Gewicht:

Das Ellenmaaß ist allhier in die große und kleine Pick eingetheilt, und es vergleichen sich
31 große Türk. Pick mit 32 kleine Türkische Pick.
100 dergl. — — mit $100\frac{1}{4}$ Berliner Ellen.
100 Berliner Ellen mit 103 kleine Türkische Pick.

Beym Getraidemaaß wird 1 Fortin zu 4 Kilo, Kisloz oder Quillots gerechnet, und es vergleichen sich 225 Kisloz mit 152 Berliner Scheffel.

Das Handelsgewicht hat folgende Eintheilung:

Quintal.	Batmanns. große	kleine	Okas.	Lodra od. Rottels.	Chekys.	Drachmen.
1	$7\frac{1}{3}$	$24\frac{1}{3}$	$58\frac{2}{3}$	$117\frac{1}{3}$	234	$2346\frac{2}{3}$
	1	4	8	16	32	320
		1	2	4	8	80
			1	2	4	40
				1	2	20
					1	10

Der Quintal soll $159\frac{3}{4}$ Berliner Pfund enthalten.

Curland und Semgallen.

Zwey Herzogthümer mit den Handelsstädten Liebau und Windau an der Ost-See, und Goldingen nebst Mietau im Lande an der Windau und Ave, haben folgendes Maaß und Gewicht.

Das Getraidemaaß in Liebau bestehet in Last und Loof.

1 Last Roggen, Waitzen, Gerste und Erbsen hält 48 Loof.

1 Last Hafer und Malz aber 60 Loof, es vergleichen sich übrigens

100 Libauer Loof mit $115\frac{3}{16}$ Berliner Scheffel.

Salz wird ebenfalls nach Last gerechnet, und man vergleichet: 100 Liebauer Last mit $133\frac{1}{3}$ Danziger, 116 Königsberger, 120 Rigaer, $97\frac{1}{3}$ Revaler, $121\frac{1}{3}$ Dordrechter, $173\frac{1}{3}$ Cadixer Lasten ꝛc.

Beym Handelsgewicht wird

1 Schiffpfund zu 20 Lispfund à 20 Pfund oder zu 400

Pfund à 32 Loth gerechnet, und soll $352\frac{1}{2}$ Pfund Berliner schwer seyn, es vergleichen sich also

100 Pfund Berlin. mit $113\frac{1}{2}$ Pfund in Liebau.

Man bedienet sich auch des Lübischen Gewichts, davon man 100 Pfund mit 117 Pfund Libauer vergleichet, welche mit $103\frac{1}{8}$ Pfund Berliner übereintreffen.

1 Tonne Talg wird zu 13 Lis-Pfund oder 260 Pfund Netto und

1 Viertel Butter zu $3\frac{1}{4}$ Lis-Pfund oder 65 Pfund Netto gerechnet.

Dänemark

oder die Königl. Dänischen Staaten in Europa, haben folgendes Maaß und Gewicht.

Längenmaaße, als Fuß, Ellen, Faden, Ruthen und Meilen haben zu einander folgendes Verhältniß:

1 Meile hat

2400 Ruthen	4000 Faden	12000 Ellen	24000 Fuß.
1	$1\frac{2}{3}$	5	10
	1	3	6
		1	2

Uebrigens ist der Dänische Fuß dem Rheinländischen ganz gleich.

Die **Dänische Elle** (Ale) wird ins besondere in 4 Quartier, 8 Achtel, oder 16 Sechzehntheil eingetheilt und soll 24 Rheinländsche Zoll lang seyn, es vergleichen sich hiernach

11 Dänische Ellen mit 10 Brabanter Ellen.
100 Berliner mit $106\frac{1}{4}$ Dänische Ellen.

Die **Maaße zu trocknen Waaren** sind folgende:
Eine Kornlast hat 22 Tonnen, die Korntonne soll gestrichen werden; das Verhältniß zu den kleinern Maaßen ist folgendes:

1 Tönde oder Tonne

Harl Tönder. ½ Tonne.	Fierdinger. ¼ Tonne.	Skiepper oder Ottinger Scheffel.	Fierdingkar. Viertel.
2	4	8	32
1	2	4	16
	1	2	8
		1	4

100 Dänische Korntonnen sind gleich $255\frac{11}{16}$ Berliner Scheffel.

Spanisch Salz und Steinkohlen wird nach der Last von 18 Tonnen gerechnet, und die dazu gehörige Tonne enthält 8 Schipp à 22 Pott oder 176 Pott, es vergleichen sich also

100 Dänische Spanische Salz ꝛc. Tonnen mit $312\frac{5}{8}$ Berliner Scheffel.

Die **Maaße zu flüßigen Waaren** sind folgende:
1 Fuder Wein hat

Ahm.	Anker.	Stübgen.	Kannen.	Pott.	Päle.
6	24	240	465	930	3720
1	4	40	$77\frac{1}{2}$	155	620
	1	10	$19\frac{3}{8}$	$38\frac{3}{4}$	155
		1	$1\frac{15}{16}$	$3\frac{7}{8}$	$15\frac{1}{2}$
			1	2	8
				1	4

100 Berliner Quart sind gleich mit $119\frac{7}{16}$ Dän. Pott.

Außerdem rechnet man bey Weinen

1 Stückfaß zu $7\frac{1}{2}$ Ahm, 30 Anker, 300 Stübgen oder $1162\frac{1}{2}$ Pott.

1 Faß zu 2 Pipen, 4 Oxthoft, 6 Tierzen, 24 Anker oder 930 Pott.

1 Oxthoft zu 1½ Tierze, 6 Anker oder 232½ Pott.
1 Tierze zu 4 Anker oder 155 Pott.

Das Handelsgewicht hat folgendes Verhältniß:

Last.	Schiff-Pfund.	Centner.	Vog od. Waagen.	Lis-Pfund.	Bismer Pfund.	Gem. Pfund.
1	16¼	52	144 4/9	325	433⅓	5200
	1	3⅕	8 8/9	20	26⅔	320
		1	2 7/9	6¼	8⅓	100
			1	2¼	3	36
				1	1⅓	16
					1	12

100 Pfund Dänisch Handelsgewicht sind gleich mit 106 9/16 Berliner.

D a n z i g.

Eine in Westpreußen an der Weichsel gelegene freye See- und Handelsstadt, hat folgende Maaße und Gewichte.

Die Längenmaaße haben folgendes Verhältniß:

Meile.	Seil.	Ruthen.	Faden od. Klaft.	Ellen.	Fuß.
1	180	1800	4500	13500	27000
	1	10	25	75	150
		1	2½	7½	15
			1	3	6
				1	2

100 Berliner Ellen sind gleich 116 3/16 Danziger Ellen.

Das Maaß zu Getraide und trockenen Waaren ist folgendes:

Große oder Malz-Last.	Sack- oder Bäcker-Last.	Getraide-Last.	Malter.	Scheffel.	Viertel.	Metzen
1	$1\frac{1}{8}$	$1\frac{1}{2}$	$5\frac{5}{8}$	90	360	1440
	1	$1\frac{1}{3}$	5	80	320	1280
		1	$3\frac{3}{4}$	60	240	960
			1	16	64	256
				1	4	16
					1	4

Es vergleichen sich verschiedentlich

100 Berl. Scheffel mit { $112\frac{1}{2}$ Danziger Scheffel. / $111\frac{13}{16}$ = = / $105\frac{7}{10}$ = = }

100 Danziger Scheffel mit $100\frac{17}{24}$ Berliner Scheffel.

Beym **Maaßen** zu **flüßigen Waaren** hat das **Weinmaaß** folgendes Verhältniß:

Last Wein.	Faß oder Fuder.	Both oder Sekt Pipe.	Spanische Wein-Pipen.	Orthoft.	Ahm.	Anker oder $\frac{1}{2}$ Antaal.	Viertel.	Stofe.
1	2	4	$4\frac{4}{5}$	8	12	48	240	1320
	1	2	$2\frac{2}{5}$	4	6	24	120	660
		1	$1\frac{1}{5}$	2	3	12	60	330
			1	$1\frac{2}{3}$	$2\frac{1}{2}$	10	50	275
				1	$1\frac{1}{2}$	6	30	165
					1	4	20	110
						1	5	$27\frac{1}{2}$
							1	$5\frac{1}{2}$

100 Danziger Wein-Stof sind gleich 148 Berliner Quart.

Das Biermaaß hat folgende Eintheilung:

Last	Faß	Tonnen	Stofe od.	Quartier
1	6	12	1080	4320
	1	2	180	720
		1	90	360
			1	4

100 Danziger Stof sind gleich $144\frac{5}{8}$ Berliner Quart.

Beym Handelsgewicht wird

Das Schiffpfund zu $2\frac{2}{3}$ Centner, 20 Lispfund oder 320 Pfund gerechnet.

Der Centner zu $3\frac{9}{17}$ große, 5 kleine Stein, $7\frac{1}{2}$ Lispfd. oder 120 Pfund gerechnet.

Die Last zu Flachs zu 60 große Stein od. 2040 Pfd.

Den großen Stein zu 34 Pfund.

Den kleinen Stein zu 24 Pfund.

Das Lispfund, davon Netto 16 auf die Tonne Butter gehen, zu 16 Pfund.

Das Pfund hat folgende Eintheilung:

Pfund.	Mk.	Unzen.	Loth.	Schott.	Quent od.	Pfennige.
1	2	16	32	48	128	512
	1	8	16	24	64	256
		1	2	3	8	32
			1	$1\frac{1}{2}$	4	16
				1	$2\frac{2}{3}$	$10\frac{2}{3}$
					1	4

100 Berliner Pfund sind gleich mit $107\frac{19}{32}$ Pfund Danziger.

Von zählenden Gütern kommen in Danzig vor:

1 Last Häring, Küneb. Salz, Honig, Pech, Theer à 12 Tonnen.

1 Last Franz, Schottisch, Span. Salz, loß im Schiffe 18, in Tonnen gepackt nur 16 Tonnen.

1 Sechßig Wagenschoß hat 60 Hundert.

Ring	kleine Hundert	Schock	oder Stück
1	2	4	240
	1	2	120
		1	60

1 Schock Ermeländisch Garn 60 Stück à 20 Gebinde à 40 Draden.
1 Schock Pohln. Hanfen und Heeden Garn 4 Stück à 20 Ellen oder 240 Gebinde.

Dünkirchen.

Eine See- und Handelsstadt in den Französischen Niederlanden oder Franz. Flandern, am Kanale gelegen, hat folgende Maaße und Gewichte.

Beym **Ellenmaaße** vergleichen sich
100 Dünkirchner Ellen mit $101\frac{7}{16}$ Berliner.
46 dergleichen Ellen mit 45 Brabanter Ellen.

Bey flüßigen **Waaren** mißt man Wein, Brandtwein und Oehl nach dem Pot oder Lot, und es vergleichen sich

100 Pots mit $203\frac{7}{16}$ Berl. Quart.

100 **Pfund Dünkirchner Handelsgewicht** werden mit $87\frac{1}{2}$ Pfund französisch Markgewicht gleich gerechnet, und das Pfund enthält 14 Unzen, und es vergleichen sich

100 Pfund Berliner mit $109\frac{3}{8}$ Pfund Dünkirchner.

Emden.

Eine am Ausflusse der Ems in den Dollart und die Nordsee gelegene ansehnliche See- und Handelsstadt des Königl. Preuß. Fürstenthums Ostfriesland, im Westphälischen Kreise, hat folgendes Maaß und Gewicht.

Beym Ellenmaaß vergleichen sich
33 Emdner Ellen mit 32 Brabanter Ellen.
100 dergleichen mit $100\frac{9}{18}$ Berliner Ellen.

Das Kornmaaß in Emden hat folgende Eintheilung:

1 Last	15 Tonnen	60 Verps	120 Scheffel	2160 Krues.
	1	4	8	144
		1	2	36
			1	18

Dagegen rechnet man die Last

In Friedeburg zu 13 Tonnen von 4 Verps à 43 Krues.

In Berum, Herrlichkeit Dornum und Norden zu 14 Tonnen von 4 Verps à 40 Krues.

In Aurich und Esens zu 14 Tonnen von 4 Verps à 42 Krues.

In Wittmund zu 14 Tonnen von 4 Verps à 44 Krues.

100 Berl. Scheffel sind gleich $113\frac{13}{16}$ Verps in Emden.

1 Ostfriesische Last soll 51 Berl Scheffel betragen.

Butter wird in Ostfrießland nach Tonnen verkauft, davon die ganze Tonne 280 Pfd., die $\frac{1}{2}$be Tonne 140 Pfd., die $\frac{1}{4}$tel 70, die $\frac{1}{8}$tel Tonne 35 Pfd., das $\frac{1}{16}$tel oder halbe Tönnchen aber 18 Pfd. wiegt.

Beym Handelsgewicht wird das Schiffpfd. zu 3 Ct. à 100 Pfd., oder zu 300 Pfd. à 32 Loth gerechnet.

100 Pfd. Emdner Hausgew. sind gleich 106 Pfd. Berl.

100 Pfd. Auricher Waaggewicht sind gleich $116\frac{5}{8}$ Pfd. Berl.

England

hat folgende Maaße und Gewichte:

Das Längenmaaß hat folgende Eintheilung:

Mille.	Fourlong.	Forest Poles.	Ropes.	Woodland Poles.	Pole, Rod Pearches	Fathoms.	Step od. Pace geometrical.	Ells zu Leinew.	Yards.	Foot od. Fees.
1	8	251 3/7	264	293 1/3	320	880	1056	1408	1760	5280
	1	31 3/7	33	36 2/3	40	110	132	176	220	660
		1	1 1/20	1 1/6	1 3/11	3 1/2	4 1/5	5 3/5	7	21
			1	1 1/9	1 7/33	3 1/3	4	5 1/3	6 2/3	20
				1	1 1/11	3	3 3/5	4 4/5	6	18
					1	2 3/4	3 3/10	4 2/5	5 1/2	16 1/2
						1	1 1/5	1 3/5	2	6
							1	1 1/3	1 2/3	5
								1	1 1/4	3 3/4
									1	3

Das Fußmaaß ist folgendermaaßen eingetheilt

Foot.	Span.	Hand.	Palm.	Inches od. Zoll.	Parts.	Linien.	Theile.
1	1 1/3	3	4	12	96	120	1200
	1	2 1/4	3	9	72	90	900
		1	1 1/4	4	32	40	900
			1	3	24	30	300
				1	8	10	100
					1	1 1/4	12 1/2
						1	10

35 Engl. Fuß sind gleich 34 Rheinländische Fuß.

Beym Ellenmaaß vergleichen sich

100 Leinewand Ells } mit 163 Godes.
125 Yards }
26 Leinewand Ells mit 43 Brabanter Ellen.
31 Yards = 41 dergl.
100 Leinwand Ells = $171\frac{1}{7}$ Berlin. Ellen.
100 Yards = $137\frac{3}{16}$ dergl.
100 Godes = $105\frac{3}{16}$ dergl.

Die **Maaße zu trocknen Waaren** haben folgende Eintheilung:

Last.	Weys od. Tuns.	Quarters.	Combs od. Cornoks.	Strikes.	Bushels	Peks.	Gallons.	Pottles.	Quarts.	Pints.
1	2	10	20	40	80	320	640	1280	2560	5120
	1	5	10	20	40	160	320	640	1280	2560
		1	2	4	8	32	64	128	256	512
			1	2	4	16	32	64	128	256
				1	2	8	16	32	64	128
					1	4	8	16	32	64
						1	2	4	8	16
							1	2	4	8
								1	2	4
									1	2

100 Berliner Scheffel sind gleich $152\frac{7}{12}$ Englische Bushel.

Das **Wein- und Brandtweinmaaß** hat folgende Eintheilung:

Tun od. Tonne.	Pipes od. Butts	Punchions.	Hogs heads.	Tierces.	Barrels	Rundlets od. Kilderkins.	Gallons.	Pottles.	Quarts.	Pints.
1	2	3	4	6	8	14	252	504	1008	2016
	1	$1\frac{1}{2}$	2	3	4	7	126	252	504	1008
		1	$1\frac{1}{3}$	2	$2\frac{2}{3}$	$4\frac{2}{3}$	84	168	336	672
			1	$1\frac{1}{2}$	2	$3\frac{1}{2}$	63	126	252	504
				1	$1\frac{1}{3}$	$2\frac{1}{3}$	42	84	168	336
					1	$1\frac{3}{4}$	$31\frac{1}{2}$	63	126	252
						1	18	36	72	144
							1	2	4	8
								1	2	4
									1	2

100 Berl. Quart sind gleich 243 Engl. Weinpinten.

Die Oehl-Tonne wird zu 236 der gedachten Gallons verkauft, welche mit 1747 Pfd. Berliner übereinkommen.

Die Thran- Hanf- Räp- und Leinöhl-Tonne wird dagegen zu 252 dieser Gallons verkauft, die mit $1045\frac{3}{4}$ Berl. Quart und mit $1881\frac{1}{2}$ Berliner Pfd. übereinkommen.

Ein Hochländsches Hogshead hält 54 dieser Gallons, also $177\frac{5}{6}$ Berl. Quart.
Ein Rochellisches Hogshead hält 46 dieser Gallons, also $151\frac{1}{2}$ Berl. Quart.
Ein Mallaga-Butt oder Pipe hält 112 dieser Gallons, also $368\frac{5}{6}$ Berl. Quart.
Eine Canarische Pipe hält 116 dieser Gallons, also 382 Berl. Quart.

Die Ale oder weisse und ungehopfte Biermaaße haben folgendes Verhältniß:

Last.	Hogs-heads	Barrels.	Kilder-kins.	Firkins.	Gallons.	Pottles.	Quarts.	Pints.
1	8	12	24	48	384	768	1536	3072
	1	$1\frac{1}{2}$	3	6	48	96	192	384
		1	2	4	32	64	128	256
			1	2	16	32	64	128
				1	8	16	32	64
					1	2	4	8
						1	2	4
							1	2

Der Hogshead enthält circa 193 Berl. Quart.

Die gehopften Biermaaße haben folgende Eintheilung:

Tun.	Pipes od. Butts.	Hogs-heads.	Barrels.	Kilder-kins.	Firkins.	Gallons.	Pottles.	Quarts.	Pints.
1	2	4	6	12	24	216	432	864	1728
	1	2	3	6	12	108	216	432	864
		1	$1\frac{1}{2}$	3	6	54	108	216	432
			1	2	4	36	72	144	288
				1	2	18	36	72	144
					1	9	18	36	72
						1	2	4	8
							1	2	4
								1	2

Der Hogshead des gehopften Bieres hält $217\frac{1}{10}$ Berl. Quart, übrigens vergleichen sich 100 Berl. Quart mit $199\frac{1}{8}$ Engl. Bierpinten.

Beym **Handelsgewicht**, womit alle Specereyen, Eßwaaren, Butter, Käse, Hanf, Flachs, Talg, Eisen, Stahl, Bley, Wachs, Wolle und allerley Güther, die verderben können, gewogen wer-

werden, wird *avoir du pois* Gewicht genannt, und gewöhnlich folgendermassen im Großen vertheilet.

1 Tun	20 Hunderd od. Ctr.	80 Quarteros	2240 Pfd.
	1	4	112
		1	28

Im Kleinen aber hat das Pfd. folgende Eintheilung:

1 Pfd.	16 Unzen	256 Drams	1024 Quarteros
	1	16	64
		1	4

Beym Wollwiegen ist die Eintheilung folgendergestalt:

Last	Saks	Weys	Tods	Stones	Clooes od. Nails	Pfd.
1	12	24	156	312	624	4368
	1	2	13	26	52	364
		1	6½	13	26	182
			1	2	4	28
				1	2	14
					1	7

1 Tun oder Fudder Bley in London und Hull 19½, in Rollen 20 Hundred, zu Neucastel 21, zu Stokton 22 Hundreds oder Centner, und der Hundred soll in Berlin circa 106½ und 114½ Pfd. betragen.

Ein Pack Wolle ist 240 Pfd.

Ein Seam Glas hat 24 Stone od. Stein à 5 Pfd. oder 120 Pfd.

Ein Stein Fleisch hat 8 Pfd.

Eine Last Pulver hat 24 Tonnen à 100 Pfd. oder 2400 Pfd.

Es vergleichen sich übrigens

100 Pfd. Berliner mit 103 7/24 Avoir du pois-Gew.

Erfurt.

Eine Churmainzische Handelsstadt, in dem zum Obersächsischen Kreise gehörigen Thüringen, hat folgendes Maaß und Gewicht.

Das **Ellenmaaß** ist hier zweyerley, nemlich die **große und kleine** Elle, und es vergleichen sich

36 große Erfurter Ellen	mit	49 kleine Erfurt. Ell.
39 dergl.	=	31 Brabanter.
12 kleine dergl.	=	7 dergl.
100 Berl. Ellen	=	$121\frac{5}{16}$ große und $165\frac{1}{8}$ kl. Erfurt. Ell.

Das **Getraidemaaß** hat folgende Eintheilung

1 Malter	4 Viertel	12 Scheffel	48 Metzen	192 Mäßgen
	1	3	12	48
		1	4	16
			1	4

100 Erfurter Scheffel sind gleich $108\frac{3}{16}$ Berl. Scheff.

Beym **Weinmaaß** rechnet man

1 Fuder zu	6 Ohm,	12 Eimer	648 Kannen	1296 Rössel
	1	2	108	216
		1	54	108
			1	2

Beym **Handelsgewicht** vergleichen sich

100 Pfd. Erfurter mit $100\frac{3}{4}$ Pfd. Berliner.

Florenz.

Die Großherzogl. Toscanische Hauptstadt im mittlern Italien, hat folgende Maaße und Gewichte:

Beym **Ellenmaaß** hat man jetzt nur eine einzige

Braccio in ganz Toscana, davon 4 auf 1 Canne gehen, und die entweder in 20 Theile, die man Soldi nennet, oder in $\frac{1}{2}$be, $\frac{1}{3}$tel, $\frac{1}{4}$tel u. s. w. eingetheilt wird, es vergleichen sich

100 Berliner Ellen mit 112$\frac{1}{5}$ Toscanische Brazzen.

Beym Getraidemaaß ist das Verhältniß

Saco	Staja	Quarti	Matadelli	Mezzete od. Quartucci
1	3	12	48	96
	1	4	16	32
		1	4	8
			1	2

100 Toscanische Sac sind gleich 130$\frac{3}{4}$ Berl. Scheffel.

Vom Weinmaaß hält und wiegt

Barilo.	Fiaschi.	Bocali.	Mezzetas.	Quartucci.	wiegt Pf.
1	20	40	80	160	133$\frac{3}{4}$
	1	2	4	8	6$\frac{2}{3}$
		1	2	4	3$\frac{1}{3}$
			1	2	1$\frac{2}{3}$

Vom Oehlmaaß soll halten und wiegen

Barilo.	Fiaschi.	Boccali.	Mezzete.	Quartucci.		Pfd.
1	16	32	96	192	=	88
	1	2	6	12	=	6
		1	3	6	=	3
			1	2	=	1

Das Handelsgewicht-Pfd. hat folgende Eintheilung:

Lira	Oncia	Denari	Grani
1	12	288	6912
	1	24	576
		1	24

Und es vergleichen sich

100 Pfd. Berliner mit 138 Pfd. Toscanisches Gew.

Frankfurt am Mayn.

Eine freye Reichsstadt des Oberrheinischen Kreises, hat folgendes Maaß und Gewicht:

Die **Frankfurter Elle** vergleichet sich folgendergestalt:

41 Frankf. Ellen mit 32 Brabanter Ellen
100 Berl. Ellen mit $123\frac{1}{2}$ Frankf. Ellen.

Das Getraidemaaß hat folgende Eintheilung:

Achtel od. Malter.	Simmer.	Metzen od. Mesten.	Sechter.	Gescheid.
1	4	8	16	64
	1	2	4	16
		1	2	8
			1	4

100 Frankf. Malter sind gleich $198\frac{1}{2}$ Berl. Scheffel.

Das **Weinmaaß** hat folgendes Verhältniß:

Stück Wein.	Fuder.	Ohm.	Viertel.	Maaß.	Schoppen.
1	$1\frac{1}{4}$	$7\frac{1}{2}$	150	600	2400
	1	6	120	480	1920
		1	20	80	320
			1	4	16
				1	4

100 Frankfurter Maaß sind gleich $160\frac{1}{2}$ Berl. Quart.

Beym **Handelsgewicht** hat der Centner 100, und der Stein 22 Pfd. Es giebt aber allhier zweyerley **Gewicht**, nemlich **Centner = Gewicht** und **Pfund = Gewicht**, welches von einander 8 pCt. differiret, und es vergleichen sich

100 Pfd. Frankf. Centner = Gew. mit $108\frac{11}{16}$ Berl. Pfd.
100 Pfd. Berliner mit $100\frac{5}{16}$ Frankf. Pfd. Gewicht.

Frankreich

hat folgende Maaße und Gewichte:

Beym Ellenmaaß vergleichen sich
100 Pariser Aunen mit 178¼ Berliner Ellen.

Das Maaß zu allerhand Getraide ausser Hafer, desgleichen zu Hülsenfrüchten und Kalk hat folgendes Verhältniß:

Muid od. Tonneau.	Setiers.	Mines.	Minots.	Boisseaux.	Litrons.
1	12	24	48	144	2304
	1	2	4	12	192
		1	2	6	96
			1	3	48
				1	16

Bey dem Hafermaaße rechnet man ebenfalls den Muid oder die Tonneau zu 12 Setiers à 2 Mines, allein diese Maaße sind noch einmal so groß als vorige, und haben folgendes Verhältniß:

Muid.	Setiers.	Mines.	Minots.	Boisseaux.	Picotins.
1	12	24	48	288	1152
	1	2	4	24	96
		1	2	12	48
			1	6	24
				1	4

Beym Pariser Salzmaaß ist das Verhältniß folgendergestalt:

Muid.	Setier.	Mines.	Minots.	Boisseaux.	Mesures.	Litrons.
1	12	24	48	192	1152	3072
	1	2	4	16	96	256
		1	2	8	48	128
			1	4	24	64
				1	6	16
					1	$2\frac{2}{3}$

Bey allen diesen Maaßen ist der Boisseaux durchgängig gleich und hat eine Größe, und es vergleichen sich also

100 Berl. Scheffel mit 428⅝ Pariser Boisseaux.

Die Maaße zu nassen und flüßigen Waaren sind ebenfalls zweyerley, davon die große Pariser feuchten Maaße folgende Eintheilung haben:

Muid.	Feuillettes.	Tiercons.	Quartauts.	Fr. Königl. Cub. Fuß.	Veltes od. Setiers.	Pintes.
1	2	3	4	8	36	288
	1	1½	2	4	18	144
		1	1⅓	2⅔	12	96
			1	2	9	72
				1	4½	36
					1	8

Die kleinen Pariser feuchten Maaße aber

Quarte od. Pol.	Pintes	Setiers.	Chopines.	Posson od. Poisson. ganze	halbe	Roquilles.
1	2	4	8	16	32	64
	1	2	4	8	16	32
		1	2	4	8	16
			1	2	4	8
				1	2	4
					1	2

100 Berl. Quart sind gleich mit 120⅕ Pariser Pinten.

Das Handelsgewicht im Großen hat folgende Eintheilung:

Millier od. Tausend.	Charges od. Last.	Quintals od. Centner.	Livres od. Pfd. Mk. Gew.
1	3⅓	10	1000
	1	3	300
		1	100

Im Kleinen heißt es Poids de Mark-Gewicht, und es vergleichen sich

100 Pfd. Mark-Gew. mit 104½ Pfd. Berliner.

Galicien.

Eine im nordwestlichen Spanien am Atlantischen Meere gelegene, und unter dem Namen eines Königreichs bekannte Spanische Provinz, hat folgendes Maaß und Gewicht.

Zum **Ellenmaaße** bedienet man sich der Castilianischen Vara, und es vergleichen sich

100 Varas mit $127\frac{3}{16}$ Berliner Ellen.

Die Fanega Getraide hält Ferados, und es vergleichen sich

100 Ferroler Fanegas mit $130\frac{7}{8}$ Berl. Scheffel.
100 Coruñer dito mit $116\frac{7}{8}$ Berl. Scheffel.

Das **Weinmaaß** hat folgende Eintheilung:

Moyo.	Canados.	Ollas.	Acumbres.	Quartillos.	Oncias.
1	4	16	68	272	5440
	1	4	17	68	1360
		1	$4\frac{1}{4}$	17	340
			1	4	80
				1	20

Die Cantera Wein oder die Castilianische Arroba soll $32\frac{1}{4}$ Pfd. Castilianisch enthalten, welches circa 214 Berliner Quart beträgt.

Beym **Galicischen Gewicht** soll die Arroba 25 Pfd. à 20 Unzen oder 500 Unzen halten. Es werden aber zweyerley Pfunde gebraucht

1) die Libra Castilliana von 16 Oncias und
2) die Libra Gallega von 20 Oncias, es vergleichen sich

4 Pfd. Gallicisch mit 5 Pfd. Castilianisch
100 Gallicische Pfd. sind gleich 123 Pfd. Berliner
100 Pfd. Berliner = = $101\frac{5}{8}$ Pfd. Castil.

Genf oder Geneve.

Eine zur Schweizerischen Eidgenossenschaft gehörige Handelsstadt und Republik, hat folgendes Maaß und Gewicht:

Das **Ellenmaaß** bestehet allhier in der Französischen Aûne, und es vergleichen sich
26 Genfer Aunen mit 43 Brabanter Ellen
100 Genfer „ „ $171\frac{1}{2}$ Berliner Ellen.

Beym **Getraidemaaß** soll der Coupe sich mit dem Berliner Scheffel folgendermaaßen vergleichen
100 Coupes = $142\frac{4}{5}$ Berliner Scheffel.

Von **Wein- und nassen Maaße** hat

1 Chor od. Fuder	12 Setiers	288 Quarterons	od. 576 Pots
	1	24	48
		1	2

100 Quarterons = $165\frac{1}{2}$ Berliner Quart.

Das **Handelsgewicht** hat folgende Eintheilung:

Pfd groß Gewicht.	Pfd. klein Gewicht.	Onces.	Deniers.	Französ. Grän.
1	$1\frac{1}{5}$	18	432	10368
	1	15	360	8640
		1	24	576
			1	24

100 Pfd. groß Gew. = $117\frac{9}{16}$ Berliner Pfd.
100 Pfd. Berliner = $102\frac{1}{16}$ Pfd. klein Gewicht.

Genua.

Die Hauptstadt der Republik gleiches Namens in Ober-Italien, am mittländischen Meere gelegen, hat folgendes Maaß und Gewicht:

Beym **Ellenmaaß** vergleichen sich

100 Kaufmanns Cannen	mit $449\frac{5}{8}$	Berliner Ellen	
100 Zollhaus Cannen	mit $374\frac{2}{3}$	=	=
100 Fabrik Canen	mit $337\frac{1}{5}$	=	=
100 Berliner Ellen	mit $266\frac{2}{3}$?	Genues. Palmen.	

Beym **Getraidemaaß** hat 1 Mina 8 Quarte od. 96 Gambette und es vergleichen sich

100 Genueser Minen mit $214\frac{2}{3}$ Berl. Scheffel.

Beym **Weinmaaß** hat die Mezzarola 2 Barile oder 100 Pinte, und wird zu 18 Rubbi à 25 Pfd., oder zu 450 Pfd. leicht Schaal-Gewicht gerechnet, wornach der Wein-Barill circa $64\frac{1}{2}$ Berliner Quart ausmachen soll.

Beym **Oehlmaaß** wird die Barile in 2 halbe, 4 Quart oder 128 Quateroni vertheilt, und soll $7\frac{1}{3}$ Rubbi oder $183\frac{1}{3}$ Pfd. leicht Schaal-Gewicht wiegen, welches circa $126\frac{1}{8}$ Pfd. in Berlin beträgt.

Beym **Handelsgewicht** hat das *Peso grosso* oder **Großgewicht** folgende Eintheilung:

Peso.	Cantari.	Rubbi.	Rotoli.	Libras.	Oncias.
1	5	30	500	750	9000
	1	6	100	150	1800
		1	$16\frac{2}{3}$	25	300
			1	$1\frac{1}{2}$	18
				1	12

100 Pfd. Berliner = $147\frac{7}{18}$ Pfd. Peso grosso.

Das *Peso sottile* oder **leichte Gewicht** hat folgendes Verhältniß:

Rubbo	Lira	Oncia	Denari	Grani
1 Rubbo	25 Lira	300 Oncia	7200 Denari	172800 Grani
	1	12	288	6912
		1	24	576
			1	24

100 Pfd. Berliner = $147\frac{3}{4}$ Pfd. Peso sottile.

Hamburg.

Eine freye Reichsstadt des niedersächsischen Kreises, an der Elbe gelegen, hat folgendes Maaß und Gewicht:

Beym **Ellenmaaß** wird sowohl die **Hamburger** als **Brabanter** gebraucht, übrigens aber wird die **Hamburger Elle** in 2 Fuß 4 Quartier oder 24 Zoll vertheilet, und es vergleichen sich

6 Hamburger Ellen mit 5 Brabanter Ellen.
$116\frac{3}{8}$ dergleichen mit 100 Berliner Ellen.

Die **Brabanter Elle** hingegen wird in 4 Quartier à 4 Sechszehntheil vertheilet, und es vergleichen sich

100 Brabanter Ellen mit $103\frac{11}{16}$ Berliner Ellen.

Der **Hamburger Fuß** wird in 12 Zoll à 8 Theile, also in 96 Theile getheilt, und es vergleichen sich

23 Hamburger Fuß mit 21 Rheinländsche Fuß.

Wenn aber der **Hamburger Fuß zu Messung der Maaßen in der Runde** gebraucht wird, ist er in 3 Palmen vertheilt, und es vergleichen sich

84 Hamburger Palmen mit 85 Holländ. Palmen.

Das **Getraide** wird gewöhnlich nach Fässer und Himten ꝛc. in folgendem Verhältnisse gemessen.

Faß	Himten	Spint	große Maaß	kleine Maaß
1	2	8	32	64
	1	4	16	32
		1	4	8
			1	2

Die **Weitzen- Roggen- und Erbsen-Maaße** im Großen aber sind

Last zu	Wispel	Scheffel od.	Faß
1	3	30	60
	1	10	20
		1	2

wornach also die Gersten- und Hafer-Wispel und Scheffel größer als vorgedachte sind, auch wird die Gerste besonders noch

1 Stock zu 3 Wispel	30 Scheffel oder	90 Faß
1	10	30
	1	3

verkauft und gerechnet, übrigens vergleichen sich
$103\frac{2}{16}$ Hamburger Faß mit 100 Berliner Scheffel.

Die **Maaße zu flüßigen Waaren** haben folgendes Verhältniß:

Fuder.	Ahm.	Anker.	Eimer.	Viertel.	Stübgen.	Kannen.	Quartier.	Oessel.
1	6	24	30	120	240	480	960	1920
	1	4	5	20	40	80	160	320
		1	$1\frac{1}{4}$	5	10	20	40	80
			1	4	8	16	32	64
				1	2	4	8	16
					1	2	4	8
						1	2	4
							1	2

100 Berliner Quart sind gleich $127\frac{1}{8}$ Quartier in Hamburg.

Ausserdem rechnet man allhier
Das Brau Hamburger Bier zu 50 Tonnen.
Die Tonne Bier zu 48 Stübgen oder 192 Quartier.
Die schmale Tonne zu 32 Stübgen oder 128 Quartier.
Das Brau Eßig erfordert 74 Faß Metz in $18\frac{1}{2}$ Säcken.
Das Quartel Thran hat 2 Tonnen oder 64 Stübgen.
Die Tonne Thran hält 32 Stübgen und wird zu 2 Ctr. oder 224 Pfd. Netto gerechnet.
Das Faß Wein zu 4 Oxthoft oder 6 Tierzien.
Der Oxthoft aus Bourdeaux zu 62 bis 64 Stübgen.
Die Pipe Pedro Xemenis Wein zu 96 bis 100 Stübgen.
Das Both Sect zu 120 bis 130 Stübgen.
Das Both Malvasier zu 140 Stübgen.

Das Stückfaß Branntwein hat ungleiche Größe und wird deshalben visiret, dabey man 30 Viertel oder 60 Stübgen auf 1 Oxthoft zählet.

Beym Handelsgewicht hat das größere oder schwerere folgendes Verhältniß:

Schpf.	Ct.	Flachs-Steine.	Liespf.	Wull und Fed. Stein.	Pfd.
1	$2\frac{1}{2}$	14	20	28	280
	1	$5\frac{3}{5}$	8	$11\frac{1}{5}$	112
		1	$1\frac{3}{7}$	$1\frac{2}{5}$	14
				1	10

Zur Fuhre aber wird das Schpf. zu 20 Liespf. à 16 Pfd. oder zu 380 Pfd. gerechnet. Es vergleichen sich übrigens

100 Pfd. Hamburger mit $103\frac{1}{8}$ Pfd. Berliner.

Ferner rechnet man in Hamburg

Die Tonne Butter schmal Band zu 224 Pfd., buket Band aber zu 280 Pfd. netto.

Die Pipe Oehl zu 820 Pfd. netto.

Die kleine oder Vierteltonne grüner Seife zu 66 Pfd. brutto und 60 Pfd. netto.

Hannover.

Die Hauptstadt der Churfürstl. Braunschweig-Lüneburgischen oder Hannöverschen Länder des niedersächsischen Kreises, hat folgende Maaße und Gewichte:

Die Hannöversche Elle soll genau 2 Hannöversche Fuß halten, und wird in 4 Viertel oder Quartier, das Viertel aber wird in 4 Sechzehntheil vertheilet, und es vergleichen sich

19 Hannöversche Ellen mit 16 Brabanter Ellen.

100 Berliner Ellen mit $114\frac{9}{16}$ Hannöversche Ellen.

Das Getraidemaaß hat folgende Eintheilung:

1 Last 2 Wispel 16 Malter oder 16 Himten
1 8 48
1 6

100 Berl. Scheffel sind gleich mit 175 Hannöversche Himten.

Die Maaße zu flüßigen Waaren haben folgendes Verhältniß:

Fuder.	Oxthoft.	Ahm.	Eimer.	Anker.	Stübgen.	Kannen od. Maaß.	Quartier.	Nössel.
1	4	6	15	24	240	480	960	1920
	1	1½	3¾	6	60	120	240	480
		1	2½	4	40	80	160	320
			1	1⅗	16	32	64	128
				1	10	20	40	80
					1	2	4	8
						1	2	4
							1	2

100 Berl. Quart sind gleich 118⅜ Hannöversche Quartier.

Beym Handelsgewicht hat

Die Last 12 Schpf. à 20 Liespf. à 14 Pfd. oder 280 Pfd.

Das Pfd. schwer 3 Centner à 112 Pfd. oder 336 Pfd.

Der Stein Flachs 20 Pfd., Wolle aber nur 10 Pfd.

Das Pfd. ist in 2 Mark, 16 Unzen, 32 Loth, 128 Quentgen oder 512 Oertgens eingetheilt, und es vergleichen sich

100 Hannöversche Pfd. mit 103⅞ Pfd. Berliner.

Heidelberg.

Die Hauptstadt der Churfürstl. Pfälzischen Lande am Rhein im Churrheinischen Kreise, hat folgendes Maaß und Gewicht:

Die **Mannheimer Elle** allhier vergleichet sich folgendergestalt:

100 Berliner Ellen mit $115\frac{1}{2}$ Mannh. Ellen.

Das Getraidemaaß hat folgende Eintheilung:

1 Malter	4 Simmer	8 Mesten	16 Schachten	64 Gescheid
	1	2	4	16
		1	2	8
			1	4

100 Heidelberger Maaß sind gleich $189\frac{3}{8}$ Berliner Scheffel.

Das Getränkmaaß hat folgende Eintheilung:

1 Fuder Wein	10 Ahm	120 Viertel	480 Maaß
	1	12	48
		1	4

100 Heidelberger Maaß sind gleich 100 Berliner Quart.

Beym **Handelsgewicht** soll der Ct. 100 Pfd. halten, und es vergleichen sich

100 Pfd. Heidelberger mit $107\frac{11}{16}$ Pfd. Berliner.
100 Pfd. Mannheimer mit $105\frac{5}{8}$ Pfd. Berliner.

Hildesheim.

Ein Bisthum des niedersächsischen Kreises in Deutschland, hat folgendes Maaß und Gewicht:

Beym **Ellenmaaß** vergleichen sich

37 Hildesheimer Ellen mit 30 Brabanter Ellen.
100 Berliner Ellen mit 119 Hildesheimer Ellen.

Das Getraidemaaß hat folgendes Verhältniß:

Fuder.	Malter.	Scheffel.	Himten.	Drittel Metzen.	Viertel Metzen.
1	13 1/3	40	80	240	320
	1	3	6	18	24
		1	2	6	8
			1	3	4
				1	1 1/3

100 Berliner Scheffel sind gleich 209¾ Hildesheimer Himten.

Bey dem **Maaß zu flüßigen Waaren** ist das Verhältniß des Fuders zu 4 Oxthoft, 6 Ahm, 120 Viertel, 240 Stübgen, 960 Quartier, 1920 Oessel wie in Hannover.

Das Oxthoft Thran wird zu 2 Tonnen à 6 Stekannen à 16 Mengel gerechnet.

Beym **Handelsgewicht** hat
Das Pfund schwer 300 Pfd.
Das Schiffpfd. 20 Lispfd. à 14 Pfd. oder 280 Pfd.
Der Centner 11 Stein à 10 Pfd. oder 110 Pfd.
Die Waage Eisen 120 Pfd.

Uebrigens vergleichen sich
100 Pfd. Berliner mit 100⅜ Pfd. Hildesheimer.

Königsberg.

Eine Königl. Preuß. Hauptstadt in Ostpreußen am Ausflusse des Pregels ins frische Haff, hat folgendes Maaß und Gewicht:

Zum **Ellenmaaß** wird die Berliner Elle gebraucht.

Die **Maaße trockner Waaren** haben folgende Eintheilung:

Last.	Tonnen.	Ausmaaß od neue Scheffel.	Einmaaß od alte Scheffel.	Alte Viertel.	Metzen.
1	24	$56\frac{1}{2}$	60	240	960
	1	$2\frac{17}{48}$	$2\frac{1}{2}$	10	40
		1	$1\frac{7}{113}$	$4\frac{28}{113}$	$16\frac{112}{113}$
			1	4	16
				1	4

Das **Weinmaaß** hat folgendes Verhältniß:

Both.	Pipen.	Oxthoft.	Ahm.	Anker.	Viertel od. Velten.	Stoof.
1	$1\frac{1}{3}$	2	3	12	60	360
	1	$1\frac{1}{2}$	$2\frac{1}{4}$	9	45	270
		1	$1\frac{1}{2}$	6	30	180
			1	4	20	120
				1	5	30
					1	6

Vom Biermaaß hält

1 Last	**6 Faß**	**12 Tonnen**	**1152 Stoof ohne Hefen**
	1	2	192
		1	96

1 Stoof 2 halbe oder 4 Quartier.

Das Handelsgewicht hat folgende Eintheilung:

Schpfd.	Ctr.	Stein. große.	Stein. kleine.	Lispfd.	Berliner Pfd.
1	3	10	$16\frac{1}{2}$	20	330
	1	$3\frac{1}{3}$	$5\frac{1}{2}$	$6\frac{2}{3}$	110
		1	$1\frac{13}{20}$	2	33
			1	$1\frac{7}{33}$	20
				1	$16\frac{1}{2}$.

Leip=

Leipzig.

Eine Chursächsische Handelsstadt des Obersächsischen Kreises, hat folgendes Maaß und Gewicht:

Beym **Ellenmaaß** vergleichet man
11 Leipziger Ellen mit 9 Brabanter Ellen.
100 Berliner Ellen mit $117\frac{15}{16}$ Leipziger Ellen.

Das **Getraidemaaß** hat folgende Eintheilung

Wispel.	Malter.	Scheffel.	Viertel.	Metzen.	Mäßgen.
1	2	24	96	384	1536
	1	12	48	192	768
		1	4	16	64
			1	4	16
				1	4

Es vergleichen sich übrigens
21 Dresdner Scheffel mit 16 Leipziger Scheffel.
100 dergl. = mit $194\frac{11}{16}$ Berliner Scheff.
100 Leipziger Scheffel mit $255\frac{9}{16}$ dergleichen.

Das **Weinmaaß** hat folgendes Verhältniß

Fuder.	Faß.	Eimer.	Kannen.	Nössel.	Quartier Lpz. Schenkmaaß.
1	$2\frac{2}{5}$	12	756	1512	6043
	1	5	315	630	2520
		1	63	126	504
			1	2	8
				1	4

Es vergleichen sich übrigens
7 Leipziger Schenkmaaß mit 4 Visirkannen.
8 Dresdner Kannen mit 2 dergl.
9 dergleichen mit 7 Leipz. Kannen.
100 Sächs. Visirkannen mit $122\frac{1}{16}$ Berl. Quart.
100 Berl. Quart mit $122\frac{7}{8}$ Dresd. kl. Kann.
100 Leipz. Schenkkannen mit $104\frac{5}{8}$ Berliner Quart.

Bey den Biermaaßen hält ein Gebräude Bier zu Dresden 24, zu Leipzig aber 16 Faß, dazu 32 Scheffel Malz und 4 Scheffel Hopfen, als Leipziger Maaß bestimmt sind.

Dresdn. Faß.	Viertel.	Tonnen.	Schock-kannen.	Visir-kañen.	Dresdn. Kannen.
1	2	4	7	280	420
	1	2	$3\frac{1}{2}$	140	210
		1	$1\frac{3}{4}$	70	105
			1	40	60
				1	$1\frac{1}{2}$

Lpz. Faß.	Viertel.	Tonnen.	Kannen.	Nössel Leipz. Schenkmaaß
1 hat	2	4	300	600
	1	2	150	300
		1	75	150
			1	2

1 Kufe wird zu 2 Faß gerechnet, und 1 Eimer zu 72 Kannen.

Das Gewicht ist allhier 2erley, nemlich Kramer-Gewicht und Fleischer-Gewicht.

Der Centner Kramer-Gewicht hat 5 Stein à 22 Pfd., oder zu 110 Pfd. Die Waage Eisen hat 44 **Pfund.**

Uebrigens vergleichen sich

55 Pfd. Handels-Gew. mit 51 Pfd. Fleischer-Gew.
100 Pfd. Fleischer-Gew. mit $107\frac{7}{8}$ Berliner Gew.
100 Pfd. Berl. Gew. mit $100\frac{3}{8}$ Pfd. Leipz. Handels-Gew. oder
104 Pf. Sächs. Berggew. oder
$107\frac{5}{8}$ dergl. Stahlgewicht.

Lippstadt.

Eine in der Preuß. Grafschaft Mark des westphälischen Kreises gelegene Stadt, hat folgendes Maaß und Gewicht.

Beym **Ellenmaaß** vergleichen sich
100 Berliner Ellen mit $115\frac{1}{4}$ Lippstädter Ellen.

Das **Getraidemaaß** hat folgende Eintheilung:

1 Malter hat	24 Scheffel	96 Spint	384 Becher.
	1	4	16
		1	4

1 Lippstädtsche Malter soll 16 Berl. Scheff. enthalten.

Beym **Getränkmaaß** wird der Ohm, darunter man wahrscheinlich den Cöllnischen verstehen muß
zu 108 Kannen Wein, Weineßig und Oehlmaaß, ferner
zu 100 Kannen Biermaaß
gerechnet, und es vergleichen sich
100 Lippstädter Weinkannen mit $125\frac{3}{16}$ Berl. Quart
100 dergl. Bierkannen mit $135\frac{5}{16}$ dergleichen.

Beym **Handelsgewicht** rechnet man den Centner zu 108 Pfd. à 32 Loth, und man vergleichet
100 Berlinrr Pfd. mit $100\frac{1}{4}$ Lippstädter Pfd.

Lissabon.

Die Hauptstadt des Königreichs Portugall, hat folgendes Maaß und Gewicht:

Das **Längenmaaß** hat folgende Eintheilung:

1 Braca	2 Varas	$3\frac{1}{3}$ Covados	10 Palmes	80 Zoll
	1	$1\frac{2}{3}$	5	40
		1	3	24
			1	8

Es vergleichen sich übrigens
3 Portug. Varas mit 5 Portug. Covados
100 Portug. Varas mit $163\frac{7}{8}$ Berliner Ellen
100 Berliner Ellen mit $101\frac{11}{16}$ Portug. Covados
100 Rheinl. Fuß mit $143\frac{7}{12}$ Portug. Palmen.

Die Maaße zu trocknen Waaren, als Getraide und Salz, haben folgendes Verhältniß:

Moyo.	Fanegas.	Alqueires.	Meyos.	Quartus.	Qutavos od. Selemis.	Mequias
1	15	60	120	240	480	960
	1	4	8	16	32	64
		1	2	4	8	16
			1	2	4	8
				1	2	4
					1	2

100 Berliner Scheffel = $100\frac{5}{8}$ Portug. Fanegas.

Die Maaße zu flüßigen Waaren haben folgende Eintheilung:

Tonnelada od. Faß.	Pipas od. Botas.	Almudas.	Alqueires od. Potas.	Canhados.	Quartilhos.
1	2	52	104	624	2496
	1	26	52	312	1248
		1	2	12	48
			1	6	24
				1	4

100 Portug. Canhados sind gleich $121\frac{1}{4}$ Berl. Quart.

Das Handelsgewicht hat folgende Eintheilung:

Quintal.	Arrobas.	Libras.	Marcas.	Onces.	Outavas.
1	4	128	256	2048	16384
	1	32	64	512	4096
		1	2	16	128
			1	8	64
				1	8

Der Quintal oder Centner wiegt circa 125$\frac{3}{8}$ Berliner Pfd. Die Arroba also 31$\frac{1}{8}$ Pfd. Berliner, und es vergleichen sich übrigens

100 Pfd. Berliner mit 102$\frac{1}{16}$ Pfd. Lissabonner.

Livorno.

Eine Großherzogl. Toscanische im mittlern Italien am mittelländischen Meere gelegene Handelsstadt und Freyhafen, vergleichen sich die Maaße und Gewichte folgendergestalt:

100 Berl. Ellen mit 112$\frac{1}{5}$ Toscan. Bracci.
100 Brabant. Ellen mit 116$\frac{3}{8}$ dergl.
100 Toscan. Sacci mit 130$\frac{3}{4}$ Berl. Scheffel.
1 Barilo Landwein mit 36$\frac{1}{5}$ Berl Quart.
1 Barilo fremder Wein mit 32$\frac{1}{5}$ Berl. Quart.
1 dergleichen Oehl mit 71$\frac{1}{2}$ Pfd. Berliner.
100 Pfd. Berliner mit 138 Toscan. Pfd.

Lübeck.

Eine im niedersächsischen Kreise gelegene freye Reichs= See= und Handelsstadt, hat folgende Maaße und Gewichte:

Das Längenmaaß hat folgende Eintheilung

1 Ruthe	8 Ellen	16 Fuß	192 Zoll
	1	2	24
		1	12

und es vergleichen sich

19 Lübische Ellen mit 16 Brabanter Ellen.
100 Berliner Ellen mit $114\frac{9}{16}$ Lübische Ellen.
55 Lübische Fuß mit 65 Rheinländsche Fuß.

Das Getraidemaaß hat folgendes Verhältniß:

1 Last	8 Drömt	24 Tonnen	96 Scheffel	384 Fässer
	1	3	12	48
		1	4	16
			1	4

Es vergleichen sich

74 Roggen-Scheffel mit 63 Hafer-Scheffel.
100 Berl. Scheffel mit $162\frac{13}{16}$ Roggen- und $138\frac{5}{8}$ Hafer- Scheffel.

Die Wein- und flüßigen Waarenmaaße haben folgendes Verhältniß:

Fuder.	Ahm.	Viertel.	Stübgen.	Kannen.	Quartier.	Planken.	Orte.
1	6	120	240	480	960	1920	3840
	1	20	40	80	160	320	640
		1	2	4	8	16	32
			1	2	4	8	16
				1	2	4	8
					1	2	4
						1	2

100 Berliner Quart sind gleich $127\frac{1}{8}$ Lüb. Quartiere.

Das Faß Bier hält allhier 42 Stübgen oder 168 Quartier und Brandtwein wird zu 30 Viertel oder 60 Stübgen verkauft.

Das Lübische Handelsgewicht hat die nemliche Eintheilung, wie in Hamburg, und man rechnet Das Schiffpfd. zu $2\frac{1}{2}$ Ctr., 14 Flachs Steine, 20

Liespfd., 28 Woll. Steine, oder 280 Pfd. Das Pfd. aber zu 2 Mk. 16 Unzen, 32 Loth, 128 Quent, 512 Pfennige, und es vergleichen sich

100 Pfd. Lübisch mit $103\frac{3}{16}$ Berliner Pfd.

Lüttich.

Ein Hochstift und Bisthum des westphälischen Kreises, hat folgendes Maaß und Gewicht.

Beym **Ellenmaaß** vergleichen sich

84 Lütticher Ellen mit 67 Brabanter.
100 Berliner Ellen mit $120\frac{5}{8}$ Lütticher Ellen.
100 Rheinländsche Fuß mit $109\frac{1}{8}$ Lütticher Fuß.

Beym **Getraidemaaß** wird die Last zu 96 Setiers gemessen, und es vergleichen sich

100 Berl. Scheffel mit $181\frac{1}{16}$ Lütticher Setiers.

Beym **Handelsgewicht** vergleichen sich

100 Pfd. Lütticher mit $101\frac{3}{8}$ Pfd. Berliner.

Madrid siehe Cadix.

Magdeburg siehe Berlin.

Mailand.

Die Hauptstadt des in Ober-Italien gelegenen, und dem Hause Oesterreich zuständigen Herzogthums gleiches Namens, hat folgendes Maaß und Gewicht.

Das **Ellenmaaß** oder **Braccio** wird in halbe, 4tel, 3tel, 6tel u. s. w. eingetheilt, und es vergleichen sich

100 Berl. Ellen mit $112\frac{3}{16}$ Mailändsche Brazzen.

Die Getraidemaaße haben folgende Eintheilung:

Mina.	Rubbi.	Moggi od. Sacci.	Staja od. Stara.	Starelli
1	14	28	224	448
	1	2	16	32
		1	8	16
			1	2

Eine Soma Reiß hat $1\frac{1}{2}$ Moggi oder 12 Staja und soll 230 Pfd. Peso grosso wiegen.

Eine [illegible]harge Hafer hält 9 Staja; es vergleichen sich

100 Berl. Scheffel mit $314\frac{7}{8}$ Staja oder Stari.

Die **Maaße zu flüßigen Waaren** haben folgende Eintheilung:

1 Brenta	3 Stara	6 Mines	12 Quartari	48 Pintes	96 Boccali
	1	2	4	16	32
		1	2	8	16
			1	4	8
				1	2

100 Milän. Pinten sind gleich $129\frac{5}{16}$ Berl. Quart.

Beym Handelsgewicht hat man zweyerley **Pfd.** nemlich

Das Pfd. Peso grosso von 28 Unzen und

Das Pfd. Peso sottile von 12 Unzen, und es vergleichen sich

100 Pfd. Peso grosso mit $160\frac{3}{4}$ Pfd. Berliner.

100 Pfd. Berliner mit $145\frac{7}{12}$ Pfd. Peso sottile.

Majorca oder Mallorca.

Eine Spanische im mitteländischen Meere gelegene Insel, hat folgendes Maaß und Gewicht:

Beym **Ellenmaaß** ist die Cana von 8 Major Palmos, und es vergleichen sich

100 Canen mit $269\frac{1}{8}$ Berliner Ellen.

Zu **Getraide und Hülsenfrüchten** ist der Quartera von 6 Barcellas oder 36 Almudas.

100 Majorcas Quarteras mit $132\frac{2}{3}$ Berl. Scheffel.

Das **Weinmaaß** ist der Quartera, davon $6\frac{1}{2}$ einen Quartin, 26 aber eine Carga ausmachen, wornach die Carga 4 Quartines, und dieser $6\frac{1}{2}$ Quarteras enthält; 10 Quartines Wein sollen mit 17 Castilian. Aroben gleich seyn, es vergleichen sich

100 Majorc. Wein-Quartera mit $321\frac{5}{16}$ Berliner Quart.

Beym **Gewicht** vergleichen sich

100 Pfd. Berliner mit $116\frac{3}{16}$ Pfd. Majorcan.

M a l l a g a.

Eine in der Spanischen Provinz oder Königreich Granada am mittelländischen Meere gelegene See- und Handelsstadt, hat folgendes Maaß und Gewicht.

Das **Ellenmaaß** bestehet in der unter Spanien beschriebenen **Castilianischen** Vara, und es vergleichen sich

100 Varas mit $127\frac{3}{16}$ Berliner Ellen.

Beym **Getraidemaaß** vergleichen sich

100 Fanegas mit $111\frac{1}{2}$ Berliner Scheffel.

Das **Maaß zu flüßigen Waaren** ist die unter Spanien beschriebene **Castilianische** Arroba von 8 Azumbres oder 32 Quartillos, welche circa $13\frac{11}{16}$ Berl. Quart enthält.

Das Both Sect hält 130 Hamb. Stübgen oder 390 bis 400 Berl. Quart.

Die Pipe Pedro Xemenis-Wein hält $53\frac{1}{2}$ Arrobas circa, und wird nach der Arroba verkauft, welche circa 308 Berl. Quart ausmachen.

Die Barrica Mallaga-Wein soll nach Ricard nur 35 Azumbres halten.

Das Both Oel hält 43 Arrobas.

Die Pipe Oehl aber 35 Arrobas netto. Man verkauft das Oehl entweder nach der Pipe von 34 Arrobas, oder nach der Arroba.

Beym **Handelsgewicht** ist das **Castilianische**, davon die Arroba zu 25 Pfd. gerechnet wird, gebräuchlich, und es vergleichen sich

100 Pfd. Berliner mit $101\frac{5}{8}$ Pfd. in Mallaga.

Malta.

Eine dem Johanniter-Ordens-Rittern von Jerusalem zuständige Insel des mittelländischen Meeres, ohnweit der Insel Sicilien, hat folgendes Maaß und Gewicht.

Beym **Ellenmaaß** vergleichen sich

100 Malt. Cannen mit 312 Berliner Ellen.

Beym **Getraidemaaß** soll der Salma Korn in Livorno $3\frac{3}{4}$ Sacci ausliefern, und die mit $5\frac{1}{4}$ Berliner Scheffel übereinkommen.

Beym **Handelsgewicht** vergleichen sich

100 Pfd. Berliner mit $147\frac{15}{17}$ Malth. Pfd.

Mantua.

Die Hauptstadt des in Ober-Italien gelegenen, und dem Hause Oesterreich zuständige Herzogthums gleiches Namens, hat folgendes Maaß und Gewicht.

Das Ellenmaaß ist die Braccio, welche in halbe, 4tel u. s. w. eingetheilt wird, und es vergleichen sich

100 Berl. Ellen mit $103\frac{1}{18}$ Mantuaer Ellen.

Beym Getraidemaaß vergleichen sich

100 Berliner Scheffel mit $156\frac{5}{8}$ Stara in Mantua.

Beym Oehlmaaß soll der Moggio $3\frac{1}{2}$ Barilli in Florenz ausmachen, und 320 Pfd. oder 217 Pfd. in Hamburg wiegen, welche mit $224\frac{1}{3}$ Berliner Pfd. übereinkommen.

Beym Handelsgewicht hat

1 Rubbo 25 Pfd., und wieget $10\frac{1}{2}$ Pfd. Peso grosso in Mailand.

1 Pfd. Mantuaer Handelsgewicht hat 12 Unzen à 12 Denari à 12 Grani, und es vergleichen sich

100 Pfd. Berl. mit $148\frac{1}{8}$ Pfd. Mantuaer.

Marseille.

Eine ansehnliche Französische Handelsstadt in der Provence, am mittelländischen Meere gelegen, hat folgendes Maaß und Gewicht:

Das Ellenmaaß wird in 8 Palmes getheilt, und es vergleichen sich

100 Marseiller Cannen mit $301\frac{1}{17}$ Berl. Ellen.

31 Cannen mit 90 Brabanter Ellen.

Beym Getraidemaaß wird die Charge oder Last Roggen und Weitzen zu 4 Emines oder 32 Civadiers, die Emine also zu 8 Civadiers gerechnet.

Die Charge Hafer hält 6 Emines oder 48 Civadiers, und es vergleichen sich

100 Berl. Scheffel mit $141\frac{1}{16}$ Emines aus Marseille.

Beym **Maaß flüßiger Waaren** wird die Millerole Wein zu 60 Pots gerechnet, und soll $16\frac{1}{2}$ Stübgen in Hamburg, 50 Amsterdammer Mingelen, $3\frac{1}{2}$ Millerole aber 1 Oxthoft in Bourdeaux betragen, und circa $51\frac{9}{7}$ Berliner Quart enthalten.

Die Millerole Oehl ist voriger gleich, wird aber in 4 Escandeaux à 12 Livres eingetheilt, und soll 100 Amsterdammer Pinten halten, welche mit $116\frac{1}{16}$ Berl. Pfd. übereinkommen.

Brandtwein wird in kleinen und grössern Fässern von 700 bis 1700 Pfd. circa, nach Quintal von 100 Pfd. verkauft, dabey das Holz der Fässer mit gewogen wird.

Das **Handelsgewicht** wird Poids du pays oder Poids de table genannt, und hat eben die Eintheilung als das Französ. Mark-Gewicht, es vergleichen sich 100 Pfd. Berliner mit $116\frac{5}{8}$ Pfd. Marseiller.

M a y n z.

Im Churrheinischen Kreise am Rhein gelegen, die Hauptstadt des Erzstifts und der Churlande des Churfürsten von Maynz, hat folgendes Maaß und Gewicht.

Das hiesige **Ellenmaaß** vergleichet sich
100 Berliner Ellen mit $121\frac{1}{2}$ Maynzer Ellen.
100 Rheinl. Fuß mit $104\frac{3}{16}$ Maynzer Fuß.

Das **Getraidemaaß** hat folgende Eintheilung:

1 Malter	4 Simmer	16 Kümpf	64 Gescheid
	1	4	16
		1	4

100 Malter sind gleich mit $167\frac{7}{16}$ Berl. Scheffel.

Beym **Getränkmaaß** vergleichen sich
100 Maynzer Maaß mit $162\frac{1}{16}$ Berl. Quart.

Memel siehe Königsberg.

Minorca.

Eine Spanische im mittelländischen Meere gelegene Insel, hat folgendes Maaß und Gewicht.

Beym hiesigen Ellenmaaß oder Canne vergleichen sich

100 Cannen mit $240\frac{1}{16}$ Berliner Ellen.

Die **Wein-Botta** soll 133 Engl Wein-Gallons enthalten, welche 438 Berliner Quart betragen, das Verhältniß dieses Maaßes ist

1 Botta	4 Corgas	16 Barillos	88 Quartillos
	1	4	22
		1	$5\frac{1}{2}$

Das Handelsgewicht hat folgende Eintheilung:

1 Cantaro	4 Arrobas	$34\frac{2}{3}$ gr. Pfd.	104 kl. Pfd.	1248 Unzen
	1	$8\frac{2}{3}$	26	312
		1	3	36
			1	12

übrigens vergleichen sich

100 Minorc. große Pfd. mit $255\frac{1}{2}$ Berl. Pfd.
100 Berl. Pfd. mit $117\frac{7}{16}$ Minorc. kl. Pfd.

Montpellier.

Eine Französische Handelsstadt in Nieder-Languedoc, hat folgendes Maaß und Gewicht.

Das Ellenmaaß (Canne) wird in 9 Palmen vertheilt, und es vergleichen sich

100 Cannen mit $301\frac{5}{8}$ Berliner Ellen.

Das Getraidemaaß ist der Setier von 2 Emines, 4 Quarts oder 12 Pugueres; es vergleichen sich
100 Berl. Scheffel mit $102\frac{11}{16}$ Setiers.

Beym **Maaß flüßiger Waaren** ist bey das Weinmaaß der Muid von 18 Setiers, 24 Barals oder 576 Pots.
100 Berl. Quart sind gleich $109\frac{7}{16}$ Pots circa.

Muscat-Wein sonst Frotignac genannt, wird nach dem Muid verkauft, so 3 Oxthoft oder circa 500 Berliner Quart hält.

Vin de Rhone wird nach dem Baral verkauft, davon das Faß 5 a $5\frac{1}{2}$ Barals oder 105 bis 115 Berliner Quart hält.

Das **Weinmaaß** hat übrigens folgendes Verhältniß:

Muid.	Tonneaux.	Setiers.	Barals.	Hemines.	Quarts.	Pots oder Pichets.	Feuillettes.	Fruchettes.
1	2	18	32	36	72	576	1152	2304
	1	9	16	18	36	288	576	1152
		1	$1\frac{7}{9}$	2	4	32	64	128
			1	$1\frac{1}{8}$	$2\frac{1}{4}$	18	36	72
				1	2	16	32	64
					1	8	16	32
						1	2	4
							1	2

Das Oehlmaaß hat folgendes Verhältniß

1 Charge	4 Barals	8 Emines	16 Quartals	128 Pots
	1	2	4	32
		1	2	16
			1	8

Beym **Handelsgewicht** soll der **Quintal** oder Centner 100 Pfd. enthalten, und es vergleichen sich 100 Berl. Pfd. mit $115\frac{1}{2}$ Pfd. Montpell.

München.

Die Hauptstadt der Churfürstl. Bayerschen Lande, hat folgendes Maaß und Gewicht:

Das **Ellenmaaß** vergleichet sich folgendermaaßen
100 Bayersche Ellen mit $119\frac{13}{16}$ Berliner Ellen.
100 Rheinländsche Fuß mit $108\frac{1}{2}$ Bayersche Schuh oder Fuß.

Beym **Getraidemaaß** hat der Scheffel oder Schaff schwer Getraide zu Weitzen, Roggen und Gerste 6 Metzen, und 1 Bayerscher schwerer Getraide-Scheffel ist mit $4\frac{1}{8}$ Berliner Scheffel circa gleich. Der Hafer-Scheffel oder Schoff aber hält nur 7 Metzen, und 1 Bayersche Hafer-Scheffel soll mit $4\frac{3}{4}$ Berliner Scheffel gleich seyn. Die kleinen Bayerschen Getraidemaaße haben folgende Eintheilung:

Metze.	Viertel.	Mässel od. $\frac{1}{16}$ Theile.	Dreyßiger.	Getränkmaaße.
1	2	8	32	$34\frac{3}{4}$
	1	4	16	$17\frac{3}{8}$
		1	4	$4\frac{1}{3}\frac{1}{2}$
			1	$1\frac{1}{1}\frac{1}{2}\frac{1}{8}$

Beym **Bayerschen Getränkmaaß** hält 1 Eimer 60 Maaß à 4 Quartel, also 240 Quartel, und es vergleichen sich
100 Berl. Quart mit $186\frac{2}{7}$ Bayersche Getränkmaaß circa.

Das Faß Bier hat 25 Eimer à 64 Maaß.

Ausserdem rechnet man in München
Den Würtenberger Eimer zu 4 Bayersche Eimer.
Den Eimer Frankenwein zu 68 Bayersche Maaß.
Den Oesterreichischen Eimer von 40 Oesterreichische Maaß zu 52 Bayersche Maaß.

Beym **Handelsgewicht** hat der Ctr. 5 Stein à 20 Pfd. oder 100 Pfd., und es vergleichen sich
100 Pfd. Münchner mit $119\frac{7}{18}$ Berliner Pfd.

Nancy.

Eine Französische Hauptstadt des Herzogthums Lothringen, hat folgendes Maaß und Gewicht.

Das **Ellenmaaß** vergleichet sich
100 Berliner Ellen mit $106\frac{1}{8}$ Ellen in Nancy.
100 Rheinl. Fuß mit $107\frac{2}{3}$ Lothringer Fuß.

Das **Getraidemaaß** ist der Real von 4 Cartes oder 8 Imals, welcher 15 Pariser Boisseaux enthalten soll, und es vergleichen sich
100 Berl. Scheffel mit $113\frac{1}{2}$ Carten in Nancy.

Von flüßigen **Waaren** wird Landwein und Brandtwein aus Languedoc nach einem Maaße von 85 Pfd. Markgewicht verkauft, und dieses enthält circa $37\frac{3}{4}$ Berliner Quart.

Beym **Handelsgewicht** vergleichen sich
100 Pfd. aus Nancy mit $104\frac{1}{2}$ Pfd. Berliner.

Nantes.

Eine Französische Handelsstadt in Ober-Bretagne, hat folgendes Maaß und Gewicht.

Das

Das **Ellenmaaß** oder Aune vergleichet sich
100 Aunen mit $177\frac{15}{16}$ Berliner Ellen.

Beym **Maaß trockner Waaren** wird das Getraide nach der Tonneau oder Tonne von 10 Setiers oder 160 Boisseaux verkauft, Salz hingegen wird nach dem Muid von 52 Quartauts verkauft.

Beym **Maaß flüßiger Waaren** wird
der Wein nach Tonneaux zu 4 Bariques verkauft.

Die Pipe enthält circa		$347\frac{5}{8}$	Berliner	Quart.
Die Barrique	=	$173\frac{13}{16}$	=	=
100 Pots	=	$144\frac{5}{8}$	=	=

Beym **Handelsgewicht** vergleichen sich
100 Nant. Pfd. mit $104\frac{1}{2}$ Pfd. Berliner.

Napoli oder Neapel und Sicilien.

Zwey unter dem Namen des Königreichs beyder Sicilien vereinigte Reiche, haben folgendes Maaß und Gewicht.

Das **Ellenmaaß** in Neapolis ist die Canne von 8 Palmi, letztere wird entweder in 12 Oncès, oder auch in halbe und 4tel eingetheilet, und es vergleichen sich

100 Neapolit. Cannen mit $316\frac{11}{16}$ Berl. Ellen.
100 Berliner Ellen mit $252\frac{7}{16}$ Neap. Palmen.

Vom **Getraidemaaß** in Neapel, wird der Tomolo zu 24 Maaß gerechnet, und diese wieder in halbe getheilet, es vergleichen sich

100 Neap. Tomoli mit $101\frac{1}{2}$ Berl. Scheffel.

Das **Weinmaaß** hat folgende Eintheilung

Carro.	Botti.	Barili.	Caraffe in Neap.	Caraffe auf dem Lande.
1	2	24	1440	1584
	1	12	720	792
		1	60	66

100 Berliner Quart sind gleich $156\frac{3}{4}$ Neapol. Caraffe.

Das Oehlmaaß hat folgende Eintheilung

1 Salma	16 Staja	256 Quarti	1536 Misurelle
	1	16	96
		1	6

Das Handelsgewicht hat folgendes Verhältniß

1 Cantaro	$9\frac{21}{31}$ Stari	100 Rotoli	$277\frac{7}{9}$ Libra	$3333\frac{1}{3}$ Oncia
	1	$10\frac{1}{3}$	$28\frac{19}{27}$	$344\frac{4}{9}$
		1	$2\frac{7}{9}$	$33\frac{1}{3}$
			1	12

100 Rotoli sind gleich $190\frac{3}{16}$ Berliner Pfd.

Narva.

Eine Kayserl. Rußische Handelsstadt auf der Ehst- und Ingermanländschen Gränze, hat folgendes Maaß und Gewicht.

Die **Narvische Elle** soll 19 pCt. kürzer als die Rußische Arschine seyn, übrigens vergleichen sich 100 Berl. Ellen mit $111\frac{7}{16}$ Narv. Ellen.

Beym **Getraidemaaß** hält

1 Last	24 Tonnen	96 Viertel oder	768 Kapp
	1	4	32
		1	8

1 Last Spanisch oder Französ. Salz wird zu 18 Tonnen, jede zu 34 Kapp gerechnet.

Von **Wein-** **Brandtwein-** und **Biermaaße** hält

1 Oxth. Wein	1½ Ahm	6 Anker	180 Stof	720 Quartier
	1	4	120	480
		1	30	120
			1	4

100 Narvische Stof sind gleich $112\frac{1}{16}$ Berl. Quart.

1 Pipe Span. Wein wird zu 10 }
1 Pipe Sect 13 } Anker Lübisch gerechnet.
1 Both Alicant. u. Portug. Wein 13 }
1 Faß Bier oder Brandtwein aber zu 128 Stof.

Das Handelsgewicht hat folgende Eintheilung

Schpfd.	Pud.	Lispfd.	Pfd.	Loth.	Solotnik.
1	10	20	400	12800	38400
	1	2	40	1280	3840
		1	20	640	1920
			1	32	96
				1	3

100 Pfd. Berl. sind gleich mit $100\frac{1}{8}$ Pfd. Narv.

N i z z a.

Eine Königl. Sardinische Handelsstadt der Grafschaft Nizza in Oberitalien, hat folgendes Maaß und Gewicht.

Beym **Långenmaaß** vergleichen sich
100 Berliner Ellen mit $121\frac{1}{4}$ Rasi oder Ellen.
100 Rheinlåndsche Fuß mit $118\frac{3}{5}$ Palmi.

Vom **Getraidemaaß** hålt 1 Sacco 3 Staja oder Stari und 48 Mensinali, und es vergleichen sich
100 Berliner Scheffel mit $141\frac{1}{6}$ Stari in Nizza.

Das **Handelsgewicht** vergleichet sich folgendermaaßen:
100 Pfd. Berl. = $151\frac{3}{32}$ Pfd. in Nizza.

Nürnberg.

Eine freye Reichs- und Handelsstadt des Fränkischen Kreises, hat folgende Maaße und Gewichte.

Die Nürnberger Elle vergleichet sich
22 Nürnberg. Ellen mit 21 Brabanter Ellen
100 Berliner Ellen mit 101⅛ Nürnberg. Ellen
desgl. 51 Nürnberg. Fuß mit 30 Rheinländ. Fuß.

Beym **Getraidemaaß** hat
Der Sümmer hart oder glatt Getraide, als Rocken, Weitzen, Erbsen, Linsen, Heidekorn, 2 Malter oder 16 Metzen.
Der Sümmer rauh Getraide, als Dünkel, Gerste, Hafer, hat 4 Malter oder 32 Metzen.
Der Sümmer Hirse in Bälgen hat 26, ohne Bälge 16 Metzen.

Das übrige Verhältniß ist folgendes

Malter.	Metzen.	Diethaufen.	Diethäuflein.	Maaß
1	8	32	64	128
	1	4	8	16
		1	2	4
			1	2

Der hiesige Sümmer soll circa 6⅞ Berliner Scheffel enthalten.

Das **Maaß flüßiger Waaren** hat folgende Eintheilung

1) das Visirmaaß

Fuder	Eimer	Viertel	Maaß	Seidel
1	12	384	768	1536
	1	32	64	128
		1	2	4
			1	2

2) das Schenkmaaß

Fuder	Eimer	Viertel	Maaß	Seidel
1 Fuder	$12\frac{3}{4}$ Eimer	408 Viertel	816 Maaß	1632 Seidel
	1	32	64	128
		1	2	4
			1	2

100 Berl. Quart sind gleich $109\frac{7}{17}$ Visirmaaß
116 Schenkmaaß

Die Tonne Honig zu 99 Maaß, 198 Seidel oder 792 Achtel.

Den Amer Honig zu 64 Maaß, 128 Seidel oder 512 Achtel.

Beym **Handelsgewicht** hat

Das Schiffpfd. 3 Ctr. à 100 Pfd. oder 300 Pfd.

Pfd.	Mk.	Viertung.	Unzen.	Loth.	Quint.	Pfenn.
1	2	4	16	32	128	512
	1	2	8	16	64	256
		1	4	8	32	128
			1	2	8	32
				1	4	16
					1	4

100 Pfd. Nürnb. sind gleich $108\frac{13}{16}$ Berliner Pfd.

Oesterreichische Niederlande

oder Brabant, Flandern, nebst dem Oesterreichischen Antheile Luxemburg, mit den Handelsstädten Antwerpen, Brüssel, Gent, haben folgendes Maaß und Gewicht:

Vom **Ellenmaaß** hat man in Antwerpen zweyerley Ellen, nemlich die große zu Seidenwaaren, und die kleine zu Wollenwaaren, welche von einander $1\frac{3}{8}$ pCt. differiren, übrigens ist die große $\frac{3}{8}$ pCt. länger, die kleine aber 1 pCt. kürzer, als die in Hamburg gewöhnliche Brabanter Elle, und es vergleichen sich also

100 Antwerpner große Ellen mit $104\frac{1}{8}$ Berl. Ellen.
100 dergl. kleine = mit $102\frac{5}{8}$ dergl.
desgl. 100 heinländsche Fuß mit 109 Antwerpner Fuß.

Beym Getraidemaaß hält
1 Last $32\frac{1}{2}$ Viertel oder 130 Mucken.
1 = 4 =

100 Antwerpner Viertel sind gleich $141\frac{1}{16}$ Berliner Scheffel.

In Brüssel vergleichet man den Sack Getraide
100 Brüsseler Sack mit $212\frac{7}{16}$ Berliner Scheffel.

Vom **Wein** und **Getränkmaaß** rechnet man in Antwerpen
1 Both zu 152, 1 Ahm Wein zu 50 Stoppen, und es vergleichen sich
100 Stopp mit $275\frac{3}{8}$ Berliner Quart.

Das **Handelsgewicht** bestehet in

Chargen zu 2 Ballen oder	400	Pfd.
Schiffpfd.	zu 300	=
Centner	= 100	=
Chariot oder Waage	= 165	=
Stein	= 8	=

Pfd. zu 2 Mark, 16 Unzen oder 32 Loth, und es vergleichen sich
100 Pfd. Antwerpner mit $100\frac{1}{24}$ Pfd. Berliner.

O l d e n b u r g.

Ein dem Fürstbischof von Lübeck zuständiges Herzogthum des westphälisches Kreises, hat folgendes Maaß und Gewicht.

Die **Oldenburger Elle** soll der Bremer gleich seyn; es vergleichen sich also

100 Berliner Ellen mit 115⅓ Oldenburg. Ellen.
desgl. 18 Oldenburger Fuß mit 17 Rheinl. Fuß.

Der hiesige **Getraide-Scheffel** soll 16 Kannen Biermaaß enthalten; übrigens rechnet man hier

1 Last zu	12 Molt	18 Tonnen	144 Scheffel
	1	1½	12
		1	8

1 Last in Delmenhorst ist 144 dortige Scheffel, jeden zu 18 Kannen.

Das **Maaß flüßiger Waaren** hat folgende Eintheilung:

Oxthoft Wein.	Ohm.	Anker.	Kannen.	Quartier.	Orths.
1	1½	6	156	240	624
	1	4	104	160	416
		1	26	40	104
			1	1 7/13	4
				1	2⅗

1 Tonne Bier hat 4 Henkemanns 112 oder 116 Kannen.
1 Henkemann zu 28 Kannen gerechnet.

Das **Handelsgewicht** hat folgendes Verhältniß

Pfd. schwer.	Schpfd.	Ctr.	Flachs-Steine.	Feder-Steine od. Lispfd.	Pfd.
1	1 1/29	3	15	30	300
	1	2 9/10	14½	29	290
		1	5	10	100
			1	2	20
				1	10

1 Pfd. hat 32 Loth à 4 Quent à 4 Pfennige.
100 Pfd. Oldenburger sind gleich 103⅜ Berliner.
100 Pfd. Delmenhorster = 106 7/10 Berliner.

Osnabrück.

Ein Hochstift und Bisthum des westphälischen Kreises, hat folgendes Maaß und Gewicht:

Das **Ellenmaaß** ist hier **zweyerley**, nemlich die **kleine** und **große Elle**, und es vergleichen sich

100 Osnabrücker große Ellen mit $103\frac{1}{8}$ Osnabr. kleine Ellen.

100 Brabanter Ellen mit $114\frac{12}{13}$ dergl. große Ellen oder $118\frac{1}{2}$ dergl kleine Ellen.

100 Berliner Ellen mit $110\frac{3}{16}$ dergl große Ellen. $114\frac{5}{8}$ dergl. kleine Ellen.

desgl 9 Fuß Osnabr. mit 8 Fuß Rheinl.

Das Getraidemaaß hat folgende Eintheilung

Last.	Fuder.	Malter.	Scheffel.	Viertel.	Becher.
1	$1\frac{7}{18}$	$8\frac{1}{3}$	100	400	1600
	1	6	72	288	1152
		1	12	48	192
			1	4	16
				1	4

100 Berliner Scheffel sind gleich $189\frac{7}{16}$ Osnabrücker Scheffel.

Kohlen werden hier nach Ringel oder Korben von $\frac{1}{2}$ Scheffel gemessen.

Das **Maaß flüßiger Waaren** hat folgendes Verhältniß:

Fuder.	Ahm.	Viertel.	Kannen.	Ort.	Halfgen.
1	6	168	672	2688	10752
	1	28	112	448	1792
		1	4	16	64
			1	4	16
				1	4

100 Kannen oder Maaß in Osnabrück sind gleich 106 Quart in Berlin.

Die Tonne Bier hält 27 Viertel oder 108 Kannen.

Das Handelsgewicht hat folgende Eintheilung

Pfd. schwer.	Waage Eisen.	Ctr.	Stein oder	Pfd.
1	$2\frac{1}{2}$	$2\frac{7}{9}$	30	300
	1	$1\frac{1}{9}$	12	120
		1	$10\frac{4}{5}$	108
			1	10

Das Pfd. hat 16 Unzen, 32 Loth, 128 Quent oder 512 Pfennige und es vergleichen sich

100 Pfd. Osnabrücker mit $105\frac{7}{16}$ Pfd. Berliner.

Paris.

Die Hauptstadt von ganz Frankreich, hat folgendes Maaß und Gewicht.

Das **Ellenmaaß** oder Aune vergleichet sich

100 Pariser Aunen mit $178\frac{1}{4}$ Berliner Ellen.

Die **Pariser Maaße zu trocknen Waaren** sind unter Frankreich angezeigt, es vergleichen sich übrigens

100 Berl. Scheffel mit $428\frac{3}{4}$ Pariser Boisseaux oder
100 dergl. mit $425\frac{1}{4}$ dergl.

Die **Pariser Maaße zu flüßigen Dingen** sind ebenfalls unter Frankreich angezeiget, es vergleichen sich übrigens

100 Berl. Quart mit $120\frac{5}{8}$ Pariser Pinten.

Das **Pariser Gewicht** ist ebenfalls das unter Frankreich beschriebene Franz. Markgewicht, es vergleichen sich aber

100 Pfd. Französ. Markgew. mit $104\frac{1}{2}$ Pfd. Berl.
100 Pfd. Berliner mit $102\frac{1}{16}$ Pfd. Seidengew.

Parma, Piacenza und Guastella.

Drey Ober-Italienische Herzogthümer, haben folgendes Maaß und Gewicht.

Das **Ellenmaaß** in **Parma** bestehet in zweyerley Bracci, welche in halbe, viertel, drittel und sechstel eingetheilt ist, nemlich in der Braccio zu seidenen Zeugen, und in der Braccio zu wollenen, baumwollenen und leinen Zeugen, und es vergleichen sich

100 Seiden-Bracci mit 105$_{8}$ Wollen-Bracci

100 Berl. Ellen mit 112$\frac{3}{5}$ Seiden und 105$\frac{1}{8}$ Wollen } Bracci.

In **Piacenza** ist die **Braccio** für alle Ellenwaaren, ebenfalls wie obige eingetheilt, und es vergleichen sich

100 Piac. Braccio mit 102$\frac{5}{8}$ Berl. Ellen.

Beym Getraidemaaß in Parma hält

Der Stajo oder Staro 16 Quartaroles, es vergleichen sich

100 Berl. Scheffel mit 105$\frac{3}{4}$ Stari in Parma.

Das **Handelsgewicht** bestehet in dem Rubbo von 25 Pfd. und

1 Lira od. Pfd. hält	12 Oncas	288 Denari	6912 Grani
	1	24	576
		1	24

Der Piacenzische Rubbo ist 6 bis 8 Unzen leichter als der Parmasche, und es vergleichen sich

100 Pfd. Berliner mit 143$\frac{7}{8}$ Pfd. in Parma
und 147$\frac{3}{8}$ Pfd. in Piacenza.

Pernau.

Eine kleine Rußische Handelsstadt in Liefland am Flusse Pernau, hat folgendes Maaß und Gewicht.

Das **Pernauer Ellenmaaß** vergleichet sich
100 Berl. Ellen mit $121\frac{9}{10}$ Pern. Ellen.

Eine Last Getraide aller Art enthält 48 Rigische Löse, die mit 92 Scheffel in Lübeck gleich gerechnet werden, und es vergleichen sich
100 Pernausche Loof mit $117\frac{3}{4}$ Berl. Scheffel.

Eine Last Leinsaamen hat 12 Tonnen à $1\frac{3}{4}$ Loof oder 21 Loof.
Eine Last Salz hat 18 Tonnen.

Beym **Handelsgewicht** ist das Schiffpfd. von 20 Lispfd. à 20 Pfd. oder 400 Pfd. angegeben, und es vergleichen sich
100 Pfd. Berliner mit $110\frac{1}{2}$ Pfd. Pern.
1 Ctr. hat 6 Lispfd. oder 120 Pfd., und das Pfd. 16 Unzen à 2 Loth à 4 Quent.

Pohlen.

Ein Königreich nebst dem Herzogthum Litthauen, hat folgendes Maaß und Gewicht.

Beym **Ellenmaaß** ist die **neue Pohlnische Elle**, und es vergleichen sich
100 Berl. Ellen mit $108\frac{1}{12}$ Pohlnische Ellen.
desgl. 100 Cracauer Fuß mit $113\frac{9}{16}$ Rheinl. Fuß.

Beym **Getraidemaaß** gehen 60 Korzec, Korses oder Pohl. Scheffel auf 1 Pohl. Laszc oder Last, es vergleichen sich übrigens

100 Berliner Scheffel mit 106⅓ Pohl. Korzec.

Beym Maaß zu flüßigen Dingen wird die Garniec oder Garnize, das ist Topf oder Kanne in 4 Quart oder 8 Pfd. vertheilt, und es vergleichen sich

100 Warschauer Garnizen mit 138⅘ Berl. Quart.

Ausserdem rechnet man

1 Oxthoft Wein zu 60 Garnizen oder 240 Quart.
1 Tierzon = 40 dergl. = 160

Mehl und Grütze wird ebenfalls nach Garnizen und Quart verkauft.

Beym Handelsgewicht hat der Ctr. 5 Stein à 32 Pfd. oder 160 Pfd. Das Pohlnische neue Pfd. von 32 Loth à 1½ Skoyciec.

Uebrigens vergleichen sich

100 Pfd. Berliner mit $115\frac{15}{16}$ Pfd. Pohl.

Porto siehe Lissabon.

Prag wie Wien.

Regenspurg.

Eine freye Reichsstadt des Bayerschen Kreises, hat folgendes Maaß und Gewicht.

Das Ellenmaaß vergleichet sich folgendermaassen

52 Regenspurger Ellen mit 61 Brabanter Ellen.
100 dergl. mit 121⅝ Berliner Ellen.

Das Getraidemaaß hat folgende Eintheilung

1 Schoff hat	4 Maaß,	16 Vierling,	32 Metzen
	1	4	8
		1	2

Der Schoff zum Hafer hat zwar auch 4 Maaß, das Maaß aber wird hierbey zu 7 Vierling oder 14 Metzen gerechnet.

Der Regenspurger Schaff wird zu $149\frac{5}{8}$ Wiener Metzen gerechnet. Es vergleichet sich

1 Regensp. Schaff mit $19\frac{5}{16}$ Berl. Scheffel.

Beym **Getränkmaaß** hält

großer Eimer Wein.	Viertel.	Köpfel od. Köpfen.	Seidel.
1	32	88	176
	1	$2\frac{3}{4}$	$5\frac{1}{2}$
		1	2

Der Bergeimer hat 68 Köpfel oder 136 Seidel.

Der gemeine Eimer Bier aber 64 Köpfel oder 128 Seidel.

100 Regensp. Köpfel sind gleich $112\frac{1}{16}$ Berliner Quart.

Beym **Handelsgewicht** soll der Ctr. 100 Pfd. enthalten, und

100 Pfd. Regensp. mit $121\frac{5}{16}$ Berl. Pfd. gleich seyn.

Reval.

Eine Kayserl. Ruß. Hauptstadt von Ehstland, hat folgendes Maaß und Gewicht.

Beym **Längenmaaß** rechnet man

1 Faden od. Klafter zu	3 Ellen od.	6 Fuß oder	72 Zoll
	1	2	24
		1	12

Beym **Ellenmaaß** sind 4 Revalsche Ellen 3 Russische Arschinen; übrigens vergleichen sich

100 Berl. Ellen mit $125\frac{3}{8}$ Revalsche Ellen.

Beym Getraidemaaß aller Art rechnet man

1 Last	24 Tonnen	72 Lof	216 Külmet	2592 Stof
	1	3	9	108
		1	3	36
			1	12

100 Berl. Scheffel sind gleich $137\frac{9}{10}$ Lof in Reval.

Ein **Faß Bier** oder **Brandtwein** hat 128 bis 130 Stof, und es vergleichen sich

100 Revalsche Stof mit $103\frac{7}{16}$ Berl. Quart.

Uebrigens hält

Oxthoft Wein.	Ahm.	Anker.	Stof.	Quartier.
1	$1\frac{1}{2}$	6	180	720
	1	4	120	480
		1	30	120
			1	4

Man rechnet auch

1 Pipe Spanischen Wein zu 10 Anker Lübisch
1 Pipe Sect — = 13 = =
1 Both Alicanter und Portug. Wein zu 13 Anker Lübisch.
1 Stof Oehl wiegt $2\frac{1}{2}$ Pfd. Revalsch,

Das Handelsgewicht hat folgende Eintheilung

1 Schpfd.	$1\frac{2}{3}$ Tonnen	$3\frac{1}{3}$ Ctr.	20 Lispfd.	400 Pfd.
	1	2	12	240
		1	6	120
			1	20

1 Pfd. hat 16 Unzen oder 32 Loth à 4 Quent.
100 Pfd. Berliner sind gleich $108\frac{13}{16}$ Pfd. Revalsch.

Riga.

Eine Rußisch-Kayserl. Hauptstadt von Liefland an der Düna, hat folgendes Maaß und Gewicht.

Beym **Längenmaaß** rechnet man

1 Faden oder Klafter	3 Ellen	6 Fuß oder	72 Zolle
	1	2	24
		1	12

Vom **Ellenmaaß** vergleichen sich

130 Rigische Ellen mit 100 Brabanter Ellen.
100 Berliner Ellen mit $127\frac{9}{13}$ Rigische Ellen.
100 Rheinländsche Fuß mit $120\frac{1}{8}$ Rigische Fuß.

Vom **Getraidemaaß** hält

1 Last Rocken $22\frac{1}{2}$ Tonne, 45 Lof oder 15 Rußische Czetwers.
1 Last Weitzen oder Gerste 24 Tonnen, 48 Lof oder 16 Rußische Czetwers.
1 Last Malz, Erbsen, Hafer, 30 Tonnen, 60 Lof oder 20 dergl. Czetwers.
1 Tonne hält 2 Lof, es wird aber nur selten nach Tonnen, gewöhnlicher nach Lof gerechnet.
1 Lof hat 3, auch 4 bis 6 Külmet.
1 Külmet gehäuft, rechnet man zu 20, gestrichen aber zu 15 Stof.

100 Rigische Lof sind gleich $119\frac{1}{16}$ Berl. Scheff.

Vom **Getränkmaaße** hat

Fuder.	Ahm.	Anker.	Ruß. Weddra.	Viertel.	Stof.
1	6	24	72	120	720
	1	4	12	20	120
		1	3	5	30
			1	$1\frac{2}{3}$	10
				1	6

1 Both Span. Sect hat 12 Anker, 60 Viertel, 360 Stof.
1 Pipe Span. oder 1 Stück Piccardan-Wein hat 9 Anker, 30 Viertel oder 180 Stof.
1 Faß Ungarisch. Wein hat 4 Anker, 20 Viertel oder 120 Stof.
1 Anthal dergleichen hat 2 Anker 10 Viertel oder 60 Stof.

1 Tierçon Wein oder Eßig hat 4 Anker oder 120 Stof.
1 Faß Brandtwein 120 Stof.
100 Rigische Stof sind gleich 105$\frac{1}{6}$ Berl. Quart.

Das Handelsgewicht ist hier zweyerley;

Im Großen hat es folgende Eintheilung

1 Last	12 Schiffpf.	48 Lof	240 Lispfd.	4800 Pfd.
	1	4	20	400
		1	5	100
			1	20

Im Kleinen aber

1 Pfd.	2 Mark	16 Unzen	32 Loth	128 Quent
	1	8	16	64
		1	2	8
			1	4

100 Berl. Pfd. sind gleich 112$\frac{1}{18}$ Rigische Pfd.

Rom.

Die Päbstliche Residenz und Hauptstadt des im mittlern Italien gelegenen Kirchenstaats, hat folgendes Maaß und Gewicht.

Zum Ellenmaaß für alle Ellenwaaren, wird die Canne gebraucht, die in 8 Palmi eingetheilt wird, und der Palmo wird wieder in halbe, 3tel und 4tel vertheilt, übrigens vergleichen sich
100 Römische Cannen mit 300$\frac{1}{8}$ Berliner Ellen.
100 Berliner Ellen mit 266$\frac{1}{2}$ Römische Palmen.

Beym Getraidemaaß wird
Der Rubbio zu 4 Quarte, 12 Staja oder 16 Starelli gerechnet, übrigens hat es noch folgendes Verhältniß:

Rub-

Rubbio.	Rubiatellas.	Quartes.	Quartarellas.	Staros.	Scorzi.	Decines.
1	2	4	8	12	$14\frac{2}{3}$	64
	1	2	4	6	$7\frac{1}{3}$	32
		1	2	3	$3\frac{2}{3}$	16
			1	$1\frac{1}{2}$	$1\frac{5}{6}$	8
				1	$1\frac{2}{9}$	$5\frac{1}{3}$

Vom **Weinmaaß** wird

1 Barile zu 32 Bocali oder 128 Fogliettes, welche wieder in halbe und 4tel vertheilt werden, gerechnet, und 1 Barile wird zu $39\frac{9}{16}$ Berl. Quart angenommen; ferner hält

1 Botta 16 Barili.
1 Brenta $13\frac{1}{2}$ Rubbi.
1 Rubbo $7\frac{1}{2}$ Bocali.

Uebrigens vergleichen sich
100 Röm. Wein-Bocali mit $123\frac{5}{8}$ Berl. Quart.

Das Oehlmaaß hat folgende Eintheilung:

Baril	Bocali	Fogliettes	Cartocci
1	28	112	448
	1	4	16
		1	4

100 Römische Oehl-Boccali sind gleich $164\frac{5}{6}$ Berl. Quart.

Das Handelsgewicht hat im Großen folgende Eintheilung:

1 Cantaro grosso

	Cantaro sottile	Decinas	Libras.
zu	10	100	1000
	1	10	100
		1	10

Im **Kleinen** aber

Libra	Onces	Denari	Grani
1	12	288	6912
	1	24	576
		1	24

100 Pfd. Berliner sind gleich mit $138\frac{1}{10}$ Pfd. Römisch.

Rostock.

Eine See- und Handelsstadt des Herzogthums Mecklenburg, Schwerinschen Antheils, hat folgendes Maaß und Gewicht.

Das **Ellenmaaß** vergleichet sich
49 Rostocker Ellen mit 41 Brabant. Ellen.
100 Berl. Ellen mit 115_{7} Rostocker Ellen.
55 Mecklenb. Fuß mit 51 Rheinl. Fuß.

Beym **Getraidemaaß** hat die Last 8 Drömt à 12 Scheffel oder 96 Scheffel, und es vergleichen sich
100 Berl. Scheffel mit 153_{4} Rostocker Scheffel.

Die **Maaße zu flüßigen Waaren** sind wie in Hamburg.

Beym **Handelsgewicht** wird das Schiffpfd. zu 20 Lispfd. à 16 Pfd. oder zu 320 Pfd. gerechnet, bey Bley und Eisen aber rechnet man es nur zu 280 Pfd.
Der Stein zu Flachs hat 20 Pfd., zu Wolle und Federn aber nur 10 Pfd.
100 Pfd. Rostocker sind gleich $109\frac{1}{10}$ Berl. Pfd.

Rotterdam.

Eine Südholländische Handelsstadt an der Maaß, hat folgendes Maaß und Gewicht.

Das hiesige **Ellenmaaß** soll dem Amsterdammer gleich seyn, und es vergleichen sich
100 Rotterd. Ellen mit $103\frac{1}{5}$ Berl. Ellen.
desgl. 100 Rheinl. Fuß mit $100\frac{9}{20}$ Rotterd. Fuß.

Beym **Getraidemaaß** hält

1 Last $2\frac{23}{32}$ Hoedt, 29 Sakken, 87 Achtendeelen
          1          $10\frac{2}{3}$ 32
                        1   3

100 Sack Rotterdammer sind gleich $183\frac{1}{2}$ Berliner Scheffel.

Bey flüßigen Waaren rechnet man
Brandtwein zu 30 Viertel.
Baumöhl nach der Tonne von 340 Stoopen, und es vergleichen sich
100 Stoop mit $222\frac{5}{12}$ Berl. Berl. Quart.

Beym Handelsgewicht hat man zweyerley Pfunde, nemlich schwere und leichte Pfunde, und es vergleichen sich
100 Pfd. schwer Gewicht mit $105\frac{7}{16}$ Berl Pfd.
100 Pfd. leicht Gewicht mit $100\frac{1}{24}$ dergl.

Rouen.

Eine Französische See- und Handelsstadt, in der Normandie, hat folgendes Maaß und Gewicht.

Das hiesige Ellenmaaß ist zweyerley, nemlich die Tuch- und Seiden-Aune, und die Leinewand-Aune; es vergleichen sich daher:
100 Tuch- und Seiden-Aunen mit $174\frac{9}{16}$ Berlin. Ellen.
100 Leinwand-Aunen mit $209\frac{1}{2}$ dergl.

Das Getraidemaaß hat folgendes Verhältniß
1 Muid 12 Setiers 24 Mines 96 Boisseaux
          1   2   8
                      1   4

100 Berliner Scheffel sind gleich $243\frac{3}{16}$ Boisseaux.

Beym Maaß zu flüßigen Waaren wird der Poinçon zu 13 Boisseaux gerechnet.

Brandtwein wird nach der Barique von 120 Pots verkauft.

Beym Handelsgewicht vergleichet man
100 Pfd. Vicomte=Gewicht mit $110\frac{3}{4}$ Pfd. Berliner.
100 Pfd. Mark=Gewicht mit 104_2 dergl.

Rußland,

besonders die drey vornehmsten Handelsstädte desselben, St. Petersburg, Moscau und Archangel, haben folgendes Maaß und Gewicht.

Das Längenmaaß hat folgendes Verhältniß

1 Werst	500 Saschen	1500 Arschinen	24000 Werschok
	1	3	48
		1	16

Die Arschine ist die Rußische Elle, und es vergleichen sich
100 Arschinen mit $106\frac{7}{18}$ Berliner Ellen.
desgl. 100 Rheinländsche Fuß $103\frac{1}{16}$ Rußisch=Engl. Fuß.

Beym Getraidemaaß ist das Verhältniß

1 Tschetwert	2 Osmik	4 Pajok	8 Tschetwerik	64 Garnez
	1	2	4	32
		1	2	16
			1	8

Beym Maaß zu flüßigen Waaren ist das Verhältniß

Sarokowoi.	Anker.	Wedro.	Tschetwerki.	Osmuschki.
1	$13\frac{1}{3}$	40	160	320
	1	3	12	24
		1	4	8
			1	2

100 Osmuschki oder Kruschka sind gleich $137\frac{15}{16}$ Berl. Quart.

Das Handelsgewicht hat folgende Eintheilung

Berkowez.	Pud.	Pfd.	Loth.	Solotnik.
1	10	400	12800	38400
	1	40	1280	3840
		1	32	96
			1	3

100 Pfd. Berliner sind gleich $114\frac{9}{16}$ Pfd. Rußisch.

Ryssel oder Lille.

Die Hauptstadt von Französisch-Flandern, hat folgendes Maaß und Gewicht.

Beym **Ellenmaaß** vergleichen sich
100 Ryßler Ellen mit $103\frac{3}{8}$ Berliner Ellen.

Getraide wird nach Razieres oder Rasieres gemessen, die in halbe, viertel und achtel vertheilt werden, und es vergleichen sich

100 Rasieres Weitzen und Korn mit $130\frac{3}{4}$ Berliner Scheffel.

100 Rasieres de Mars mit $124\frac{3}{16}$ dergl.

Brandtwein nach Lot oder Pot
100 Lots oder Pots sind gleich $196\frac{9}{16}$ Berl. Quart.

Beym **Handelsgewicht** vergleichet man
100 Pfd. Berliner mit 109 Pfd. Rysseler Stadtgew.
100 Pfd. dergl. mit $100\frac{13}{16}$ Pfd. Antw. Gew. in Ryssel.

Sächsische Fürstenthümer

Gotha und Altenburg, Weimar und Eisenach haben folgendes Maaß und Gewicht.

Die **Gothaische Elle** ist der Leipziger gleich.

Beym Getraidemaaß hält

1 Malter	2 Scheffel	4 Viertel	16 Metzen	64 Mäßgen
	1	2	8	32
		1	4	16
			1	4

Die **Maaße zu flüßigen Waaren** sind folgende

1 Fuder Wein

12 Eimer	480 Kannen	960 Maaß	1920 Nössel
1	40	80	160
	1	2	4
		1	2

1 Last Bier	12 Tonnen	288 Stübchen
	1	24

20 Stübchen gehen auf 1 Eymer von 40 Kannen oder 80 Maaß.

Beym **Handelsgewicht** ist das Gothasche Pfd. $1\frac{7}{8}$ pCt. leichter als das Berliner Pfd. circa.

St. Petersburg siehe Rußland.

Sardinien.

Eine Insel des mittelländischen Meeres, hat folgendes Maaß und Gewicht.

Beym **Ellenmaaß** (Raso) vergleichen sich
100 Berliner Ellen mit $121\frac{1}{2}$ Sard. Rasi.
desgl. 100 Rheinländsche Fuß mit $126\frac{3}{8}$ Sard. Palmi.

Vom Getraidemaaß hält

1 Restiere	3 Starelli	48 Imbutti
	1	16

100 Berliner Scheffel sind gleich $110\frac{1}{20}$ Sardin Starelli.

Beym Handelsgewicht hält
1 Cantarello 100 Lira, es vergleichen sich
100 Pfd. Berliner mit $116\frac{7}{8}$ Pfd. Sardinisch.

Schweden.

Ein Königreich, mit dessen vornehmsten Handelsstädte Stockholm und Gothenburg, hat folgendes Maaß und Gewicht.

Das Längenmaaß hat folgende Eintheilung

Meile.	Ruthen.	Faden.	Ellen.	Fuß.
1	2250	6000	18000	36000
	1	$2\frac{2}{3}$	8	16
		1	3	6
			1	2

Die Schwedische Elle vergleichet sich
100 Berliner Ellen mit $112\frac{5}{18}$ Schwedische Ellen.

Beym Getraidemaaß ist das Verhältniß:

Tonne.	Spann.	Halb Spann.	Viertel.	Kappor.	Kannen.	Stoop.	Quarter	Ort.
1	2	4	8	32	56	112	448	1792
	1	2	4	16	28	56	224	896
		1	2	8	14	28	112	448
			1	4	7	14	56	224
				1	$1\frac{3}{4}$	$3\frac{1}{2}$	18	56
					1	2	8	32
						1	4	16
							1	4

100 Getraide-Tonnen sind gleich 317 Berl. Scheffel.

Das Maaß flüßiger Waaren hat folgendes Verhältniß:

Fuder Wein.	Pipen.	Oxthoft.	Ahm.	Eimer.	Anker.	Kannen.
1	2	4	6	12	24	360
	1	2	3	6	12	180
		1	$1\frac{1}{2}$	3	6	90
			1	2	4	60
				1	2	30
					1	15

Tonne.	Kannen.	Stoop.	Quartier.	Jungfern.
1	48	96	384	1536
	1	2	8	32
		1	4	16
			1	4

100 Schwed. Kannen sind circa $227\frac{7}{12}$ Berl. Quart
100 dergl. Stoop = = $113\frac{4}{5}$ dergl.

Zum Handelsgewicht gebraucht man viererley Pfd., davon die 3 leichtesten Marken genannt werden; es vergleichen sich hiervon

100 Pfd. Berl. mit
- $110\frac{3}{16}$ Pfd. Victualien= oder Schaalgewicht.
- $124\frac{5}{8}$ Mk. Bergwerksgew.
- $130\frac{7}{8}$ Mk. Landstädtergew.
- $137\frac{3}{4}$ Mk. Stapelst. Eisen oder Aussch. Gewicht.

desgl. 100 Victual. Gewicht mit $113\frac{1}{8}$ Mk. Berggewicht.

$118\frac{3}{4}$ Mk. Landstädt. Gew. mit 125 Mk. Stapelstädter=Gewicht.

1 Schiffpfd. Victual. Gewicht hat 20 Lispfd. à 20 Pfd. oder 400 Pfd.

1 Schiffpfd. Stapelstädter zu 20 Markpfd. à 20 Mk. oder zu 400 Mk., die 16 Lispfd. oder 320 Pfd. Victual. Gew. enthalten.

1 Ctr. hat 120, 1 Waage Zinn 165, 1 Stein Wolle 32 Pfd.

1 Schaalpfd. hat 32 Loth à 4 Quent.

Sicilien.

Eine zum Königreich Neapel gehörige Insel, hat folgendes Maaß und Gewicht.

Beym **Ellenmaaß** hält die **Canne** 8 Palmi und es vergleichen sich

100 Sicilianische Cannen mit 290⅝ Berl. Ellen.

Das **Getraidemaaß** bestehet in

den Salma grossa von 16 Tomoli à 4 Quarti.

den Salma generale von 16 Tomoli à 4 Mondilli, und es vergleichen sich

100 große Tomoli mit 41½ Berl. Scheffel.

100 kleine dergl. mit 33⅓ dergl.

Beym **Weinmaaß** hält die Salma 8 Quartari. 12 Quartuci oder 96 Quartucci; 12 Salma rechnet man auf 1 Tonna.

Das **Handelsgewicht** bestehet in

den Cantaro grosso von 110 Rotoli à 33 Unzen.

den Cantaro sottile von 100 Rotoli à 30 Unzen.

Libras von 12 Unzen à 30 Trapesi oder 360 Trapesi.

100 Rotoli grossi sind gleich $186\frac{7}{16}$ Berl. Pfd.

100 Rotoli sottile sind gleich 169½ dergl.

100 Berliner Pfd. sind gleich 147½ Sicilian. Pfd.

Spanien.

Ein Königreich, hat folgende Maaße und Gewichte.

Das **Ellenmaaß**, **Vara** genannt, vergleichet sich also

100 Varas mit $127\frac{3}{16}$ Berliner Ellen.

Die Maaße zu trocknen Waaren und Getraide haben folgende Eintheilung:

Last.	Cahizen.	Fanegas.	Celemines od. Almudes.	Quartillos.
1	4	48	576	2304
	1	12	144	576
		1	12	48
			1	4

Nach Lasten und Fanegas verkauft man Getraide. 100 Fanegas sind $105\frac{1}{18}$ Berl. Scheffel.

Das Maaß zu flüßigen Waaren ist eigentlich die Arroba, und hat zweyerley Größen.

Die Arroba zu Wein, Brandtwein, Honig 2c. wird Arroba major oder auch Cantaro genennet, und in 8 Acumbres, Azumbres oder 32 Quartillos vertheilt, und wiegt 34 Pfd. Castilianisches Gewicht, welches mit $13\frac{11}{16}$ Berl. Quart übereinkommt.

Die Oehl-Arroba, Arroba menor genannt, hält 25 Pfd. Castilianisch an Oehl, und wird in halbe und Viertel-Arroben, in Pfde von 16 Oncas, in halbe und Viertel-Pfde, die Quarterons oder Panillas heissen eingetheilt. Man vergleichet:

100 Wein-Arroben mit 128 Oehl-Arroben.

Die Arroba zu 25 Pfd. Castilianisches Gewicht, enthält circa $24\frac{5}{8}$ Pfd. Berliner.

Der Moya Wein hält 16 Cantaren oder 128 Azumbres, circa 219 Berlin. Quart.

Das Both (Botta) enthält 30 große oder $38\frac{1}{2}$ kleine Arroben, die $369\frac{1}{2}$ Berl. Quart oder 828 Berliner Pfd. betragen.

Das Handelsgewicht ist an den mehresten Orten das Castilianische, nach folgender Eintheilung:

Quintal Macho.	Quintal.	Arrobas.	Libras.	Marcos.	Oncas.	Ochavas.
1	$1\frac{1}{2}$	6	150	300	2400	19200
	1	4	100	200	1600	12800
		1	25	50	400	3200
			1	2	16	128
				1	8	64
					1	8

100 Pfd. Berliner sind gleich $101\frac{5}{8}$ Castil.

Stockholm siehe Schweden.

Stralsund.

Eine See- und Handelsstadt des Königl. Schwedischen Antheils von Vorpommern.

Das Ellenmaaß vergleichet sich
19 Stralsunder Ellen mit 16 Brabant. Ellen.
100 Berl. Ellen mit $114\frac{9}{16}$ Stralf. Ellen.

Das Getraidemaaß hat folgende Eintheilung:

Last.	Drömt.	Tonnen.	Scheffel.	Fehrt od. Viertel.	Metzen.
1	8	32	96	384	1536
	1	4	12	48	192
		1	3	12	48
			1	4	16
				1	4

100 Berl. Scheffel sind gleich $139\frac{9}{16}$ Stralsunder Scheffel.

Beym Maaß zu flüßigen Waaren rechnet man das Stübgen zu 4 Pot.
100 Berl. Quart sind gleich $118\frac{2}{3}$ Stralf. Pott.

Beym Getränkmaaß rechnet man

Oxthoft.	Ohm.	Anker.	Kannen.	Pott.	Pegel.
1	$1\frac{1}{2}$	6	108	216	864
	1	4	72	144	576
		1	18	36	144
			1	2	8
				1	4

Die Tonne Bier hält 192 Pott, und wird in halbe und Viertel-Tonnen getheilt.

Vom Handelsgewicht wird gerechnet
Das Schiffpfd. zu 20 Lispfd. à 14 Pfd., oder zu 280 Pfd.

100 Pfd. Stralſ. ſind gleich $103\frac{3}{18}$ Pfd. Berl.

Strasburg.

Eine franzöſiſche Hauptſtadt der Provinz Elſaß, hat folgendes Maaß und Gewicht.

Das Ellenmaaß iſt hier zweyerley, nemlich die Strasburger Elle, und die ſogenannte Pariſer Aune, und es vergleichen ſich

95 Strasburger Ellen mit 43 Strasb. Aunen.
100 Berliner Ellen mit $123\frac{7}{8}$ Strasb. Ellen.
100 Strasb. Aunen mit $178\frac{1}{8}$ Berliner Ellen.

Getraide wird entweder nach dem Seſter (Setier) von 4 Vierling (Quarts) à 4 Nöſſel gemeſſen, oder man miſſet nach den Sac von 6 Boiſſeaux à 4 Quarts à 4 Näſſel, es vergleichen ſich übrigens

100 Berliner Scheffel mit $296\frac{1}{4}$ Strasb. Stadtſeſter
100 dergl. mit $287\frac{3}{4}$ Strasb. Landſeſter
100 Strasb. Sacs mit 193 Berl. Scheffel.

Beym Wein und flüßigen Waarenmaaßen iſt das Verhältniß

1 Fuder	24 Ohm	576 Maaß	1152 Pinten	2304 Schoppen
	1	24	48	96
		1	2	4
			1	2

100 Strasb. Maaß sind gleich $166\frac{9}{10}$ Berl Quart.

Zum **Handelsgewicht** gebraucht man allhier

Das Franz. Mark-Gewichts-Pfund von 16 Unzen, davon 100 Pfd. oder der Quintal circa 104 Pfd. Strasburger wiegen.

Das Strasburger Pfd. von 2 Mk. oder 16 Unzen, wiegt nur $15\frac{2}{5}$ Unzen Markgewicht, es vergleichen sich

100 Pfd. Markgewicht mit $104\frac{1}{5}$ Pfd. Berliner
100 Pfd. Strasb. Gew. mit $100\frac{5}{8}$ Pfd. dergl.

Turin.

Eine Königl. Sardinische Hauptstadt, hat folgendes Maaß und Gewicht.

Das **Turiner Ellenmaaß** ist die Raso, welche in halbe, viertel rc. eingetheilt ist, es vergleichen sich 100 Berliner Ellen mit 111 Rasi.

Beym **Getraidemaaß** rechnet man

1 Sacho zu	3 Staja	6 Mine	48 Copelli
	1	2	16
		1	8

100 Turiner Sacci sind gleich $211\frac{1}{8}$ Berl Scheffel.

Beym **Wein und Geträn**kmaaßen rechnet man

1 Carro	10 Brenta	360 Pintes	720 Bocali	1440 Quartini
	1	36	72	140
		1	2	4
			1	2

100 Turiner Pinten sind gleich $136\frac{1}{5}$ Berl. Quart.

Beym Oehlmaaß hält der Rubbo 25 Pfd. von Gewicht, die mit $19\frac{1}{48}$ Berl. Pfd. übereinkommen.

Das Handelsgewicht hat folgendes Verhältniß

Rubbo.	Lira.	Oncia.	Outtavas.	Denari.	Grani.
1	25	300	2400	7200	172800
	1	12	96	288	6912
		1	8	24	576
			1	3	72
				1	24

100 Pfd. Berliner sind gleich mit $126\frac{15}{16}$ Pfd. Turiner.

Ulm.

Eine freye Reichsstadt des Schwäbischen Kreises, hat folgendes Maaß und Gewicht.

Beym Ellenmaaß vergleichen sich
45 Ulmer Ellen mit 37 Brabanter Ellen
100 Berliner Ellen mit $117\frac{5}{16}$ Ulmer Ellen.

Das Getraidemaaß hat folgende Eintheilung

1 Imi hat	4 Mittlen	24 Metzen	96 Vierthelen
	1	6	24
		1	4

100 Ulmer Mittlen sind gleich $105\frac{3}{8}$ Berl. Scheffel.

Beym Getränkmaaß wird
Das Fuder Wein zu 12 Eimer gerechnet, es hält aber
Der Visireimer 120 Maaß, und
Der Schenkeimer 135 Maaß.

Beym Handelsgewicht hat der Ctr. 100 Pfd., das aber 2 Mk. 32 Loth à 4 Quent à 4 Pfennige, und es vergleichen sich
100 Pfd. Ulmer mit $100\frac{1}{16}$ Berliner Pfd.

Valenzia.

Eine Haupt- See- und Handelsstadt, unter dem Namen eines Königreichs bekannten Spanischen Provinz Valenzia, hat folgendes Maaß und Gewicht.

Das Längenmaaß hat folgende Eintheilung

1 Cuerda	20 Brazas reales	45 Varas	180 Palmos
	1	$2\frac{1}{4}$	9
		1	4

Die Valenzianische Vara vergleichet sich 100 Varas mit $137\frac{1}{4}$ Berl. Ellen.

Vom Getraidemaaß theilet man

1 Cahiz in	12 Barlellas	48 Celemines	192 Quarterons
	1	4	16
		1	4

Die Maaße zu flüßigen Waaren haben folgende Eintheilung:

Wein-Carga.	Oehl-Carga.	Arrobas od. Cantaras.	Acumbres od. Azumbres.	Pfd. von 12 Val. Unzen.
1	$1\frac{1}{4}$	15	60	2160
	1	12	48	1728
		1	4	144
			1	36

Das Handelsgewicht hat im Großen folgende Eintheilung

Carga, Carica od. Last.	Quintal od. Ctr.	Arrobas.	Libras od. Pfd.	Macos od. Mk.
1	3	12	288	576
	1	4	96	192
		1	24	48
			1	2

Im Kleinen aber ist die Arrobe, oder vielmehr das hiesige Pfd. von 3 bis 4erley Schweren, denn

Die gewöhnliche Arrobe zu Zucker, Gewürz, Tobak rc. hat 30 Pfd. zu 12 Oncas oder 360 Unzen, und dieses ist eben so viel als 24 Pfd. zu 15 Unzen.

Die Arrobe zu Mehl und frische Fische hat 32 Pfd. zu 12 Unzen oder 384 Unzen, das ist eben so viel als 24 Pfd. zu 16 Unzen.

Die Arrobe, Peso Gruesco genannt, womit große oder gesalzene Fische gewogen werden, hat 36 Pfd. zu 12 Unzen oder 432 Unzen, das ist eben so viel als 24 Pfd. zu 18 Unzen.

Uebrigens vergleichen sich

100 Valenz. große Pfd. mit $110\frac{1}{18}$ Berliner Pfd.
100 Berl. Pfd. mit $135\frac{9}{16}$ Valenz. kleine Pfd.

Venedig.

Die Hauptstadt der Ober-Italienischen Republik gleiches Namens, hat folgendes Maaß und Gewicht.

Das **Ellenmaaß**, **Braccio**, ist hier zweyerley, und es vergleichen sich

100 Wollen-Brazzen mit $102\frac{5}{8}$ Berl. Ellen.
100 Berliner Ellen mit $104\frac{7}{16}$ Seiden-Brazzen.

Das **Getraidemaaß** hat folgende Eintheilung

Sacco	Stari	Quarti	Quartieri od. Quartaroli
1	$1\frac{1}{2}$	6	24
	1	4	16
		1	4

Das Weinmaaß hat folgendes Verhältniß

Amphora.	Bigoncie.	Quartari.	Sechie.	Pfd.	Enghistare.
1	4	16	64	256	1024
	1	4	16	64	256
		1	4	16	64
			1	4	16
				1	4

Beym

Beym Brandtwein soll die Bignocie zu 3½ Quartari, 14 Sechie oder 56 Pfd gerechnet werden.

Das hiesige Handelsgewicht hat 2erley Schwere.
1 Pfd. Peso grosso hat 12 Unzen à 192 Carats.
1 Pfd. Peso sottile hat 12 Unzen à 12· Carats.
100 Pfd. Peso grosso sind gleich $101\frac{15}{16}$ Pfd. Berl.
100 Pfd. Berl. = = $155\frac{3}{8}$ Pfd Peso sottile.

Warschau siehe Pohlen.

Wien.

Die Hauptstadt des Erzherzogthums Oesterreich, hat folgendes Maaß und Gewicht.

Beym Ellenmaaß vergleichen sich
8 Wiener Ellen mit 9 Brabanter Ellen.
100 dergl. mit $116\frac{9}{16}$ Berliner Ellen.

Vom Getraidemaaß hält

Muth	Metzen	Viertel	Achtel	Mässel
1	30	120	240	480
	1	4	8	16
		1	2	4
			1	2

100 Wiener Metzen sind gleich 129 Berliner Scheffel.

Beym Weinmaaß hat

Fuder.	Eimer.	Viertel.	Maaß od. Achtring.	Köpfen.	Seidel od. Nössel.
1	32	128	1280	2240	5376
	1	4	40	70	168
		1	10	$17\frac{1}{2}$	42
			1	$1\frac{3}{4}$	$4\frac{1}{5}$
				1	$2\frac{2}{5}$

100 Achtring sind gleich $128\frac{3}{4}$ Berl. Quart.

Beym Handelsgewicht hat

1 Saum 275 Pfd., 1 Ctr. 5 Stein à 20 Pfd. oder 100 Pfd.

1 Pfd. hat 4 Vierting, 16 Unzen, 32 Loth, 128 Quintel oder 512 Pfennige.

100 Pfd. Wiener sind gleich $119\frac{9}{18}$ Pfd. Berl.

Zürch.

Ein Canton oder Ort und Stadt der Schweizerischen Eydgenossenschaft, hat folgendes Maaß und Gewicht.

Das hiesige Ellenmaaß vergleichet sich

100 Berl. Ellen mit $111\frac{1}{8}$ Zürcher Ellen.

Das Getraidemaaß ist hier zweyerley, davon Das Maaß zu glatten Früchten folgende Eintheilung hat:

Mütt	Viertel	Vierling	Mäßli
1	4	16	64
	1	4	16
		1	4

100 Zürcher Mütt sind gleich $152\frac{1}{8}$ Berl. Scheffel.

Das Maaß zu rauhen oder Hülsenfrüchten aber

Malter	Viertel	Vierling	Mäßli
1	16	64	256
	1	4	16
		1	4

Zum Maaß flüßiger Waaren hat man ein trübes und ein lauteres Maaß.

Das Maaß zu trüben Waaren hat folgendes Verhältniß:

Saum.	Eimer.	Viertel.	Kopf.	Maaß.	Quärtli.	Stozen
1	$1\frac{1}{2}$	6	48	96	192	384
	1	4	32	64	128	256
		1	8	16	32	64
			1	2	4	8
				1	2	4
					1	2

Zum lautern Maaß aber

Saum.	Eimer.	Viertel.	Kopf.	Maaß.	Quärtli.	Stozen
1	$1\frac{1}{2}$	6	45	90	180	360
	1	4	30	60	120	240
		1	$7\frac{1}{2}$	15	30	60
			1	2	4	8

100 Zürcher Maaß sind gleich $158\frac{5}{8}$ Berl. Quart.
100 Zürcher Schenkmaaß = $142\frac{3}{4}$ dergl.

Beym Handelsgewicht hat man zweyerley Pfd., nemlich

Das schwere oder Krämer-Pfd. hat 18 Unzen oder 36 Loth und es vergleichen sich
100 Zürcher Pfd. mit $112\frac{17}{35}$ Pfd. Berliner.

Das leichte oder sogenannte Antorfer Pfd wird bey der Seiden-Handlung gebraucht, hat 2 Mk. 16 Unzen oder 32 Loth, und es vergleichen sich
100 Pfd. Zürcher leicht Gew. mit $100\frac{1}{32}$ Pfd. Berliner.

Zur bequemen Uebersicht folgen nun einige Tafeln vom Ellenmaaß, Maaß zu trocknen und flüßigen Waaren, und Handelsgewicht, worin die Differenze des Berliner gegen Fremdes angemerket sind.

I. Tafel zur Vergleichung des Ellenmaaßes.

Länder und Oerter.		Ellenmaaß. Fremdes	gegen Berliner.
Aachen	Ellen	100	100 $\frac{1}{8}$
Alicante	Varas	100	113 $\frac{7}{8}$
Altona	Ellen	116 $\frac{3}{8}$	100
Amsterdam	Amst Ellen	100	103 $\frac{1}{2}$
	Vlaamische dito	100	106 $\frac{9}{16}$
Ancona	Brazzen	103 $\frac{13}{16}$	100
Anhalt	Ellen	104 $\frac{7}{8}$	100
Anspach und Bayreuth.	Ansp. Ellen	108 $\frac{1}{16}$	100
	Bayreuth. =	111 $\frac{1}{16}$	100
	Hofer =	104 $\frac{5}{8}$	100
Arragonien	Varas	100	117 $\frac{3}{16}$
Augsburg	große Ellen	109 $\frac{3}{8}$	100
	kleine dito	112 $\frac{9}{16}$	
Barcelona	Canen	100	237 $\frac{1}{8}$
	Varas	100	118 $\frac{9}{16}$
Basel	Aunen	100	176 $\frac{4}{5}$
	Brazzen	122 $\frac{9}{16}$	100
Bayonne	Aunen	100	132 $\frac{9}{16}$
Bergamo	Brazzen	101 $\frac{3}{4}$	100
Bern	Ellen	123 $\frac{1}{8}$	100
Bilbao	Varas	100	127 $\frac{9}{16}$
Bologna	Brazzen	103 $\frac{1}{3}$	100
Botzen oder Bolzano	Ellen	100	118 $\frac{1}{2}$
Bourdeaux	Aunen	100	178 $\frac{5}{8}$
Braunschweig	Ellen	116 $\frac{7}{8}$	100
Bremen	=	115 $\frac{1}{4}$	100
Brescia	Seid. Brazzen	103 $\frac{5}{8}$	100
	Woll. u. Lein. Brazzen	100	101 $\frac{1}{4}$

Länder und Oerter.		Ellenmaaß. Fremdes.	Ellenmaaß. gegen Berliner.
Breslau	Schlef. Ellen	$115\frac{3}{16}$	100
Cadix	Varas	100	$127\frac{3}{16}$
Canea	Pick	$104\frac{5}{8}$	100
Cassel	Ellen	$118\frac{13}{16}$	100
Cölln	große Ellen	100	$104\frac{2}{16}$
	kleine Ellen	$116\frac{1}{8}$	100
Constantinopel	große Pick	100	$100\frac{1}{4}$
	kleine Pick	103	100
Cremona	gewöhnl. Brazzen	100	$104\frac{5}{6}$
	Leinen =	$112\frac{1}{4}$	100
Dänemark	Ellen	$106\frac{1}{4}$	100
Danzig	=	$116\frac{3}{16}$	100
Dünkirchen	=	100	$101\frac{7}{15}$
Emden	Ellen	100	$100\frac{9}{16}$
England	Leinew. Ells	100	$171\frac{1}{2}$
	Yards	100	$137\frac{3}{16}$
	Godes	100	$105\frac{3}{16}$
Erfurt	große Ellen	$121\frac{5}{16}$	100
	kleine Ellen	$165\frac{1}{8}$	100
Ferrara	Seid. Brazzen	$104\frac{1}{2}$	100
	Woll. Brazzen	100	$101\frac{1}{4}$
Florenz	Brazzen	$112\frac{1}{5}$	100
Frankfurt am Mayn	Ellen	$123\frac{9}{16}$	100
Frankreich	Aunen	100	$178\frac{1}{4}$
Galicien	Varas	100	$127\frac{3}{16}$
Geldern	Ellen	$100\frac{9}{16}$	100
Genf	Franz. Aunen	100	$178\frac{9}{20}$
	Genf. Aunen	100	$171\frac{1}{2}$
Genua	Kaufm. Cannen	100	$449\frac{5}{8}$
	Zollhaus =	100	$374\frac{2}{3}$
	Fabrik =	100	$337\frac{1}{5}$
	Genues. Palmen	$226\frac{9}{32}$	100

Länder und Oerter.		Ellenmaaß.	
		Frem= des.	gegen Berli= ner.
Gibraltar	Varas	100	$126\frac{3}{16}$
Hamburg	Ellen	$116\frac{3}{8}$	100
Hannover	Ellen	$114\frac{9}{16}$	100
Heidelberg	Ellen	$115\frac{1}{2}$	100
Hildesheim	Ellen	119	100
Krimm	Krimm. Pick	100	$46\frac{1}{8}$
	Halebi Pick	100	$109\frac{9}{16}$
Leipzig	Leipz. Ellen	$117\frac{15}{16}$	100
	Dresdn. Ellen	$117\frac{1}{16}$	100
Lion	Aunen	100	$178\frac{7}{32}$
Lippstadt	Ellen	$115\frac{1}{4}$	100
Lissabon	Varas	100	$163\frac{7}{8}$
	Covados	$101\frac{11}{16}$	100
Livorno	Bracci	$112\frac{1}{5}$	100
Lucca	Brazzen	$112\frac{1}{16}$	100
Lübeck	Ellen	$115\frac{9}{16}$	100
Lüttich	Ellen	$120\frac{7}{8}$	100
Mailand	Brazzen	$112\frac{3}{16}$	100
Majorca	Canen	100	$269\frac{1}{8}$
Malaga	Varas	100	$127\frac{3}{16}$
Malta	Canen	100	312
Mantua	Brazzen	$103\frac{9}{16}$	100
Marseille	Canen	100	$301\frac{3}{16}$
Maynz	Ellen	$121\frac{1}{2}$	100
Minden	Bielef. Ellen	$113\frac{11}{16}$	100
	Herford. Ellen	115	100
Minorca	Canen	100	$240\frac{1}{16}$
Modena	Brazzen	$102\frac{7}{8}$	100
Montpellier	Canen	100	$301\frac{5}{8}$
München	Ellen	100	$119\frac{13}{16}$
Münster	Ellen	100	$121\frac{1}{4}$
Nancy	Ellen	$106\frac{1}{8}$	100
Nantes	Aunen	100	$177\frac{15}{16}$

Länder und Oerter.		Ellenmaaß. Fremdes.	Ellenmaaß. gegen Berliner.
Napoli	Canen	100	$316\frac{13}{16}$
	Palmen	$252\frac{7}{16}$	100
Narva	Ellen	$111\frac{7}{16}$	100
Neuenburg	Aunen	100	$169\frac{1}{8}$
Nizza	Rasi	$121\frac{1}{2}$	100
Nördlingen	Ellen	$109\frac{3}{16}$	100
Nürnberg	Ellen	$101\frac{1}{8}$	100
Niederlande Oesterr.	große Ellen	100	$104\frac{1}{8}$
	kleine =	100	$102\frac{5}{8}$
Oldenburg	Ellen	$115\frac{1}{4}$	100
Osnabrück	große Ellen	$110\frac{13}{16}$	100
	kleine =	$114\frac{5}{16}$	100
Oviedo	Varas	100	$131\frac{1}{16}$
Padoua	Leinen u. Wollen Brazzen	100	$101\frac{15}{16}$
	Seiden=Brazzen	$103\frac{15}{16}$	100
Paras	Aunen	100	$178\frac{1}{4}$
Parma	Wollen Bracc.	$103\frac{9}{16}$	100
	Seiden Bracc.	$112\frac{3}{16}$	100
Patrasso od. Patras	lange Pick	100	$102\frac{7}{8}$
	kurze Pick	$104\frac{31}{32}$	100
Pernau	Ellen	$121\frac{9}{16}$	100
Pohlen	=	$108\frac{11}{12}$	100
Ragusa	=	$129\frac{15}{16}$	100
Regenspurg	=	100	$121\frac{5}{8}$
Reval	=	$125\frac{3}{8}$	100
Riga	=	$127\frac{9}{16}$	100
Rochelle	Aunen	100	$177\frac{1}{4}$
Rom	Cannen	100	$300\frac{1}{6}$
	Palmen	$266\frac{1}{2}$	100
Rostock	Ellen	$115\frac{1}{2}$	100
Rotterdam	=	100	$103\frac{1}{2}$
Rouen	Tuch u. Seid. Aunen	100	$174\frac{9}{16}$
	Leinew. Aunen	100	$209\frac{1}{2}$

Länder und Oerter.		Ellenmaaß. Fremdes.	Ellenmaaß. gegen Berliner.
Rußland	Arschinen	100	$106\frac{7}{16}$
Ryssel	Ellen	100	$103\frac{3}{8}$
Salzburg	Leinew. Ellen	100	$150\frac{17}{16}$
	Seid. Ellen	100	$120\frac{3}{8}$
St. Gallen	Woll. Ellen	$108\frac{1}{4}$	100
	Leinew. Ellen	100	$120\frac{1}{4}$
St. Malo	Tuch=Aunen	$106\frac{3}{5}$	100
	Leinew. =	100	$127\frac{5}{16}$
Sardinien	Rasi	$121\frac{1}{2}$	100
Schlesien	Ellen	$115\frac{5}{16}$	100
Schweden	Ellen	$112\frac{5}{16}$	100
Sicilien	Canne	$290\frac{5}{8}$	100
Soest	Ellen	$115\frac{3}{4}$	100
Spanien	Varas	100	$127\frac{3}{16}$
Stettin	alte Ellen	83	81
Stralsund	Ellen	$114\frac{9}{16}$	100
Strasburg	Ellen	$123\frac{7}{8}$	100
	Aunen	100	$178\frac{3}{8}$
Toulon	Cannen	100	$289\frac{5}{8}$
Trier	Ellen	$119\frac{1}{2}$	100
Triest	Wollen=Ellen	100	$101\frac{3}{8}$
	Seiden=Ellen	$104\frac{1}{16}$	100
Turin	Rasi	$110\frac{23}{24}$	100
Ulm	Ellen	$117\frac{15}{16}$	100
Valenzia	Varas	100	$137\frac{3}{4}$
Venedig	Woll. Braz.	100	$102\frac{5}{8}$
	Seid. =	$104\frac{7}{16}$	100
Verona	Seid. Braz.	$102\frac{7}{8}$	100
	Woll. =	$101\frac{15}{32}$	100
Wien	Ellen	100	$119\frac{15}{16}$
Wismar	=	$114\frac{9}{16}$	100
Zeeland	=	100	$103\frac{1}{2}$
Zürch	=	$111\frac{1}{8}$	100

II. Tafel zur Vergleichung des Fußmaaßes.

Länder und Oerter.		Fußmaaß. Fremdes.	Fußmaaß. gegen Rheinländ.
Aachen	Fuß	13	12
Amsterdam	=	51	46
Ancona	=	100	$124\frac{1}{2}$
Anspach und Bayreuth	=	$105\frac{5}{12}$	100
Augsburg	=	18	17
Basel	Schuh	20	19
Bassano	Fuß	100	$113\frac{1}{16}$
Bergamo	=	100	$138\frac{15}{16}$
Berlin	=	76	75
Bern	=	38	31
Bologna	=	67	81
Bourdeaux	=	100	$113\frac{7}{12}$
Bremen	=	51	47
Brescia	gemeine =	100	$151\frac{9}{16}$
	Stunden =	100	$105\frac{3}{8}$
	Bildh. =	$106\frac{1}{2}$	100
Breslau	=	$110\frac{5}{12}$	100
Cadix	=	10	9
Carrara	Palmos	$128\frac{7}{10}$	100
Cleve	Fuß	$106\frac{1}{8}$	100
Cölln am Rhein	=	65	57
Cremona	=	100	153
Dänemark	pari	100	100
Danzig	Fuß	35	32
Emden	=	107	101
England	=	34	33
Erfurt	=	119	107
Ferrara	=	100	$127\frac{7}{8}$

Länder und Oerter.		Fußmaaß. Fremdes.	Fußmaaß. gegen Rheinländ.
Florenz	Bau=Brazzen	71	124
Frankfurt am Mayn	Fuß	23	21
Frankreich	=	57	59
Genf	=	100	$155\frac{15}{38}$
Genua	Palmi	5	4
Hamburg	Fuß	23	21
Hannover	=	55	51
Heidelberg	=	$112\frac{5}{8}$	100
Hildesheim	=	112	100
Königsberg	=	102	100
Leipzig	gemeine Fuß	119	107
	Dresdner Fuß	51	46
Lissabon	Palmen	$143\frac{7}{12}$	100
Lübeck	Fuß	55	65
Lüttich	=	$109\frac{1}{8}$	100
Mailand	Baufuß	34	43
Maynz	Fuß	$104\frac{3}{16}$	100
München	Schuh od. Fuß	$108\frac{1}{2}$	100
Nancy	Lothr. Fuß	$107\frac{2}{3}$	100
Napoli	Palmen	$119\frac{5}{12}$	100
Nizza	=	$118\frac{3}{5}$	100
Nürnberg	Fuß	31	30
Oldenburg	=	18	17
Osnabrück	=	9	8
Padua	=	100	$136\frac{1}{2}$
Pohlen	Crac. Fuß	100	$113\frac{9}{16}$
Prag	Böhmische =	$105\frac{7}{8}$	100
	Mährische =	$106\frac{1}{16}$	
Riga	=	$120\frac{1}{8}$	100
Rom	=	16	15
Rostock	=	55	51
Rotterdam	=	$100\frac{9}{20}$	100

Länder und Oerter.		Fußmaaß. Fremdes.	Fußmaaß. gegen Rheinländ.
Rouen	=	$115\frac{11}{12}$	100
Rußland	=	$103\frac{1}{16}$	100
Sardinien	Palmi	$126\frac{3}{8}$	100
Schottland	Fuß	43	42
Schweden	=	74	70
Sicilien	Palmi	$129\frac{2}{3}$	100
Spanien	Fuß	10	9
Stettin	alte =	$109\frac{11}{12}$	100
Strasburg	Stadt =	64	59
Turin	=	34	35
Ulm	=	38	35
Venedig	=	100	$110\frac{1}{2}$
Verona	=	100	$108\frac{1}{2}$
Wien	=	100	$100\frac{17}{24}$
Wismar	=	55	51
Würtemberg	=	79	72
Zeeland	=	$104\frac{2}{3}$	100
Zürch	=	68	65

III. Tafel zur Vergleichung der Maaße trockner Waaren.

Länder und Oerter.		Maaß trockner Waaren.	
		Fremdes.	gegen Berl. Schff.
Aachen	Faß	$227\frac{1}{8}$	100
Altona	=	$103\frac{3}{16}$	100
Amsterdam	Sack	100	$149\frac{1}{16}$
Anhalt	Scheffel	$101\frac{7}{16}$	100
Arragonien	Fanegas	$231\frac{3}{8}$	100
Augsburg	Schaff	100	$377\frac{7}{16}$
Barcelona	Quartera	100	125
Basel	Sack	100	$237\frac{1}{4}$
Bayonne	Sac	100	151
Bergamo	Staja	$263\frac{1}{8}$	100
Bern	Mütt	100	$309\frac{3}{16}$
Bilbao	Fanegas	100	$110\frac{5}{8}$
Botzen	Star	155	100
Bourdeaux	Boisseaux	100	$141\frac{1}{16}$
Braunschweig	Himt	$175\frac{3}{8}$	100
Bremen	Scheffel	100	$130\frac{3}{4}$
Breslau	=	100	$128\frac{9}{16}$
Cadix	Fanegas	100	$105\frac{1}{16}$
Cassel	Viertel	100	$262\frac{1}{2}$
Cleve	Malter	100	$329\frac{15}{16}$
Cölln	=	100	$298\frac{1}{16}$
Constantinopel	Kisloß	225	152
Corsica	Staji	100	$181\frac{3}{16}$
Curland	Loof	100	$115\frac{3}{16}$
Dänemark	Korntonnen	100	$255\frac{13}{16}$
	Salztonnen	100	$312\frac{5}{8}$

Länder und Oerter.		Maaß trockner Waaren. Fremdes.	gegen Berl. Schff.
Danzig	Scheffel	100	100 $\frac{7}{24}$
Emden	Verps	113 $\frac{13}{16}$	100
England	Buchels	154 $\frac{1}{4}$	100
Erfurt	Scheffel	100	108 $\frac{3}{16}$
Ferrara	Staja	179	100
Florenz	Sack	100	130 $\frac{3}{4}$
Frankfurt am Mayn	Malter	100	198 $\frac{9}{16}$
Frankreich	Boisseaux	428 $\frac{3}{8}$	100
Galicien	Feroler Fanegas	100	130 $\frac{7}{8}$
	Corunner =	100	1[illegible]6 $\frac{7}{8}$
Galizien	Korschez	100	226 $\frac{1}{8}$
Genf	Coupes	100	142 $\frac{4}{5}$
Genua	Minen	100	214 $\frac{2}{3}$
Hamburg	Faß	103 $\frac{3}{16}$	100
Hannover	Himten	175	100
Havre de Grace	Boisseaux	176 $\frac{1}{16}$	100
Heildelberg	Malter	100	189 $\frac{3}{8}$
Hildesheim	Himt	209 $\frac{3}{4}$	100
Leipzig	Leipz. Scheffel	100	255 $\frac{9}{16}$
	Dresdn. =	100	195
Lion	Bichets	158 $\frac{5}{8}$	100
Lissabon	Fanegas	100 $\frac{5}{8}$	100
	Alqueires.	402 $\frac{9}{16}$	100
Livorno	Sacci	100	130 $\frac{3}{4}$
Lucca	Staja	221 $\frac{13}{16}$	100
Lübeck	Roggen=Scheffel	162 $\frac{13}{16}$	100
	Hafer =	138 $\frac{5}{8}$	
Lüttich	Setiers	181 $\frac{11}{16}$	100
Mailand	Staja	314 $\frac{3}{8}$	100
Majorca	Quarteras	100	132 $\frac{2}{3}$
Malaga	Fanegas	100	111 $\frac{1}{2}$

Länder und Oerter.		Maaß trockner Waaren. Fremdes.	gegen Berl. Schff.
Mantua	Stari	156 1/8	100
Marseille	Emines	141 1/16	100
Maynz	Malter	100	167 7/16
Modena	Stari	100	129 1/16
Montpellier	Setiers	102 11/16	100
Nancy	Carten	113 1/2	100
Neapel	Tomoli	100	101 1/12
Nizza	Stari	141 1/6	100
Oesterr. Niederlande	Brüßl. Sack	100	212 7/16
Osnabrück	Scheffel	189 7/16	100
Oviedo	Fanegas	100	40 1/16
Paris	Boisseaux	428 3/8	100
Parma	Stari	105 3/4	100
Patrasso	Stari	100	151
	Bachels	181 2/3	100
Pernau	Loof	100	117 3/4
Pohlen	Korzec	106 1/3	100
Reval	Loof	137 9/10	100
Riga	Loof	100	119 13/16
Rostock	Scheffel	153 1/4	100
Rotterdam	Sack	100	183 1/2
Rouen	Boisseaux	243 1/16	100
Ryssel	Masieres	100	130 3/4
St. Ander	Fanegas	100	101 1/4
Sardinien	Starelli	110 19/20	100
Schlesien	Scheffel	100	140 7/16
Soest	Müdd	12	13
Spanien	Fanegas	100	105 1/16
Stralsund	Scheffel	162 13/16	100
Strasburg	Stadtsester	296 3/4	100
	Landsester	287 3/4	100
	Sacs	100	193

Länder und Oerter.		Maaß trockner Waaren.	
		Fremdes.	gegen Berl. Schff.
Toulon	Emines	100	$188\frac{1}{8}$
Trier	Malter	100	$293\frac{9}{16}$
Triest	Stari	100	$136\frac{1}{4}$
Turin	Sacci	100	$211\frac{1}{8}$
Ulm	Mittlen	100	$105\frac{5}{8}$
Verona	Minelli	$147\frac{1}{2}$	100
Wien	Metzen	100	129
Würtenberg	Scheffel	100	$285\frac{13}{16}$
Zante	Bazzili	$153\frac{1}{8}$	100
Zeeland	Sak	100	$132\frac{5}{8}$
Zürch	Mütt	100	$152\frac{1}{8}$

IV. Tafel zur Vergleichung der Maaße flüssiger Waaren.

Länder und Oerter.		Maaß flüßiger Waaren. Fremdes.	gegen Berl. Qurt.
Altona	Quartier	$128\frac{\text{[illegible]}}{8}$	100
Amsterdam	Mingelen	100	$103\frac{15}{16}$
Ancona	Boccali	100	$124\frac{1}{8}$
Bern	Maaß	100	$145\frac{1}{5}$
Bologna	Boccali	100	$106\frac{9}{16}$
Braunschweig	Quartier	$125\frac{2}{16}$	100
Bremen	Stübgen	100	$275\frac{7}{8}$
Brescia	Pinten	100	$119\frac{5}{6}$
Breslau	Quart	$165\frac{5}{7}$	100
Cassel	Maaß	100	$177\frac{9}{16}$
Cleve	Kannen	100	$112\frac{3}{4}$
Cölln	Maaß	100	$130\frac{3}{16}$
Dänemark	Pott	$110\frac{1}{10}$	100
Danzig	Stof	100	$144\frac{5}{6}$
Dünkirchen	Pots	100	$203\frac{7}{16}$
England	Wein=Pinten	243	100
	Bier=Pinten	$199\frac{1}{8}$	100
Frankfurt am Mayn	Maaß	100	$160\frac{1}{2}$
Frankreich	Pinten	$122\frac{2}{3}$	100
Genf	Quarterons	100	$165\frac{1}{2}$
Hamburg	Quartier	$127\frac{1}{8}$	100
Hannover	=	$118\frac{3}{8}$	100
Heidelberg	Maaß	100	200
Leipzig	Visirkannen	100	$122\frac{1}{6}$
	Dresdner kl. Kannen	$122\frac{7}{8}$	100
	Leipz. Schenkkannen	100	$104\frac{5}{8}$
	Dresdn. Kannen	$127\frac{1}{8}$	100

Lion

Länder und Oerter.		Maaß flüßiger Waaren. Fremdes.	Maaß flüßiger Waaren. gegen Berl. Quart.
Lion	Pintes	$120\frac{5}{6}$	100
Lippstadt	Weinkannen	100	$125\frac{5}{16}$
	Bierkannen	100	$135\frac{5}{16}$
Lissabon	Canhados	100	$121\frac{1}{4}$
Lübeck	Quartiere	$127\frac{1}{8}$	100
Mailand	Pinten	100	$129\frac{5}{16}$
Maynz	Maaß	100	$162\frac{1}{16}$
München	Getränkmaaß	$186\frac{3}{7}$	100
Napoli	Caraffe	$156\frac{3}{4}$	100
Narva	Stof	100	$112\frac{1}{16}$
Neuenburg	Pots	100	$129\frac{7}{8}$
Nürnberg	Visirmaaß	$109\frac{7}{16}$	100
	Schenkmaaß	116	100
Oesterr. Niederlande	Stoop	100	$275\frac{7}{8}$
Osnabrück	Maaß	100	106
Paris	Pinten	$120\frac{5}{6}$	100
Pohlen	Garnitzen	100	$138\frac{4}{5}$
Prag	alte Böhmische Pint	100	$157\frac{3}{4}$
	Mährische Maaß	$113\frac{7}{16}$	100
Regensburg	Köpfel	100	$102\frac{1}{16}$
Reval	Stof	100	$103\frac{7}{16}$
Riga	Stof	100	$105\frac{1}{6}$
Rom	Weinboccali	100	$123\frac{5}{8}$
	Oehlboccali	100	$164\frac{5}{6}$
Rotterdam	Stoop	100	$222\frac{5}{12}$
Rusland	Osmuschki od. Kruschka	100	$37\frac{15}{16}$
Ryssel	Lots oder Pots	100	$196\frac{9}{16}$
Schweden	Kannen	100	$227\frac{7}{12}$
	Stoop	100	$113\frac{4}{5}$
Stettin	alte Nössel	$156\frac{3}{4}$	100

Länder und Oerter.		Maaß flüßiger Waaren.	
		Fremdes.	gegen Berl. Quart.
Stralsund	Pott	$133\frac{11}{16}$	100
Strasburg	Maaß	100	$166\frac{9}{10}$
Triest	Boccali	100	$158\frac{5}{8}$
Turin	Pinten	100	119
Wien	Maaß	100	$118\frac{1}{2}$
Zürch	Schenkmaaß	100	$142\frac{3}{4}$

V. Tafel zur Vergleichung des Handelsgewichts.

Länder und Oerter.		Gewicht. Fremdes.	Gewicht. gegen Berl. Pfd.
Aachen	Pfd.	100	$100\frac{1}{20}$
Alicante	=	$101\frac{5}{8}$	100
Altona	=	100	$103\frac{3}{8}$
Amsterdam	=	100	$105\frac{7}{16}$
Ancona	=	$139\frac{3}{16}$	100
Anspach	=	100	$108\frac{3}{4}$
Arragonien	=	$135\frac{1}{2}$	100
Augsburg	Frohn=Gewicht =	100	$104\frac{13}{16}$
	Kramer=Gewicht =	100	$100\frac{7}{8}$
Bamberg	=	100	$103\frac{5}{8}$
Barcelona	=	$114\frac{9}{16}$	100
Basel	=	100	$104\frac{1}{2}$
Bassano	=	$137\frac{7}{12}$	100
Bayonne	=	100	$104\frac{1}{2}$
Bayreuth	=	100	$110\frac{7}{16}$
Bergamo	schw. Gew. Lira	100	174
	l. Gew. od. Liretta	$143\frac{11}{16}$	100
Bern	Pfd.	100	111
Bilbao	=	100	$104\frac{1}{2}$
	kl. Gew. =	$101\frac{5}{8}$	100
Bologna	=	$129\frac{5}{12}$	100
Botzen	=	100	$105\frac{11}{16}$
Bourdeaux	=	100	$104\frac{7}{8}$
Braunschweig	=	$100\frac{5}{8}$	100
Bremen	=	100	$106\frac{7}{16}$
Brescia	=	$160\frac{11}{12}$	100

Länder und Oerter.		Gewicht. Fremdes.	gegen Berl. Pfd.
Breslau	Pfd.	$115\frac{5}{8}$	100
Cadix	=	$101\frac{5}{8}$	100
Canea	schw. Rotoli	100	$112\frac{3}{8}$
	l. Rotoli	$137\frac{1}{32}$	100
Cassel	Pfd.	100	$103\frac{3}{4}$
Cölln	=	$100\frac{1}{4}$	100
Constantinopel	Rottels	100	$136\frac{3}{16}$
Corsica	Pfd.	$136\frac{1}{16}$	100
Curland	=	$113\frac{3}{8}$	100
Dänemark	=	100	$106\frac{9}{16}$
Danzig	=	$107\frac{19}{32}$	100
Dünkirchen	=	$109\frac{1}{8}$	100
Emden	Hausgew. =	100	106
	Waaggew. =	100	$116\frac{5}{8}$
England	Avoir du pois-Pfd.	$103\frac{7}{24}$	100
	Seiden= od. Königsgew. =	100	$145\frac{1}{5}$
Erfurt	=	100	$100\frac{3}{4}$
Ferrara	=	$138\frac{1}{16}$	100
Frankfurt am Mayn	Ctr. Gew. =	100	$108\frac{11}{16}$
	Pfd. Gew. =	$100\frac{5}{16}$	100
Frankreich	=	100	$104\frac{1}{2}$
Galicien	=	100	123
Geldern	=	$100\frac{3}{8}$	100
Genf	groß Gew. =	100	$117\frac{9}{16}$
	kl. Gew. =	$102\frac{1}{16}$	100
Genua	Peso grosso	$134\frac{5}{16}$	100
	Peso sottile	$147\frac{3}{4}$	100
Hamburg	Pfd.	100	$103\frac{3}{8}$
Hannover	=	100	$103\frac{7}{8}$
Heidelberg	=	100	$107\frac{11}{16}$
Hildesheim	=	$100\frac{3}{8}$	100
Irreland	=	100	$106\frac{5}{16}$

Länder und Oerter.		Gewicht. Frem-des.	Gewicht. gegen Berl. Pfd.
Leipzig	Fleisch. Gew. Pfd.	100	$107\frac{7}{16}$
	Handels-Gew. =	$100\frac{3}{8}$	100
	Sächs. Berggew. =	104	100
	Stahl-Gew. =	$107\frac{5}{8}$	100
Lion	Stadtgew. =	$109\frac{3}{8}$	100
	Seidengew. =	$102\frac{1}{16}$	100
	Markgew. =	100	$104\frac{1}{2}$
Lippstadt	=	$100\frac{1}{4}$	100
Lissabon	=	$102\frac{1}{16}$	100
Lucca	=	$140\frac{1}{16}$	100
Lübeck	=	100	$103\frac{3}{16}$
Lüneburg	=	100	$104\frac{5}{16}$
Lüttich	=	100	$101\frac{3}{8}$
Mailand	Peso grosso	100	$160\frac{3}{4}$
	Peso sottile.	$145\frac{1}{2}$	100
Mallaga	Pfd.	$101\frac{5}{8}$	100
Malta	=	$147\frac{15}{16}$	100
Mantua	=	$148\frac{1}{8}$	100
Marseille	=	$116\frac{5}{8}$	100
Minorca	große =	100	$255\frac{1}{2}$
	kleine =	$117\frac{7}{16}$	100
Modena	=	$145\frac{1}{2}$	100
Montpellier	=	$115\frac{1}{8}$	100
München	=	100	$119\frac{3}{8}$
Nancy	=	100	$104\frac{1}{2}$
Nantes	=	100	$104\frac{1}{2}$
Napoli	Rotoli	100	$190\frac{3}{16}$
Neuenburg	Pfd.	100	$111\frac{1}{32}$
Nizza	=	$151\frac{1}{8}$	100
Nördlingen	=	100	$104\frac{5}{8}$
Nürnberg	=	100	$108\frac{3}{4}$
Oesterr. Niederlande	=	100	$100\frac{1}{24}$

Länder und Oerter.		Gewicht. Fremdes	gegen Berl. Pfd.
Oldenburg	Pfd.	100	$103\frac{3}{8}$
Osnabrück	=	100	$105\frac{1}{2}$
Oviedo	große =	100	$147\frac{9}{16}$
	kleine =	$101\frac{5}{8}$	100
Padoua	Peso grosso	100	102
	Peso sottile	$152\frac{11}{16}$	100
Paris	Mark=Gew.=Pfd.	100	$104\frac{1}{2}$
	Seid. = =	$102\frac{1}{16}$	100
Parma	=	$143\frac{7}{8}$	100
Patrasso od. Patras	=	$117\frac{1}{4}$	100
	Seid.=Gew. =	100	$106\frac{5}{8}$
Pernau	=	$110\frac{1}{2}$	100
Pohlen	=	$115\frac{15}{16}$	100
Prag	=	100	$109\frac{3}{4}$
Ragusa	=	129	100
Regenspurg	=	100	$121\frac{3}{8}$
Reval	=	$108\frac{3}{4}$	100
Riga	=	$112\frac{1}{16}$	100
Rom	=	$138\frac{1}{16}$	100
Rostock	=	100	$109\frac{1}{16}$
Rotterdam	schw. Gew. =	100	$105\frac{7}{16}$
	leicht Gew. =	100	$100\frac{1}{24}$
Rouen	Vicomte = =	100	$110\frac{3}{4}$
	Mark = =	100	$104\frac{1}{2}$
Rußland	=	$114\frac{9}{16}$	100
Ryssel	=	$108\frac{3}{4}$	100
Salzburg	=	100	$119\frac{1}{2}$
St. Ander	=	$101\frac{5}{8}$	100
St. Gallen	schwer =	100	$124\frac{3}{4}$
	leicht =	$100\frac{3}{4}$	100
St. Malo	=	100	$104\frac{1}{2}$
St. Sebastian	=	100	$104\frac{1}{2}$

Länder und Oerter.		Gewicht.	
		Fremdes.	gegen Berl. Pfd.
Sardinien	Pfd.	$116\frac{7}{8}$	100
Schlesien	=	100	113
Schweden	Victual. Gew. =	$110\frac{3}{16}$	100
	Bergwerks = Mk.	$124\frac{1}{8}$	100
	Landstädter = =	$130\frac{7}{8}$	100
	Stapelst. Eisen = =	$137\frac{3}{4}$	100
Sicilien	Rotoli grossi	100	$186\frac{7}{16}$
	= sottile	100	$169\frac{1}{2}$
	Pfd.	$147\frac{1}{2}$	100
Spanien	=	$101\frac{5}{8}$	100
Strasburg	=	100	$100\frac{5}{8}$
	Mark=Gew. =	100	$104\frac{1}{2}$
Toulon	=	$109\frac{3}{16}$	100
Triest	=	100	$119\frac{9}{16}$
	Peso grosso	100	$102\frac{1}{8}$
	sottile	$154\frac{3}{4}$	100
Turin	Pfd.	127	100
Ulm	=	100	$100\frac{1}{16}$
Valenzia	große =	100	$110\frac{3}{4}$
	kleine =	$135\frac{1}{2}$	100
Venedig	Peso grosso	100	102
	= sottile	$155\frac{3}{8}$	100
Verona	Peso grosso	100	$102\frac{7}{16}$
	= sottile	$154\frac{5}{6}$	100
Wien	Pfd.	100	$119\frac{7}{16}$
Wismar	=	100	$103\frac{5}{16}$
Zante	=	100	102
Zeeland	=	$100\frac{1}{8}$	100
Zürch	schwere =	100	$112\frac{1}{2}$
	leichte =	100	$100\frac{1}{32}$

VI. Tafel zur Vergleichung des Gold- und Silbergewichts.

Länder und Oerter.		Gold- und Silbergewicht. Fremdes.	Gold- und Silbergewicht. gegen Cöllnische	
Altona	Pfd.	$96\frac{1}{2}$	Pfd.	100
Amsterdam	Trois-Mk.	19	Mk.	20
Arragonien	Mk.	$101\frac{3}{7}$	=	100
Augsburg	=	100	=	101
Barcelona	=	100	=	115
Bergamo	=	100	=	$100\frac{3}{5}$
Berlin	=	500	=	501
Bern	=	$95\frac{1}{4}$	=	100
Bologna	Pfd.	100	=	154
Brescia	Mk.	100	=	$100\frac{3}{5}$
Breslau	=	128	=	107
Cadix	=	71	=	70
Danzig	=	71	=	58
England	Troy-Pfd.	119	=	190
	Unzen	1503	=	200
Ferrara	Mk.	100	=	$100\frac{3}{5}$
Florenz	Pfd.	31	=	45
Frankreich	Mk.	21	=	22
Genua	Pfd.	100	=	$135\frac{11}{16}$
Königsberg	Mk.	$119\frac{1}{3}$	=	100
Lissabon	=	55	=	54
Livorno	Pfd.	31	=	45
Lucca	=	100	=	$143\frac{1}{8}$
Mailand	Mk.	152	=	153
Malta	Pfd.	100	=	$135\frac{1}{2}$

Länder und Oerter.		Gold- und Silbergewicht.		
		Fremdes.	gegen Cöllnische	
Mantua	Mk.	100	Mk.	$100\frac{3}{5}$
Napoli	Pfd.	100	=	$137\frac{1}{4}$
Nürnberg	Mk.	45	=	46
Parma	Mk.	100	=	$100\frac{3}{5}$
Regensburg	Mk.	19	=	20
Riga	Mk.	$111\frac{10}{24}$	=	100
Rom	Pfd.	31	=	45
Rußland	=	4	=	7
Schweden	Mk.	152	=	137
Sicilien	Pfd.	100	=	$135\frac{9}{16}$
Spanien	Mk.	$100\frac{1}{2}$	=	100
Strasburg	=	116	=	117
Turin	=	19	=	20
Valenzia	=	100	=	$101\frac{13}{16}$
Venedig	=	46	=	47
Zürch	=	405	=	406

Inhalt.

FSC
www.fsc.org
MIX
Papier | Fördert gute Waldnutzung
FSC® C083411

Zeitfracht Medien GmbH
Ferdinand-Jühlke-Straße 7
99095 Erfurt, Deutschland
produktsicherheit@kolibri360.de